Reinhard Schönenberg Einführung in die Geologie Europas

rombach hochschul paperback band 18

Hervorgegangen aus Vorlesungen, Übungen und Seminaren, stellen die Bände der Sammlung »rombach hochschul paperback« eine Dokumentation akademischen Unterrichts in einer Gesellschaft dar, die wohl wie nie zuvor auf Wissenschaft, Forschung und vor allem Bildung angewiesen ist.
Während die großen Lehrbücher für Studenten meist weniger erschwinglich sind und daher vornehmlich in wissenschaftlichen Präsenz- und Leihbibliotheken konsultiert werden, wird die Reihe auch der wirtschaftlichen Lage dieses Personenkreises gerecht und legt – neben der Präsentation interessanten Vorlesungsstoffes aus Spezialbereichen – mit zunehmender Intention besonderen Wert auf die Einführungs-, Grundlagen- und Hauptvorlesungen. Sie kann und will den Besuch dieser Vorlesungen nicht ersetzen, soll aber ein starkes Bedürfnis der Studierenden abdecken, den mehr oder weniger passiv im Hörsaal der Universität, Pädagogischen Hochschule oder Fachhochschule aufgenommenen und nicht selten auch sehr komprimierten Stoff selbständig und noch einmal unter anderen Lernbedingungen nacharbeiten zu können.
Die Reihe bietet zudem für das persönliche Studium authentische Arbeitsunterlagen durch die inhaltliche Kongruenz von Gehörtem und Gelesenem, befreit vom Zwang ständigen Mitschreibens und macht den Rückgriff auf weniger seriöse Arbeitsunterlagen und Aneignungsmethoden entbehrlich. Der Reihencharakter der »rhp« bedeutet nicht inhaltliche Uniformität und Ausrichtung, sondern gewährleistet Handlichkeit und umfangliche Begrenzung des Stoffes auf ein gut lesbares Maß. Den akademischen Lehrern gibt die Reihe andererseits die Möglichkeit, den mündlichen Vortrag zu entlasten, indem bei weiterführenden Detailproblemen, die den Fluß einer Vorlesung hemmen und damit ihre didaktische Qualität mindern könnten, auf das Buch verwiesen wird und somit gleichzeitig Anregung und Anleitung zu eigenständiger wissenschaftlicher Fortbildung geboten werden.

Reinhard Schönenberg

Einführung in die Geologie Europas

2., veränderte Auflage

Verlag Rombach Freiburg

Gesamtherstellung im Druckhaus Rombach + Co GmbH, Freiburg im Breisgau. Printed in Germany.
ISBN 3-7930-0908-4.

Inhalt

Vorwort		9
1	Einleitung	11
2	Ur-Europa, Fennosarmatia	16
2.1	Die Abgrenzung Fennosarmatias	17
2.2	Die Osteuropäische Tafel	20
2.2.1	Die Russische Platte	21
2.2.2	Der Baltische Schild	25
2.2.3	Der Ukrainische (Podolische) Schild	30
2.2.4	Die Entwicklung des Baltischen Schildes vom Kambrium bis zum Ende des Silur	31
3	Paläo-Europa (Kaledoniden)	36
3.1	Die Kaledoniden Skandinaviens	36
3.1.1	Die Sedimentfüllung der kaledonischen Geosynklinale	37
3.1.2	Die strukturelle Gestaltung der Geosynklinale	41
3.1.3	Das Alter der Deformationen	46
3.2	Die Kaledoniden Spitzbergens	47
3.3	Die Kaledoniden der Britischen Inseln	48
3.3.1	Das nordwestliche Vorland	51
3.3.2	Die Metamorphe Zone der Schottischen Hochlande	53
3.3.3	Southern Uplands	55
3.3.4	Englischer Seen-Distrikt	56
3.3.5	Die Walisische Geosynklinale	57
3.3.6	Baugeschichtliche Zusammenfassung	59
3.4	Kaledonische Zusammenhänge in Europa	63
3.5	Paläo-Europa nach der kaledonischen Orogenese	65
3.5.1	Der Old Red-Kontinent	65

3.5.2 Der Zerfall des Old Red-Kontinentes 68
3.5.2.1 Die post-devonische Entwicklung der Britischen Inseln 68
3.5.2.2 Der fennoskandische »Geotumor« 71
3.5.2.3 Spitzbergen und Bären-Insel 74

4 Meso-Europa (Varisziden, Variszikum) 76
4.1 Die variszische Geosynklinale vom Kambrium bis zum Silur 77
4.2 Die variszische Geosynklinale im Devon und Karbon 79
4.3 Das mitteleuropäische Variszikum 84
4.3.1 Moldanubikum 85
4.3.2 Saxothuringikum 92
4.3.3 Rhenoherzynikum 94
4.3.4 Subvariszikum 99
4.3.5 Die Fortsetzung der variszischen Zonen bis zum Elbe-Lineament 103
4.3.6 Sudeten und Oberschlesien 106
4.3.6.1 Die West-Sudeten 107
4.3.6.2 Die Ost-Sudeten (Moravo-Silesikum) 109
4.3.6.3 Das Oberschlesische Kohlenbecken 111
4.4 Das Polnische Mittelgebirge (Lysa Gora) 113
4.5 Geotektonische Zusammenhänge im Raum Sudeten – SW-Rand Fennosarmatias 115
4.6 Die Ardennen 118
4.7 Das Variszikum in Süd-England und Süd-Irland 123
4.8 Das Französische Variszikum (Zentralmassiv und Armorikanisches Massiv) 127
4.8.1 Das Armorikanische Massiv 128
4.8.2 Das Französische Zentralmassiv 131
4.8.3 Die Montagne Noire 134
4.8.4 Grand Sillon Houiller und Faille d'Argentat 135
4.9 Das Variszikum Iberiens 136
4.9.1 Die variszischen Zonen Nord-Spaniens 140
4.9.2 Der Südstamm des iberischen Variszikums 144
4.10 Das Variszikum der Ost-Alpen 145
4.11 Das variszische Subsequenzstadium (Karbon-Perm) 149

5 Neo-Europa (Alpiden) 157
5.1 Die Alpen 159

5.1.1 Der ostalpine Faziesbereich 160
5.1.2 Der penninische Faziesbereich 161
5.1.3 Der helvetische Faziesbereich 162
5.1.4 Die Flysch-Tröge 163
5.1.5 Das Molasse-Becken 165
5.1.6 Die Süd-Alpen und ihre Tektonik 166
5.1.7 Die helvetischen Decken 171
5.1.8 Die penninischen Decken 173
5.1.9 Der Deckenbau der Ost-Alpen 176
5.1.10 Die Tektonik der französisch-italienischen West-Alpen 181
5.1.11 Die Voralpen-Decken (Préalpes) 183
5.2 Der Falten-Jura 184
5.3 Die Karpaten 186
5.3.1 Die West-Karpaten 188
5.3.1.1 Die Molasse-Vortiefe der West- und Ost-Karpaten 189
5.3.1.2 Die Flyschzone der West- und Ost-Karpaten 191
5.3.1.3 Die Klippenzone 194
5.3.1.4 Die Zentralzone der West-Karpaten 195
5.3.1.5 Die paläogeographische Entwicklung der West-Karpaten 197
5.3.2 Die Ost-Karpaten 198
5.3.3 Die Banater Süd-Karpaten 201
5.3.4 Das Apuseni-Gebirge 203
5.3.5 Das Pannonische Becken 204
5.4 Die Dobrudscha 208
5.5 Das Balkan-Gebirge 209
5.6 Die westlichen Mediterran-Gebiete 213
5.6.1 Betische Kordillere und Balearen 215
5.6.2 Die Pyrenäen 217
5.6.3 Die Baskischen Ketten 221
5.6.4 Die Iberischen (Keltiberischen) Ketten 223
5.6.5 Das Ebro-Becken 226
5.6.6 Der Portugiesische Trog 226
5.6.7 Schlußbemerkungen 227
5.7 Das Grenzgebiet Alpen – Pyrenäen 229
5.8 Die Dinariden 232
5.9 Die Apennin-Halbinsel 236
5.9.1 Der Nord-Apennin 239
5.9.2 Der Umbrische Bogen 242

5.9.3 Die Abruzzen 243
5.9.4 Das Kalabrische Massiv 244
5.9.5 Die Molise-Zone 245
5.9.6 Die Po-Ebene 246
5.9.7 Sizilien 247
5.9.8 Die Tyrrhenis 249
5.9.9 Der junge Vulkanismus 250

6 Die post-variszischen Sedimentbecken Mittel- und West-Europas 253
6.1 Das Saxonische Becken Mitteleuropas 254
6.1.1 Das Zechstein-Becken 254
6.1.2 Die Beckenentwicklung in Mesozoikum und Tertiär 256
6.1.3 Die Mittelmeer-Mjösen-Zone 260
6.1.4 Die saxonische Tektonik 263
6.1.5 Der Oberrhein-Graben 266
6.2 Das post-variszische Deckgebirge Ost-Englands 270
6.3 Das Pariser Becken 276
6.3.1 Das vormesozoische Grundgebirge 277
6.3.2 Die mesozoisch-tertiäre Beckenfüllung 279
6.4 Das Aquitanische Becken 283
6.4.1 Die paläogeographische Entwicklung in Mesozoikum und Tertiär 285
6.4.2 Tektonik 287

Literaturverzeichnis 289

Vorwort

Da dies kein Lehrbuch, sondern der um einiges erweiterte Inhalt einer Vorlesung ist, wird Vollständigkeit in der Darbietung des Stoffes weder angestrebt noch wäre sie möglich. Vielmehr handelt es sich um die Auswahl dessen, was der Verfasser als Dozent für die wesentlichen Züge in der geologischen Entwicklung Europas hält. Überdies liegt das Schwergewicht auf der Darstellung der mitteleuropäischen Verhältnisse. Daß im Rahmen einer solchen regional-geologischen Vorlesung nur wenig Raum für die Diskussion problematischer Synthesen bleibt, dürfte einleuchten. Die theoretische Grundlage der Vorlesung bildet *Hans Stilles* geotektonische Konzeption vom Werden der Kontinente durch die großen Orogenesen. Ihre Anwendung auf ein so kompliziertes und mit so vielen traditionellen Vorstellungen behaftetes Objekt wie den europäischen Kontinent erscheint mir seit langem als eine ebenso schwierige, wie reizvolle Aufgabe.

Der Stoff wird gemäß dem schrittweisen Aufbau Europas durch die großen Orogenesen gegliedert. Dieses Verfahren führt dazu, daß manche geographischen Einheiten nicht im Zusammenhang behandelt werden. So gehören die Britischen Inseln zur Hauptsache in das Kapitel über das »Kaledonische Europa«, mit ihren südlichen Teilen aber in das Kapitel »Variszisches Europa«, ein drittes Mal werden die Britischen Inseln im Rahmen der mesozoisch-tertiären Becken West- und Mittel-Europas behandelt. Tatsächlich ist dies kein gewichtiger Nachteil, weil die naturräumlichen Großeinheiten Europas – von Randbereichen abgesehen – jeweils nur von einer der großen Orogenesen geprägt worden sind.

Zum Verständnis regionaler Geologie gehören ausreichende Kenntnisse der Schichtfolgen und Faziesverhältnisse sowie geographische Orientierungsmittel. Entsprechende Beilagen hätten den Umfang des Buches unverhältnismäßig vergrößert. Es wird daher empfohlen, die stratigraphischen Tabellen der erdgeschichtlichen Lehrbücher und geologische Übersichtskarten, mindestens aber geeignete Atlanten beim Studium des Buches zu benutzen. Das Literaturverzeichnis soll in erster Linie das Einarbeiten in Teilgebiete oder bestimmte Probleme erleichtern. Es ist daher nur Literatur in deutscher, englischer oder französischer Sprache aufgenommen worden.

Viele Fachgenossen des In- und Auslandes unterstützten mich mit Rat und Tat, ebenso auch meine Kollegen am Tübinger Geologisch-Paläontologischen Institut. Hier leistete insbesondere Herr G. Drozdzewski wertvolle Hilfe. Die zum großen Teil neu entworfenen Karten und Profile verdanken ihre graphische Gestaltung wesentlich dem erfahrenen Rat von Herrn F. Springer, Zeichner am Tübinger Institut, der auch die Reinzeichnungen anfertigte. In unermüdlicher Weise war Frau R. Walker um die umfangreichen Schreibarbeiten bemüht. Allen Helfern danke ich aufrichtig.

Tübingen, im Mai 1970 R. Schönenberg

1 Einleitung

Das »Leitmotiv« dieser Vorlesung über die Geologie Europas ist die geotektonische Entwicklung des Kontinents, ein Verfahren, das *H. Stille* entwickelt und vor allem am Beispiel Amerikas durchgeführt hat (*H. Stille* 1940, 1949). Er legte dabei das Kriterium zugrunde, wann die einzelnen Bereiche eines Erdteiles durch Orogenesen in den kontinentalen Zustand (»Plattform«) übergeführt worden sind. In der Tat handelt es sich dabei jeweils um einen fundamentalen Einschnitt in die geophysikalischen Verhältnisse des betroffenen Raumes: Sedimentation, Vulkanismus, Plutonismus, tektonischer Deformationsstil und Metallogenese vor und nach der Orogenese sind im allgemeinen grundverschieden, die Auswirkungen auf Physiographie und Lebewelt der betroffenen Gebiete naturgemäß von umwälzender Art.
Der Ablauf der geotektonischen Entwicklung, wie wir ihn auf den heutigen Kontinenten rekonstruieren können, läßt sich im Prinzip mit den »magmato-tektonischen Zyklen« *H. Stilles* beschreiben. Dies besagt folgendes: Alle Kontinente sind aufgebaut aus älteren oder jüngeren Faltengebirgs-Komplexen. Diese haben in der Regel 4 tektonische und magmatische Stadien durchgemacht:

Tektonische Stadien:	*Magmatische Stadien:*
4. kratonisch	final (basaltischer Vulkanismus)
3. quasi-kratonisch	subsequent (saurer-basischer Vulkanismus und Plutonismus)
2. orogen	synorogen (granitischer Plutonismus)
1. geosynklinal	initial (basischer-intermediärer Vulkanismus)

Die tektonisch »lebensvolle« Geosynklinale wird durch Orogenesen »konsolidiert«. Die quasi-kratonischen Übergangsverhältnisse führen zum kratonischen Zustand, in dem nur noch rupturelle tektonische Aktivität möglich bleibt. Die Konsolidierung einer Geosynklinale kann endgültig sein, oder der konsolidierte Bereich wird »regeneriert«. Dann entsteht eine neue Geosynklinale, und der magmato-tektonische Zyklus wiederholt sich.
Nach dem Alter der endgültigen Konsolidierung wird Europa in folgende Bereiche eingeteilt: Ur-Europa = Fennosarmatia (präkambrische Konsolidierung), Paläo-Europa (altpaläozoische Konsolidierung), Meso-Europa (jungpaläozoische Konsolidierung) und Neo-Europa (oberkretazisch-tertiäre Konsolidierung).

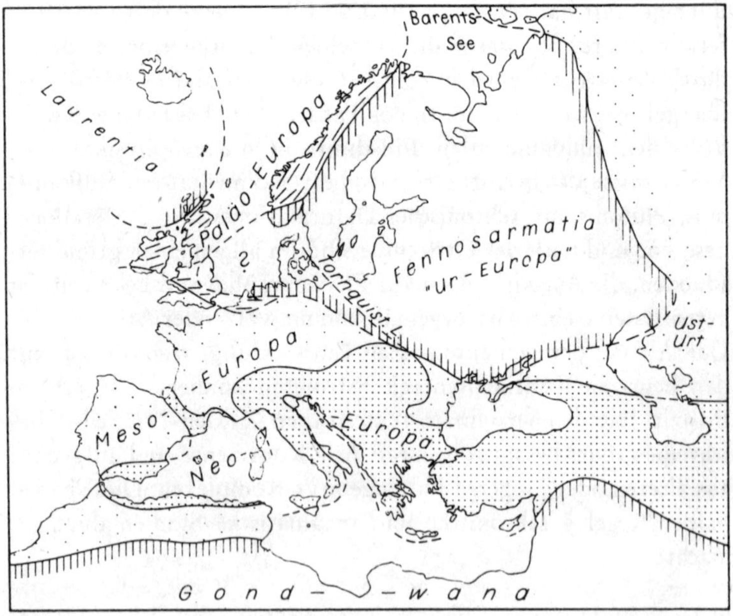

Abb. 1: Gliederung Europas nach dem Alter der geotektonischen Konsolidations-Bereiche.

Den Ablauf und die räumliche Anordnung der magmato-tektonischen Zyklen in Europa.zeigen die Abbildungen 1 und 2. Beide Darstellungen machen deutlich, daß die geotektonische Entwicklung Europas ausgegangen ist von Ur-Europa, das übrige wurde in drei großen Konsolidationsakten an diese Keimzelle angeschweißt. Im S grenzt Europa an den Ur-Kontinent Gondwana. Im nordwestlichsten Schottland und auf den Hebriden taucht ein kleines Stück urkontinentaler Kruste auf, das mit Grönland und dem Kanadischen Schild in Zusammenhang gebracht wird (Ur-Kontinent Laurentia).

Im folgenden sollen die vier magmato-tektonischen Stadien in ihren wesentlichen Zügen charakterisiert werden.

Während des *Geosynklinalstadiums* sinken lange, relativ schmale Krustenstreifen ± kontinuierlich in die Tiefe. Diese Geosynklinalen sind in der Regel von Meeren erfüllt und in der Lage, entsprechend große Sedimentmassen oft von sehr typischer Fazies aufzunehmen. Das Geosynklinalstadium kann über mehrere Formationen andauern. Man deutet die Geosynklinalen heute als kontinentweite und in sich vielfach gegliederte grabenartige Bruchsysteme. Es herrscht also Vertikaltektonik, ablesbar an Mächtigkeitsschwankungen und Fazieswechsel. Ihre tiefreichenden Störungen dienen dem initialen Magma als Aufstiegswege. Stofflich handelt es sich hauptsächlich um basaltische Magmen. Durch die nachfolgende Orogenese werden die Gesteinsprodukte mehr oder weniger stark umgewandelt, und man spricht dann von »Diabasen« oder »Ophiolithen«. Auch SiO_2-reichere Magmatite kommen vor, vor allem Keratophyre.

Der vulkanische Anteil des initialen Magmatismus ist im wesentlichen submarin und tritt in Form von Tuffen, Tuffiten, Lavadecken und Kissenlaven auf. Der subvulkanische Anteil bildet Sills (± schichtparallele Lagergänge). Der initiale Magmatismus ist in den Geosynklinalen nicht gleichmäßig verbreitet. Er tritt vorzugsweise in den »Innenzonen« auf und fehlt oft in den »Außenzonen« der Geosynklinale gegen das angrenzende »Vorland«.

Während des *orogenen Stadiums* spielt sich die »alpinotype« Orogenese mit intensiven Faltungen und Überschiebungen, Schieferung, Regionalmetamorphose und Granitisation ab. Dabei schlägt die Senkungstendenz der Geosynklinale in Hebung um, die oft über den eigentlichen orogenen Bereich hinausgreift und dadurch weitreichende paläogeographische Umwälzungen verursacht. Damit ist die Geosynklinale in den kontinentalen Zustand überführt worden. In den Räumen und Zeiten der alpinotypen Orogenese wird die Masse der Granite (Granodiorite, Tonalite) gebildet, der basische Magmatismus des Geosynklinalstadiums schlägt also in den sauren Plutonismus um. Dies kann so verstanden werden, daß bei der Orogenese die sialische Oberkruste (Sedimente, Gneise) in größere Tiefen eintaucht und dort zu granitischem Magma mobilisiert wird. Geologen und Petrologen stimmen jedenfalls darin überein, daß die große Masse der Granite durch derartige Ultrametamorphose sialischer Gesteine entstanden ist. Im Vergleich zum geosynklinalen ist das orogene Stadium ein relativ kurzer »revolutionärer« Vorgang, der im allgemeinen einige, aber kaum länger als 10 Millionen Jahre dauern dürfte.

Das *quasikratonische* beziehungsweise *subsequente Stadium* ist durch magmatische und tektonische Übergangsverhältnisse vom orogenen zum kratonischen (finalen) Stadium gekennzeichnet. »Germanotype« Bruchtektonik herrscht vor. Der seit der Orogenese aufsteigende Komplex zerfällt in Gräben und Horste, wobei die tektonischen Richtungen noch weitgehend »posthum« zu den bei der Orogenese geprägten verlaufen. In den Gräben sammelt sich der Abtragungsschutt von den Horsten. Gelegentlich werden die Randbrüche der Gräben zu Überschiebungen umgeformt.

Der subsequente Magmatismus ist noch vorwiegend sialisch, aber in Zusammenhang mit der Bruchtektonik kommt es zu vulkanischen Gesteinsbildungen (Quarzporphyre = Rhyolithe, Dazite, Andesite) meist unter subaërischen Verhältnissen. Der Übergangscharakter des Stadiums drückt sich ferner darin aus, daß neben sialischen auch basaltische Magmen gefördert werden.

Mit dem *kratonischen* beziehungsweise *finalen Stadium* wird die Konsolidation zum starren Kraton erreicht. Die tektonische Aktivität beschränkt sich einerseits auf weiträumige vertikale Oszillationen geringer Amplitude mit Trans- und Regressionen, andererseits auf geringfügige Verwerfungen. Ausnahmen bilden große kontinentale Grabensysteme, in deren Verlauf tiefe Fugen im kratonischen Bereich aufreißen können, zum Beispiel der Oberrhein-Graben. Charakteristisch für kratonische Bereiche (»kontinentale Plattformen«, »Blöcke«, »stabile Schelfe«) ist die nahezu horizontale Lagerung aller postorogenen Schichten. Die russische Platte mit ihren monotonen Schichtfolgen von der Ostsee bis zum Schwarzen Meer, von Polen bis zum Ural ist hierfür ein eindrückliches Beispiel.

 Der finale Magmatismus besteht zu mehr als 90 % aus basaltischen Produkten. Er ist dem kratonischen Zustand entsprechend vorwiegend terrestrisch.

Im Prinzip läßt sich der magmato-tektonische Zyklus auf die geotektonische Entwicklung Europas anwenden. Gegen seine schematische Anwendung bestehen heute aber erhebliche Bedenken. So eröffnet die moderne geologische und geophysikalische Erforschung der Tiefozeane Einblicke in Krustenbewegungen, von denen wir bisher keinerlei Ahnung hatten und die sich ohne Zweifel auch auf die Kontinentalschollen auswirken. Horizontalverschiebungen in der Größenordnung von einigen 100 km sind gesichert, dann rücken aber auch solche von einigen 1000 km in den Bereich des Möglichen, und die Kontinental-Verschiebung wird unter mannigfachen Aspekten immer wahrscheinlicher. Die Koppelung bestimmter magmatischer und tektonischer Vorgänge ist in großen Zügen wohl real, aber bei genauen zeitlichen Fixierungen, zum Beispiel auch durch radiometrische Methoden, und stofflichen Analysen, ferner bei der Tiefenerkundung der großen außer-orogenen Sediment-Becken verliert das Prinzip des magmato-tektonischen Zyklus erheblich an Schärfe.

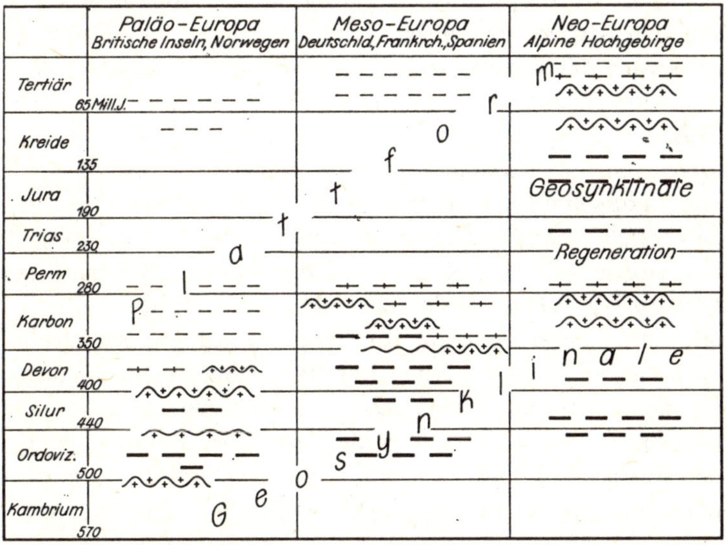

Abb. 2: Die magmato-tektonischen Zyklen Europas seit dem Kambrium. – Dicke Striche: initialer Magmatismus, Wellenlinie mit Kreuzen: Orogenese mit Granit-Plutonismus, waagrechte gekreuzte Striche: subsequenter Magmatismus, dünne Striche: finaler Vulkanismus.

2 Ur-Europa, Fennosarmatia

Ein Blick auf die Karte, die Europa in verschieden alte Konsolidationsbereiche gliedert (Abb. 1), macht sofort den *geotektonischen Gegensatz zwischen Ost-Europa und dem übrigen Kontinent* deutlich. Ost-Europa gehört fast ganz zum präkambrischen Kraton (»Ur-Kontinent«) »Fennosarmatia«. Das übrige Europa dagegen ist in drei großen orogenetischen Akten seit dem Altpaläozoikum an Fennosarmatia angebaut worden. So zeigt Ost-Europa die ruhige Position der uralten konsolidierten Masse, auf der die oft lückenhafte und geringmächtige Sedimentdecke seit dem Jungalgonkium ± flach liegt. Dies bedingt den weiten Raum der osteuropäischen Plattform. West-Europa dagegen ist seit dem Altpaläozoikum ein Bereich maximaler Mobilität der Erdkruste, das Betätigungsfeld fast aller großen Orogenesen – nicht selten mehrfach am selben Ort. Das hat vielfach zu »pathologischen« Lagerungsverhältnissen geführt. *S. v. Bubnoff* (1952) sprach von den »Riesenmyloniten des westeuropäischen Schollenkomplexes« und den »Faltenknäueln der alpidischen Orogenese«, die ihresgleichen in anderen Kontinenten suchen. Der geotektonische Gegensatz zwischen Ost- und dem übrigen Europa wirkt sich deutlich auf das geologische und physiographische Kartenbild aus, man erkennt ihn wieder in der Karte der Bodenbedeckung und der Gliederung Europas in Staaten und Völker. (Fennosarmatia mit Ost-Europa gleichzusetzen, ist nicht ganz korrekt, da Fennosarmatia große Teile Nord-Europas umfaßt und anscheinend sogar nach Mittel- und West-Europa hineinreicht, vgl. Abb. 1 und das folgende Kapitel.)

2.1 Die Abgrenzung Fennosarmatias (Abb. 3)

Nach der in der Einleitung gegebenen Definition gehören zum Ur-Kontinent Fennosarmatia alle diejenigen Gebiete, in denen die letzte Orogenese, also die endgültige Konsolidation, präkambrisch erfolgt ist. Ihre Abgrenzung hat demnach dort zu erfolgen, wo sich jüngere Orogenesen, gleich welchen Alters, nachweisen lassen.

In diesem Sinne wird die Ostgrenze vom jung-paläozoischen Ural-Orogen gebildet, das sich über den Paj-Choi nach Nowaja Semlja erstreckt. Zwischen dieser Orogenzone und dem altpaläo-

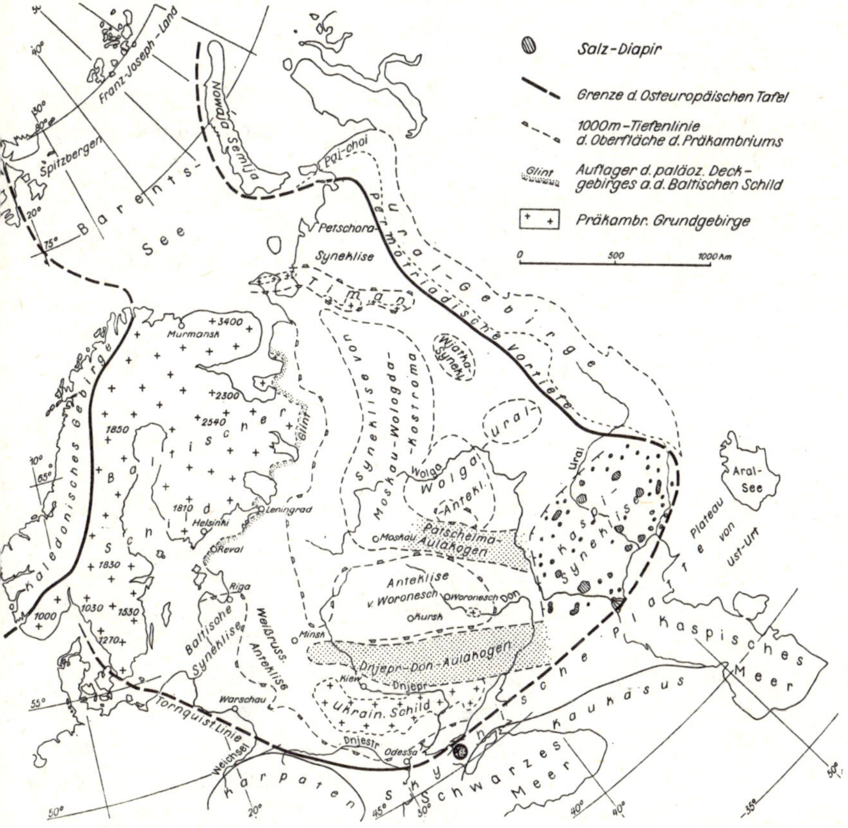

Abb. 3: Tektonische Großgliederung Ost-Europas (nach: Intern. Tekton. Karte Europas m. Erl. Moskau 1964). Zahlenangaben im Baltischen Schild: Radiometrische Altersbestimmungen.

zoischen Orogen Nord-Norwegens (Kaledonisches Gebirge) könnte Fennosarmatia nach N in die submarine Plattform der Barents-See übergehen, zu der das östliche Spitzbergen, Franz-Joseph-Land und die NW-Inseln von Nord-Land (Sewernaja Semlja) gehören.

Vom südlichen Ural wird die Grenze Fennosarmatias über das nördliche Kaspische Meer zum Donez-Becken, dann durch das Asowsche Meer über Odessa zum Außenrand des tertiären Ost-Karpaten-Orogens gezogen. Tertiäre, quartäre oder Meeres-Bedeckung verhüllen fast durchweg die Südgrenze Fennosarmatias. Es ist aber wahrscheinlich, daß sie von einer jungpaläozoischen Faltenzone gebildet wird, die ihrerseits im Süden an das alpidische Orogen des Kaukasus grenzt. Die verdeckte jungpaläozoische (variszische) Faltenzone heißt »Skythische Platte«. Sie geht nach E in das Ust-Urt-Plateau über.

Bei generell SE–NWlicher Richtung kann die Grenze durch Polen und Nord-Deutschland wegen der pleistozänen Verhüllung ebenfalls nur annähernd bestimmt werden (s. unten). Eine sichere Grenzziehung ist erst wieder in Norwegen möglich, wo das altpaläozoische Orogen des Kaledonischen Gebirges von Süd- bis Nord-Norwegen den NW-Rand Fennosarmatias bildet.

Der SW-Rand Fennosarmatias N' der Karpaten als Grenze Ost-Europas im geologischen Sinne verdient unser besonderes Interesse, zumal zahlreiche Bohrungen in Polen, Pommern und Dänemark wichtige Informationen geliefert haben.

Vor etwa 60 Jahren begründete *A. Tornquist* die Auffassung, daß die Grenze etwa von Schonen zum Polnischen Mittelgebirge verlaufe (»Tornquistsche Linie«). Die neuen geologischen und geophysikalischen Daten bestätigen nach *J. Znosko* (1964) im Prinzip diesen Verlauf. Der Abbruch Fennosarmatias vollzieht sich danach etwa in einer Zone, die von Kolberg–Köslin über Bromberg–Thorn, Warschau–Lublin in Richtung Przemysl zieht und dort Anschluß an den Außenrand der Karpaten findet. Beiderseits der Grenzzone differiert die Tiefenlage des präkambrischen Grundgebirges um etwa 8 km. Entlang dieser fundamentalen tektonischen Zone sind tiefeingesunkene und daher mit ungewöhnlich mächtigen Sedimenten gefüllte »Randtröge« ausgebildet (*E. Voigt* 1963), die zur *»Dänisch-Polnischen Furche«* zusammengefaßt werden. Für das gesamte Mesozoikum gelten etwa folgende Werte (*W. Pozaryski* 1957):

Dänisch-Polnische Furche: max. 8850 m
Randgebiete im SW: max. 3630 m
Randgebiete im NE (Fennosarmatia): max. 1520 m.
Beiderseits des Öre-Sunds schwankt die Mächtigkeit der Oberkreide zwischen 0 m bei Helsingborg (Schonen) und 2000 m in der Bohrung Lavö bei Helsingör (Seeland). Offenbar setzt sich die »Tornquistsche Linie« (tatsächlich keine Linie, sondern eine Zone) von Kolberg–Köslin in nordwestlicher Richtung hierher fort und hat sich während der Oberkreide-Zeit als ein gewaltiger synsedimentärer Abbruch ausgewirkt.
Ein noch größeres Gewicht bekommen die Randtröge an der SW-Seite Fennosarmatias dadurch, daß sie offenbar schon während des Paläozoikums existiert haben. So belaufen sich die kumulativen Mächtigkeiten des Paläozoikums (Kambrium – Unter-Karbon) im Polnischen Mittelgebirge auf etwa 8000 m, in der Bohrung Arkona (Rügen) sind ordovizische Graptolithenschiefer und Grauwacken in mehr als 2000 m (scheinbarer) Mächtigkeit und etwa 1300 m Unter-Karbon angetroffen worden (*K.-B. Jubitz* 1967). Hinzu kommt, daß das Paläozoikum der Randtröge nicht selten flyschartig ausgebildet ist, so zum Beispiel das oberste Silur (Ludlow) und Ober-Devon des Polnischen Mittelgebirges, das Ludlow in Schonen, andeutungsweise auch das Ordovizium des Oslo-Gebietes. Bis zu einem gewissen Grade besitzen die paläozoischen Randtröge also geosynklinale Züge. In diesem Zusammenhang sei darauf hingewiesen, daß die Dobrudscha – wie die Randtröge am SW-Rand Fennosarmatias gelegen – eine komplette geosynklinale und orogene Entwicklung aufweist (Kap. 5.4).
Es ist mit der Möglichkeit zu rechnen, daß sich die Zone der paläozoischen Randtröge über Schonen bis in das Oslo-Gebiet fortsetzt, das während des Kambro-Silur ein schmales etwa N–S streichendes Sedimentbecken darstellte. Hierfür spricht auch das Auftreten des permischen Quarzporphyr-Magmatismus im Oslo-Gebiet, in Schonen und im Rügenschen Untergrund (s. S. 73).
Wenn wir in diesem Sinne die »Tornquistsche Linie« als SW-Grenze Fennosarmatias von Kolberg–Köslin nach SW-Schonen-Seeland durchziehen, dann werden weiter westlich liegende Gebiete mit ± deutlichem fennosarmatischem Charakter, wie Dänemark, Teile Polens, Nord-Deutschlands und Mittel-Englands

von dem zusammenhängenden Bereich Fennosarmatias abgetrennt (vgl. Abb. 1). Sie zeichnen sich vor allem durch eine relativ engräumige Gliederung in Becken mit zum Teil sehr großen Sedimentmächtigkeiten im Paläozoikum und/oder Mesozoikum aus (vgl. z. B. die Randtröge). Die Deformation dieser Sedimente kann recht intensiv sein (»Saxonische Tektonik« vgl. S. 263). Der Westsporn Fennosarmatias scheint also durch paläozoische und mesozoische Vertikaltektonik in einzelne Schollen aufgelöst worden zu sein. In diesem Sinne bezeichnen *J. Dvořak* & *E. Paproth* (1969) den Raum zwischen der Tornquistschen Linie und dem äußeren Sudeten-Abbruch als »mobilen Rand der Osteuropäischen Plattform«.

Wir haben gesehen, daß Fennosarmatia im NW, E und S (soweit zu beobachten) von alpinotypen Orogenen verschiedenen Alters umgeben wird, die ja aus Geosynklinalen entstanden waren. Für die SW-Seite gilt dies in beschränktem Ausmaß (Ost-Karpaten). Statt dessen tritt hier das Phänomen der Randtröge auf, die zwar zum Teil gewisse geosynklinale Züge haben, in denen es aber nicht zu alpinotyper, sondern allenfalls zu germanotyper Tektonik gekommen ist.

2.2 Die Osteuropäische Tafel (Abb. 3)

Unter diesem Begriff sei Fennosarmatia verstanden ohne die Gebiete südwestlich und westlich der Tornquistschen Linie, die teils schon im Paläozoikum, teils erst später eine gegenüber den fennosarmatischen Kerngebieten abweichende Entwicklung erfahren haben. Hierauf ist bereits im vorigen Kapitel hingewiesen worden.

Das kristalline präkambrische Grundgebirge hebt sich in zwei Gebieten unter dem Deckgebirge heraus, nämlich im *Baltischen Schild* und im *Ukrainischen (Podolischen) Schild*. Soweit das Grundgebirge von Deckgebirge verhüllt ist, spricht man von der *Russischen Platte*. Die Begriffe »Schild«, »Platte« und »Tafel« (Osteuropäische Tafel) werden hier in dem Sinne gebraucht, wie es in der russischen Literatur weitgehend üblich ist.

2.2.1 Die Russische Platte

Strukturen

Die Russische Platte wird im N und NW vom präkambrischen Kristallin des Baltischen Schildes, im SW von dem des Ukrainischen Schildes eingerahmt, das in gleicher Weise auch ihr Grundgebirge bildet. Sie taucht im großen Bilde nach SE unter die Senke nördlich des Kaspischen Meeres (Kaspi-Syneklise). Entlang der ganzen Ostseite grenzt sie an das variszische Orogen des Ural-Gebirges, genauer gesagt: an dessen jungpaläozoische bis triadische Molasse-Vortiefe.

Die ältere Vorstellung eines ± gleichmäßig geringmächtigen Deckgebirges mußte im Laufe der letzten 20 Jahre auf Grund geophysikalischer Untersuchungen und vieler Tiefbohrungen gründlich revidiert werden. Es zeigte sich nämlich, daß die Russische Platte schon seit vorkambrischer Zeit von Vertikalbewegungen betroffen wurde, die zwar im allgemeinen weitspannig sind, zum Teil aber Beträge von mehreren 1000 m und darüber erreichen. Bei generellem Absinken der Platte zeichnen sich Bereiche bevorzugter Senkung (Syneklisen) und zurückbleibender Senkung (Anteklisen) ab. Zonen besonders starker Absenkung werden als »Aulakogene« bezeichnet. Sie dürften an tiefreichende Störungen gebunden sein, zumal in ihnen auch Magmen (Basalte, Gabbros) aufgestiegen sind. Senkungsmaß und Magmatismus erinnern durchaus an Geosynklinalen. Die Vertikalbewegungen begannen zum Teil schon während des jüngeren Präkambrium und waren von langdauernder Art. Dies zeigt sich in Mächtigkeitsschwankungen zwischen Aulakogenen und Syneklisen einerseits, Anteklisen andererseits. Auf letzteren kam es zeitweise zu Abtragungen und Diskordanzen. Die Flanken von Anteklisen bzw. Syneklisen sind außerordentlich flach geneigt. Die Neigung beträgt zwischen 1 m und 3 bis 4 m pro km! Die Karte (Abb. 3) zeigt die tektonische Gliederung der Russischen Platte. Es ist bei dieser Darstellung zu berücksichtigen, daß solche flachen Elemente im allgemeinen nur recht schematisch und willkürlich begrenzt werden können, ganz abgesehen davon, daß im wesentlichen nur geophysikalische und Bohrdaten zur Verfügung stehen.

Man unterscheidet folgende Syneklisen (in Klammern: max. Tiefenlage der Grundgebirgsoberfläche): Diejenige von Moskau-Wologda-Kostroma (3000 m), die Baltische Syneklise (5000 m), die Petschora-Syneklise (> 3000 m), die Kaspische Syneklise (> 10 000 m) und folgende Anteklisen, in denen die Grundgebirgsoberfläche wenigstens großenteils flacher als – 1000 m liegt, hier und da sogar frei denudiert ist: die Woronesch-Anteklise, die Wolga-Ural-Anteklise und die Weißrussische Anteklise. Der Ukrainische Schild ist ebenfalls eine Anteklise, allerdings mit weitflächig abgetragenem Deckgebirge. Aulakogene sind das Dnjepr-Don-Becken und das Patschelma-Becken. Der Timan tritt im heutigen Strukturbild als Anteklise auf, gilt aber als jungpräkambrisches Aulakogen. Die rasche fortschreitende Erkundung des Untergrundes im europäischen Rußland verändert und verbessert das tektonische Bild laufend, so daß die Karte (Abb. 3) nur die großen Züge darstellen kann. Alle Strukturelemente niederer Ordnung mußten ohnehin entfallen.

Zwei der großen Struktureinheiten seien etwas näher beleuchtet: Das Aulakogen des *Dnjepr-Don-Beckens* ist ein komplexes grabenartiges Gebilde von etwa 1500 km Länge und max. 250 km Breite. Das Grundgebirge liegt max. 8000 m tief. Seine Hauptentwicklungszeit war das Devon-Karbon. Im Devon kam es zu salinarer Sedimentation und Magmatismus, dessen Gesteinsprodukte Mächtigkeiten von > 1000 m besitzen. Das Karbon enthält die mächtigen paralischen Kohlen des Donez-Beckens. Nur im östlichen Teil des Beckens ist das Paläozoikum mäßig gefaltet, wobei aber Salzdiapire des Devon-Salinars die Lagerungsverhältnisse komplizieren. Das Alter dieser Deformationen ist jedenfalls jungvariszisch. Im Mesozoikum verlagerte sich die Beckenachse nach N in den Bereich der heutigen südrussischen Kreide-Tertiär-Senke.

Sedimentmächtigkeit, Faltung und Magmatismus erscheinen untypisch für kratonische Verhältnisse, vielmehr leiten sie über zu solchen geosynklinaler Art. Das Dnjepr-Don-Becken wird daher von manchen Autoren als eine schräge Inzision der Tethys-Geosynklinale in den fennosarmatischen Bereich angesehen.

Die *Kaspi-Syneklise* ist wohl der am tiefsten abgesunkene Teil der Russischen Platte. Sie wird von dieser im N und W durch große Bruchsysteme abgeschnitten, an denen das Grundgebirge nach neuen russischen Arbeiten bis zu 16 km tief abgesunken sein soll. Eine besonders wichtige Rolle spielen bis zu 4000 m mächtige salinare Sedimente, deren Unterkante bei – 9000 m liegen dürfte. Über das »Subsalinar« ist nichts bekannt. Das Kaspi-Salinar wird in die permische Kungur-Stufe gestellt, jedoch rechnet man wegen der ganz extremen Salz-Mächtigkeiten auch mit devonischen Anteilen. Während Mesozoikum und Tertiär vertiefte sich die Kaspi-Syneklise fortschreitend nach Süden. Die tektonischen Strukturen werden weitgehend durch den Salz-Diapirismus bestimmt.

Geschichte der Russischen Platte

Wie der Baltische Schild so hat auch die Russische Platte den kratonischen Zustand bereits im jüngeren Präkambrium erreicht. Zwischen dem metamorphen Grundgebirge und sicherem Unter-Kambrium liegen nämlich fossilleere oder zumindest biostratigraphisch bisher nicht datierbare klastische Serien, die als »Oberes Proterozoikum« oder »Riphäikum« bezeichnet werden. Sie liegen $\pm$ horizontal, sind nicht metamorph und im allgemeinen nur wenige 100 m mächtig. In Aulakogenen und Syneklisen können die Mächtigkeiten aber bedeutend größer sein.

Seit dem Altpaläozoikum wurden die Bewegungen der Platte weitgehend von den angrenzenden tektonischen Mobilzonen beeinflußt. Die aktiven Geosynklinalen zogen die kratonischen Randgebiete in ihre Senkung ein, was zu Transgressionen führte, die aufsteigenden Orogene schütteten ihr Abtragungsmaterial in die Randgebiete beziehungsweise bezogen sie in die Hebung ein.

Während des kaledonischen Geosynklinalstadiums (Kambrium – Silur) waren die südlichen Randgebiete des Baltischen Schildes (Litauen, Lettland, Estland) von Epikontinentalmeeren bedeckt. Das baltische marine Unter-Kambrium, bestehend aus dem »Blauen Ton« von Leningrad und den hangenden Eophyton- und Fukoiden-Sandsteinen (20 bis 30 m), ist durch Bohrungen bis weit NE' von Moskau in der Moskauer Syneklise nachgewiesen worden. Ähnliches gilt für das baltische Ordovizium. Das Silur-Meer dagegen ist anscheinend nicht aus der Baltischen Syneklise in das Innere der Russischen Platte eingedrungen.

Die kaledonische Orogenese an der Wende Silur – Devon führte zum Aufstieg des Kaledoniden-Orogens und vermutlich zu einer gewissen Hebung des benachbarten Baltischen Schildes. Während des Unter-Devon dürfte auch die gesamte Russische Platte festländisch geworden sein. Im Mittel- und Ober-Devon wurde dann der W und NW der Platte vom molasseartigen kontinentalen »Old Red-Sandstein« überschüttet – Folge der kaledonischen Orogenese –, während von der Ural-Geosynklinale aus weite Transgressionen bis ins Moskauer Gebiet vorstießen. Das Maximum der Transgressionen fiel in die Frasne-Stufe (unteres Ober-Devon), aus deren marinen Verhältnissen sich in der Famenne-Stufe eine riesige Salzlagune entwickelte (Moskauer Gebiet, Weiß-Rußland). Etwa in diesem Raum bildeten sich dann die unter-karbonischen Kohlensümpfe des Moskauer Beckens. Im übrigen zeugen marine Sedimente – vielfach fossilreiche Kalke – von der Fortdauer der Meeresbedeckung im Zentrum und Osten der Russischen Platte bis gegen Ende der Karbonzeit. Dann zogen sich die Meere in die westlichen Vortiefen des Urals zurück. Hierbei bildeten sich besonders im unteren Perm mächtige und ausgedehnte salinare Sedimente, auf denen wirtschaftlich sehr bedeutende Kali- und Steinsalz-Lagerstätten beruhen. Diese Vortiefenbildung hing bereits mit der jungpaläozoisch-triadischen Ural-Orogenese zusammen. Hier sei nur gesagt, daß der Abtragungsschutt des aufsteigenden Ural-Orogens die Russische Platte weithin mit kontinentalen und lagunären bunten molasseartigen Sedimenten bedeckte, die vorwiegend in oberes Perm und untere Trias gehören. Nur im Bereich der besonders stark sinkenden Kaspi-Syneklise konnte das Meer aus der Tethys-Geosynklinale während der Unter-Trias nach N vorstoßen.

Mittel- und Ober-Trias sowie Lias fehlen auf der Russischen Platte. Erst im Dogger begannen wieder die Transgressionen, die nunmehr vom Süden, also von der Tethys-Geosynklinale, ausgingen. Im Malm schließlich war die ganze Osthälfte der Platte bis zur Arktis von Flachmeeren bedeckt. Typisch für den russischen Jura sind tonige und sandige Sedimente mit Glaukonit und Phosphoritknollen. Nach W öffnete sich eine weite Meeresverbindung nach Nord-Deutschland.

Die marine Unter-Kreide geht in weiten Teilen der Platte kontinuierlich aus dem Jura hervor (vgl. dagegen die Regressionen in Mittel- und West-Europa) und hat auch noch eine ähnliche Verbreitung. Dann setzte wieder schrittweise der Rückzug der Meere zur Geosynklinale ein, und zwar jetzt nach Süden zur Tethys: In der Ober-Kreide-Zeit reichte das Meer nach N noch wenig über Moskau hinaus, im Alttertiär nur etwa bis zur Linie Minsk

– Woronesch – Kuibyschew, im Jungtertiär schließlich erreichte es noch zum Teil den Ukrainischen Schild, reichte allerdings in der Kaspi-Syneklise weiter nach N (bis an die Kama.) Die alpidische Orogenese engte die marinen Räume mehr und mehr ein. Schwarzes Meer, Kaspisches Meer und Aral-See gelten als Reste jener jungtertiären Meere. Die Molasse-Vortiefen zwischen den aufsteigenden alpidischen Orogenen (Karpaten, Kaukasus) und der Russischen Platte nahmen große Abtragungsmassen auf. Im Karpatenvorland wird mit max. 10 000 m überwiegend mariner jungtertiärer Molasse gerechnet, im nördlichen Vorland des Kaukasus soll das Jungtertiär insgesamt über 7000 m mächtig sein.
(Zu diesem Kapitel vgl. die paläogeographischen Karten in *A. P. Vinogradov* 1968.)

2.2.2 Der Baltische Schild

Unter den altpaläozoischen Sedimenten der Russischen Platte taucht in NW-Rußland und im Baltikum das präkambrische kristalline Grundgebirge hervor, bildet eine weite flache Aufwölbung in Finnland, Schweden, Süd-Norwegen und Kola, um dann nach W unter die Decken des Kaledonischen Gebirges wieder unterzutauchen. Diese große Grundgebirgs-Aufwölbung nennen wir den Baltischen Schild.
Der Baltische Schild spielt seit dem Präkambrium die Rolle eines permanenten Hochgebietes, wovon mehrfach in verschiedenen Zusammenhängen die Rede sein wird. Seine Gesteine sind ganz überwiegend metamorph, das heißt, daß die ursprünglichen Sedimente und Magmatite unter besonders hohen Druck- und Temperaturbedingungen hinsichtlich ihres ursprünglichen Gefüges und Mineralbestandes oft bis zur Unkenntlichkeit verändert worden sind. Geologische, mineralogische und petrographische Befunde wie auch physiko-chemische Experimente stimmen darin überein, daß Temperaturen von $>650°$ C und Drucke von einigen Kilobar nötig sind, um metamorphe Gesteine von Art der im Baltischen Schild weitverbreiteten »Gneise« zu erzeugen. Auf Grund solcher PT-Bedingungen müssen wir für den Bildungsbereich gneisartiger Gesteine Tiefen von einigen Zehner-km unter der Erdoberfläche annehmen. Da nun aber in Finnland

und Schweden derartige Gneise diskordant von nicht-metamorphen Sandsteinen (Jotnischer Sandstein) überlagert werden, die ihrerseits radiometrische Alter bis zu 1300 m. y.[1] haben, so ergibt sich, daß die »korrelate« Decke der Gneise durch Hebung abgetragen worden war, bevor die Jotnischen Sandsteine sich ablagern konnten. Wir entnehmen daraus also, daß die Hebungstendenz des Baltischen Schildes eine schon tief in präkambrische Zeiten zurückreichende »Erbanlage« ist.

Wegen der vorherrschenden hochgradigen Metamorphose der Gesteine versagen im allgemeinen die üblichen geologischen und paläontologischen Methoden zur Aufklärung von Lithologie und Fazies, Altersstellung, Paläogeographie, tektonischer Struktur und Baugeschichte.

Immerhin befestigt sich mit zunehmendem Kenntnisstand die Vorstellung, daß der magmato-tektonische Zyklus im Sinne *H. Stilles* auch für die Gliederung des metamorphen Präkambrium anwendbar ist. Folgende Stadien des Zyklus lassen sich in vielen Fällen ausscheiden:

4. Terrestrische Sedimentation, postorogene Granite (subsequentes Stadium)
3. orogene Spätphase, spätorogene Granite
2. orogene Hauptphase, synorogene Granite
1. geosynklinale Sedimentation, initialer Magmatismus.

Schon bald wurde erkannt, daß der Baltische Schild aus mehreren solcher Zyklen von verschiedenem Alter aufgebaut wird. Auch das Prinzip der sedimentären Faziesräume wurde zu berücksichtigen versucht, da ja zum Beispiel die geosynklinale Sedimentation eines und desselben Zyklus in verschiedenen Teiltrögen durchaus verschieden sein kann. Alle diese Bemühungen führten aber solange zu keinen befriedigenden Resultaten, als es keine Möglichkeit gab, die tatsächlichen Altersverhältnisse zu bestimmen. Hier brachte nun die Methode der radiometrischen Datierung den entscheidenden Fortschritt, und auf dieser Basis ergibt sich heute folgende Gliederung des Baltischen Schildes in magmato-tektonische Zyklen (*Kl. Schmidt* 1966):

 [1] m. y. = Millionen Jahre.

	Eokambrium	
	Jotnium	1600–1300 m. y.
Proterozoikum	Gotiden	1570–1260 m. y.
	Kareliden und Svekofenniden	1850–1640 m. y.
	Marealbiden	2140–1900 m. y.
Archäikum	Saamiden	2700–2200 m. y.
	Katarchäikum	3590–2710 m. y.

Da dieser Gliederung nur gut 500 Altersbestimmungen zugrunde liegen, wird sie sicher noch manche Veränderung erfahren.[2] Dafür, daß sie zumindest einen richtigen Kern hat, spricht die räumliche Verteilung der Zyklen. Die 3 archäischen finden sich nämlich in Kola, an der S-Seite des Weißen Meeres und in Lappland. Kareliden und Svekofenniden schließen sich im S und W an (Finnland, Schweden), und die Gotiden bauen Süd-Schweden und Süd-Norwegen auf. Eine noch jüngere Orogenese zwischen 1100 und 900 m. y. scheint sich entlang der SW-schwedischen Küste bis zum Oslo-Fjord abgespielt zu haben (»Dalslandium«).

Danach würde also die orogene Entwicklung des Baltischen Schildes von einem nordöstlichen Kern um die Halbinsel Kola ausgegangen und dann in allgemeiner Richtung nach SW gewandert sein.

Was die orogenen Strukturen anbelangt, so werden sie von den Kaledoniden schräg oder senkrecht abgeschnitten, ausgenommen die Strukturen der Gotiden, also des jüngsten präkambrischen Zyklus, die in SW-Schweden und Süd-Norwegen mit etwa N–S-Streichen fast parallel zu den kaledonischen Strukturen verlaufen. Entsprechendes gilt für das Dalslandium.

Bis zu einem gewissen Grade deutet sich mithin während des Präkambrium eine gerichtete Entwicklung von dem ältesten Kern im NE zu den Kaledoniden im W an. Diese Vorstellung gewinnt dadurch an Wahrscheinlichkeit, daß sich eine entsprechende Entwicklung im Kanadischen Schild einerseits in Richtung Appalachen, andererseits in Richtung Felsengebirge ganz deutlich abzeichnet (*Kl. Schmidt* 1966, Abb. B-13).

[2] Für das schwedische Präkambrium vgl. z. B. *H. J. Koark* 1970.

Erst mit den *Svekofenniden-Kareliden* wird es möglich, gewisse Vergleiche zu tektonischen und magmatischen Einheiten herzustellen, wie wir sie aus den Kaledoniden, Varisziden und Alpiden kennen. Zum Beispiel finden sich in den Svekofenniden Süd-Finnlands Gesteinskomplexe von geringer Metamorphose, so daß die primären Gefüge noch zum Teil erhalten sind. Grauwackenschiefer zeigen ausgezeichnete Gradierung, in begleitenden Phylliten kommen schlauchförmige Anreicherungen organogenen Kohlenstoffs vor (*Corycium enigmaticum Sederholm*), typische Vulkanitgefüge, darunter submarine Pillowlaven, sind erkannt worden. Ferner lassen sich syn-, spät- und postkinematische Granitintrusionen unterscheiden.

Die Svekofenniden Mittel-Schwedens sind wegen ihres Reichtums an Erzlagerstätten besonders gut untersucht. Hier ist man daher zu relativ genauen Vorstellungen über die räumliche Gliederung der Geosynklinale und ihrer Randgebiete sowie hinsichtlich der geotektonischen Entwicklung gelangt.

Als »Kareliden« werden die Kristallinkomplexe zwischen Ost-Finnland, Weißem Meer und Lappland bezeichnet. Die Abtrennung von den Svekofenniden hatte ursprünglich folgende Gründe: Einmal ist der Gesteinsbestand verschieden, so spielen zum Beispiel in den Kareliden Quarzite eine große Rolle, in den Svekofenniden dagegen nicht. Kennzeichnend für die Kareliden sind die häufigen Ophiolithe (= schwach metamorphe Diabase und Tuffe) sowie Dolomite mit Algenstrukturen (Stromatolithe), und schließlich die anthrazitartigen Schungit-Flöze. Dann ist der tektonische Stil unterschiedlich, was insbesondere *E. Wegmann* (1961) herausgearbeitet hat. Endlich steht dem NW–SE-Streichen der Kareliden das W–E-Streichen der Svekofenniden gegenüber.

Dann aber ergaben die radiometrischen Altersbestimmungen an Magmatiten, daß Svekofenniden und Kareliden etwa gleiches Alter haben müssen.

Unter dem Zwang dieser Befunde neigt man heute der Auffassung zu, daß es sich um zwei verschiedene Bereiche eines großen Orogenkomplexes handelt. In ihm scheinen die Svekofenniden die mehr eugeosynklinalen, die Kareliden aber die nach E zunehmend miogeosynklinalen Teile beziehungsweise den epikontinentalen Randbereich darzustellen.

28 Die *Gotiden* Süd-Schwedens und Süd-Norwegens streichen vor-

zugsweise N–S und unterscheiden sich dadurch deutlich von der E–W-Richtung der schwedischen Svekofenniden.

Das nicht mehr metamorphe und nicht mehr alpinotyp deformierte *Jotnium* bildet das Deckgebirge über dem präkambrischen Kristallin. Im weitesten Sinne besteht es aus den Dala-Porphyren und Rapakivi-Graniten, dem Jotnischen Sandstein und Diabasen. Dieses Jotnium tritt in einem Streifen auf, der von Mittel-Schweden über die Åland-Inseln und Süd-Finnland bis zum Onega-See reicht. Die Rapakivi-Granite besitzen ein radiometrisches Alter von etwa 1630 m.y., die Jotnischen Sandsteine von etwa 1300 m.y., z.T. mögen sie aber auch wesentlich jünger sein. Weite Teile des Baltischen Schildes haben jedenfalls ihre endgültige Konsolidierung schon vor der Platznahme der Rapakivi-Granite und lange vor der Ablagerung der Jotnischen Sandsteine erfahren, nämlich mit dem Ausklingen der svekofennidisch-karelidischen Orogenesen bei etwa 1600 m.y. Da man hinsichtlich des Ukrainischen (Podolischen) Schildes zu ähnlichen Werten kommt (s. S. 30), mögen sie für große Teile Fennosarmatias gelten.

Im einzelnen sind die Verhältnisse hinsichtlich des Jotnium insofern etwas komplizierter, als der Komplex der Dala-Porphyre (»Sub-Jotnium«) Mittel-Schwedens durch eine Diskordanz vom eigentlichen Jotnischen Sandstein getrennt wird. Der fundamentale Schnitt zwischen kristallinem Grund- und nichtmetamorphem Deckgebirge liegt sinngemäß also an der Basis des Sub-Jotnium.

Der Jotnische Sandstein pflegt mit Konglomeraten zu beginnen und besteht im wesentlichen aus bunten, überwiegend roten feldspatführenden Psammiten, abgelagert in flachem Wasser. Die Mächtigkeiten erreichen 800 m. Die Rapakivi-Granite bilden flache Intrusionskörper und zeichnen sich durch große, eiförmige, rote Kalifeldspäte aus, die oft von einer weißlichen-grünlichen Schale aus Plagioklas umhüllt werden. Das Jotnium als Ganzes kann nach Lagerungsverhältnissen, Sedimenttypen und Magmatismus als subsequentes Stadium zu den vorangegangenen svekofennidisch-karelidischen Orogenesen betrachtet werden. Die Sandsteinserie hat Molasse-artigen Charakter.

Als Äquivalent des Jotnischen wird der Trysil-Sandstein Norwegens angesehen. Er taucht nach W unter das Altpaläozoikum beziehungsweise die tektonischen Decken der Kaledoniden. Noch jüngere Sedimente vorkambrischen Alters, das sogenannte »Eokambrium«, setzen über dem Baltischen Schild am Rande des Kaledonischen Gebirges ein. Hierüber wird im Kapitel über die skandinavischen Kaledoniden zu sprechen sein (s. S. 37).

2.2.3 Der Ukrainische (Podolische) Schild

Ausgehend vom östlichen Baltischen Schild zieht eine breite Hochlage des präkambrischen Grundgebirges nach S (Abb. 3). Sie bildet die Weißrussische Anteklise, und in deren Fortstreichen nach SE hebt sich das Grundgebirge im Ukrainischen Schild wieder heraus. Mit seinem leicht gebogenen Verlauf begleitet der Schild die SW-»Ecke« Fennosarmatias. Nach N taucht der Schild allmählich unter das Paläozoikum und Mesozoikum des Dnjepr-Don-Aulakogens, nach S unter das variszisch gefaltete Paläozoikum der Skythischen Platte und dessen mesozoisches-tertiäres Deckgebirge. Im SW liegt über dem Kristallin bereits ungefaltetes Riphäikum (= jüngstes Präkambrium, s. S. 23); dieses taucht allmählich unter Altpaläozoikum und Mesozoikum und schließlich unter die jungtertiäre Molasse-Vortiefe der Ost-Karpaten. Der Ukrainische Schild war seit dem Riphäikum ein relatives Hebungsgebiet, was sich in Mächtigkeitsreduktionen und Schichtlücken im Vergleich zu seinen Nachbargebieten ausdrückt, insbesondere natürlich zum Dnjepr-Don-Aulakogen.

Daß zwischen Ukrainischem und Baltischem Schild petrographisch manche Ähnlichkeiten bestehen (*Kl. Schmidt* 1966), besagt wohl nicht viel, da ja mit zunehmender Metamorphose die Ausgangsgesteine generell homogenisiert werden.

Die radiometrischen Altersbestimmungen des ukrainischen Kristallins ergeben eine Gliederung in vier Altersgruppen, die als Präkambrium I–IV bezeichnet werden.

Präkambrium I (Katarchäikum) tritt nur in Form kleinerer Schollen von Gneisen, Amphiboliten und Graniten am Dnjepr auf und entspricht Alterswerten zwischen 3500 und 2800 m. y.

Wesentlich größere Verbreitung hat das Kristallin des Präkambrium II (Archäikum) mit Alterswerten zwischen 2700 und 1900 m. y. Die Gesteinsserien sind bereits sehr mannigfaltig und bestehen aus migmatischen Gneisen verschiedenster Zusammensetzung mit Marmoren, dabei lassen sich auch schon primäre Geosynklinal-Serien mit dem typischen initialen Magmatismus erkennen. Diese Einheiten streichen um NW–SE.

Das Präkambrium III (Proterozoikum) ist wegen der wirtschaftlich sehr wichtigen itabiritischen Eisenerz-Lagerstätten vom Typ Kriwoi Rog besonders gut erforscht. Es handelt sich dabei um metamorphe sedimentäre Eisenerz-Vorkommen, die einer stark vulkanisch beeinflußten Geosynklinal-Serie eingeschaltet sind. Die radiometrischen Alter liegen zwischen 1900 und 1700 m.y. Im Gegensatz zum Präkambrium II streichen die Gesteinsserien des Präkambrium III um N–S. Sie setzen sich nach N in die Anteklise von Woronesch fort, wo auf Grund starker magnetischer Anomalien – bedingt durch die Eisenerze – bei Kursk weitere große Vorkommen festgestellt werden konnten.

Zum Präkambrium III wird auch die schon wesentlich schwächer metamorphe und weniger deformierte Owrutsch-Serie gerechnet. Sie bildet einen E–W verlaufenden Streifen im NW des Schildes und besteht aus bunten, zum großen Teil roten Sandsteinen und Konglomeraten sowie aus basischen-sauren Vulkaniten. Allem Anschein nach ist diese Serie jünger als die hauptsächlichen orogenen Vorgänge im Ukrainischen Schild. Sie hat bereits gewisse postorogene sedimentäre und vulkanische Züge, wie sie für die subsequenten Stadien der postkambrischen Orogenesen typisch sind. Die radiometrischen Datierungen geben zwischen 1700 und 1300 m.y. an. Damit scheint also die Owrutsch-Serie dem Jotnium des Baltischen Schildes zu entsprechen (s. S. 29).

Zum Präkambrium IV (oberes Proterozoikum) werden die riphäischen Sedimente und Vulkanite gerechnet, die dem abtauchenden Ukrainischen Schild im W aufliegen.

2.2.4 Die Entwicklung des Baltischen Schildes vom Kambrium bis zum Ende des Silur

Die Hebungstendenz des Baltischen Schildes wird erdgeschichtlich zum ersten Mal in Form der tiefgreifenden vor-jotnischen Abtragung erkennbar (S. 26). Mancherlei Anzeigen sprechen dafür, daß der Schild im Altpaläozoikum weithin überflutet war, wenn die entsprechenden Sedimente auch bis auf Reste in den Randgebieten wieder abgetragen wurden. Auf alle Fälle aber zeigen die Reste, daß es sich um lückenhafte und geringmächtige Ablagerungen von Epikontinental-Meeren gehandelt hat, die einerseits mit der kaledonischen Geosynklinale im W, andererseits mit der Tethys-Geosynklinale im S zusammenhingen. In geotektonischem Sinne dürften die Beziehungen zur kaledonischen Geosynklinale die engeren gewesen sein, denn mit der kaledonischen Orogenese hörte die marine Sedimentation sowohl in der Geosynklinale als auch im Baltikum auf, Orogen wie Baltischer Schild verlandeten, und in beiden Bereichen kam es daher im Devon zur festländischen Old Red-Sedimentation (S. 65).

Wenn wir im folgenden die Geschichte des Baltischen Schildes im Kambrium, Ordovizium und Silur an Hand der Sedimente nachzeichnen, so betrifft dies ein weites Epikontinental-Meer vom östlichen Baltikum über Schweden bis zum Oslo-Gebiet und seine Beziehungen zur westlich angrenzenden kaledonischen Geosynklinale. Die Beziehungen des baltischen Altpaläozoikums nach Mitteleuropa sind schon allein wegen der jüngeren Bedeckung durch Mesozoikum, Tertiär und Pleistozän sehr problematisch und bleiben außer Betracht. Die Entwicklung des Baltischen Schildes zwischen der Ablagerung des Jotnischen Sandsteines und dem Beginn des Kambrium liegt weitgehend im Dunkeln. Da die radiometrischen Datierungen für den Jotnischen Sandstein max. – 1300 m. y. und für den Beginn des Kambrium – 600 m. y. lauten, so beträgt die durch Sedimente nicht dokumentierte Lücke bis zu über 1/2 Milliarde Jahre. Nur im äußersten W des Schildes wird die Lücke durch das Dalslandium in SW-Schweden beziehungsweise das Eokambrium am Rande der kaledonischen Geosynklinale wenigstens teilweise ausgefüllt.

Die Situation ist insofern sogar noch problematischer, als bisher nur ein einziger Fall bekannt ist, wo Altpaläozoikum unmittelbar auf Jotnium liegt, nämlich am Siljan-See in Dalarne (Mittel-Schweden). Und hier beginnt das Altpaläozoikum unter Ausfall des Kambrium überhaupt erst mit dem tiefsten Ordovizium! In allen anderen Fällen transgrediert das Altpaläozoikum – dabei meist schon das Kambrium, am Onega-See aber erst das Devon – unmittelbar auf dem Kristallin, oder aber über dem Jotnium ist kein Altpaläozoikum vorhanden.

Bei Leningrad folgen ± kontinuierlich unter dem Unter-Kambrium die tonig-feinsandigen Laminariten-Schichten (Laminarites = ? Algenreste). Zum Liegenden werden die Sedimente grobklastischer und überlagern dann das kristalline Grundgebirge. Die Sedimente zwischen diesem und dem sicheren Unter-Kambrium werden in der russischen Literatur als »Riphäikum« (Riphaeus = Ural) bezeichnet, aber über ihre stratigraphische Stellung, zum Beispiel im Vergleich zum Jotnium oder Eokambrium des Baltischen Schildes, weiß man nichts Sicheres. In der Tat können wir die geologische Entwicklung des Baltischen Schildes erst wieder vom Kambrium ab verfolgen, das durch marine Se-

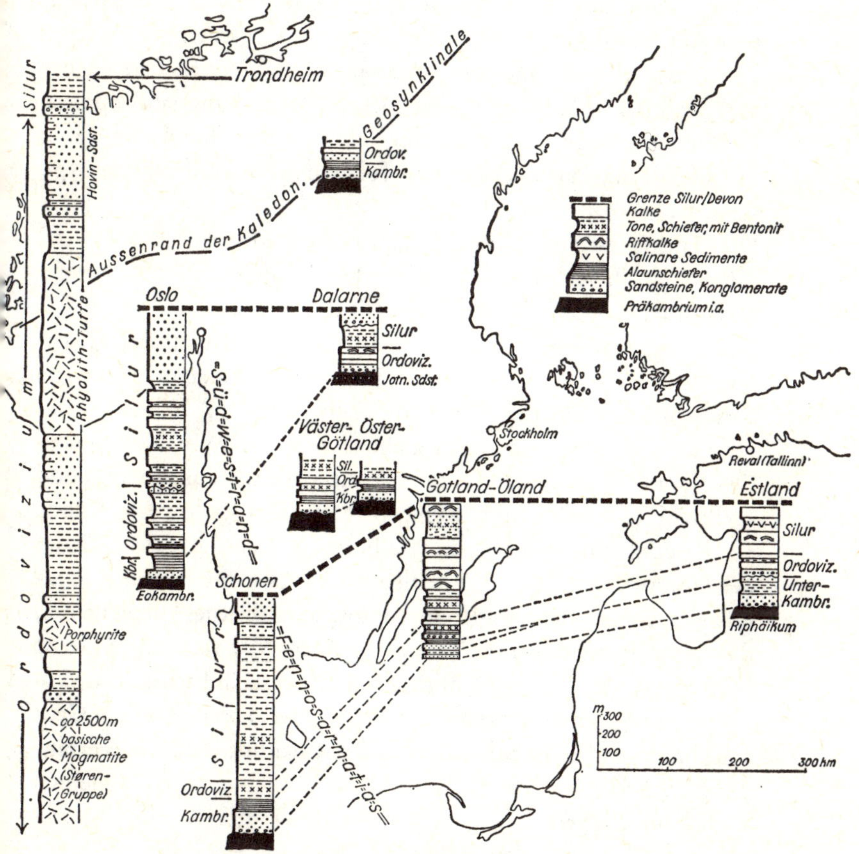

Abb. 4: Das Kambro-Silur des Baltischen Schildes.

dimente vertreten wird. Ob die große zeitliche Lücke zwischen Jotnium und Kambrium nun bedingt ist durch fehlende Ablagerung oder durch Abtragung – in jedem Falle zeigt sich wieder die lang dauernde Hebungstendenz des Baltischen Schildes.

Entlang dem Finnischen Meerbusen und bis zum Ladoga-See taucht der Baltische Schild ganz flach unter das Kambro-Silur der Russischen Platte. Vom Onega-See bis zum Weißen Meer greift erst der Old Red-Sandstein des Devon auf den Schild über. Das Auflager des paläozoischen Deckgebirges bildet vielfach eine Steilstufe, den »Glint«. In Schweden außerhalb des Kaledonischen Gebirges ist das Altpaläozoikum nur in kleinen Restvorkommen erhalten, die bedeutendsten liegen im S, nämlich in Schonen, die nördlichsten in Dalarne, etwa 250 km NW' Stockholm. Vom Inlandeis verschleppte Blöcke finden sich an den schwedischen und finnischen Küsten des Bottnischen Meerbusens, zum Beispiel noch 350 km N' Stockholm. Weitere Zeugen der ausgedehnten epikontinentalen Meeresüberdeckung sind Spalten im Grundgebirge ausgefüllt mit kambrischem Sandstein (z. B. in West-Finnland). (Für die folgenden Ausführungen vgl. Abb. 4).

Die Transgression des unter-kambrischen Meeres brachte wohl die weiteste Überflutung des Baltischen Schildes, jedenfalls reichte sie über das östliche Baltikum bis in die Moskauer Syneklise. Die Sedimente sind nach Art und Mächtigkeit ziemlich gleichbleibend. Sie bilden einen meist nur einige Zehner m mächtigen Sandschleier über dem Präkambrium, dem im Baltikum der »Blaue Ton« von Leningrad eingeschaltet ist. Auch Mittel- und Ober-Kambrium sind mit ihren vorwiegenden Alaunschiefern und Kalkbänken faziell noch wenig differenziert. Selbst am Rande der kaledonischen Geosynklinale herrscht noch die gleiche Fazies des Unter-Kambrium. Das Fehlen des Kambrium im Profil »Dalarne« (Abb. 4) deutet auf ein paläogeographisches Element hin, das anscheinend während fast des ganzen Altpaläozoikums eine wichtige Rolle spielte, nämlich ein meist festländisches, NE–SW streichendes Schwellengebiet zwischen der kaledonischen Geosynklinale und dem baltischen Epikontinentalmeer. Die Verbindung zwischen beiden muß das Schwellengebiet im allgemeinen südlich umgangen haben. Am Ende des Unter-Kambrium zog sich das Meer aus den Baltischen Ländern etwa bis zur Insel Gotland zurück, um erst wieder im Ordovizium zu transgredie-

ren. Im Ordovizium herrschen stärkere Faziesdifferenzierungen mit konglomeratisch-sandigen Gesteinen, oft fossilreichen Kalken und Riffbildungen, Alaun- und Graptolithenschiefern. Bio- und Lithofazies entsprechen einem flachen Epikontinentalmeer. Generell nehmen nach W die Graptolithenschiefer zu, größere Mächtigkeit zeigt erst das Profil Oslo; dort hat das Ordovizium sogar flyschartige Züge (*A. Seilacher* & *D. Meischner* 1965). Den enormen Unterschied zwischen epikontinentalem und geosynklinalem Ordovizium zeigt der Vergleich zwischen den Profilen »Dalarne« und »Trondheim« (Abb. 4).
Für die Silur-Zeit machen die Profile »Oslo« und »Schonen« die Abbiegung des Baltischen Schildes nach W beziehungsweise SW und damit den SW-Rand Fennosarmatias sehr deutlich. Die relativ großen Mächtigkeiten und die vorherrschenden Graptolithen-Schiefer sprechen für sich. In Schonen ist das Silur überdies flyschartig ausgebildet (*M. Lindström* 1960). Das relativ mächtige und stark von Riffen durchsetzte gotländische Silur wird als Riffgürtel des baltischen Flachmeeres vor dem in Mittel-Schweden angenommenen Schwellengebiet gedeutet. Die Verlandung im oberen Silur zeichnete sich durch sandige beziehungsweise salinare Sedimentation ab, und die Fauna dieses jüngsten Silur nahm zunehmend brackische Züge an. Die Sedimentation setzte dann aus, erst im Laufe des Devon kam es wieder zu Ablagerungen, nunmehr aber in Form der festländischen Old Red-Sandsteine.
Der starke Vulkanismus in der kaledonischen Geosynklinale wirkte sich im baltischen Epikontinentalmeer durch Einwehung von feinen Aschen aus. Bis nach Öland und Gotland finden sie sich als zersetzte tonige Lagen (Bentonite) im Ordovizium und Silur.

3 Paläo-Europa (Kaledoniden)

Nach der präkambrischen Konsolidation Fennosarmatias erfolgten in den paläozoischen Geosynklinalräumen Europas die nächsten großen Orogenesen im Laufe von Ordovizium und Silur. Ihre Gesamtheit bezeichnet man als die »Kaledonische Ära«. Die Orogenesen haben sich in der Hauptsache innerhalb der kaledonischen Geosynklinale abgespielt, die sich von den Britischen Inseln über Norwegen, Mittel- und Nord-Schweden, Nord-Finnland, die Bären-Insel bis nach West-Spitzbergen verfolgen läßt. Diese Geosynklinalräume wurden durch die kaledonischen Orogenesen konsolidiert und als »Paläo-Europa« an Fennosarmatia angegliedert (vgl. Abb. 1 und 2).
Von den Randgebieten, den »Vorländern«, der kaledonischen Geosynklinale ist das östliche beziehungsweise südöstliche in Skandinavien (Baltischer Schild) und auf Spitzbergen (Barentssee-Schelf) gut bekannt, das »Gegenufer« aber nur in NW-Schottland.

3.1 Die Kaledoniden Skandinaviens (Abb. 5)

Das präkambrische Grundgebirge des Baltischen Schildes taucht nach NW unter die jüngeren Gesteinsserien des Kaledonischen Gebirges. Sie entstammen einer Geosynklinale, deren Sedimentation bereits im jüngsten Präkambrium (»Eokambrium«) begonnen hatte, die sich dann aber in der Hauptsache während des Kambrium bis Silur entwickelte. Nach mehreren schwächeren Bewegungsakten während des Ordovizium und an der Wende Ordovizium/Silur (»takonische Phase«) erfolgte die Hauptorogenese am Ende des Silur. Bunte, vielfach grobklastische Sedimente (»Old Red«) von jüngstsilurischem, hauptsächlich aber devonischem Alter sind typische postorogene Molassen.

3.1.1 Die Sedimentfüllung der kaledonischen Geosynklinale

Zwischen Grundgebirge und fossilführendem Unter-Kambrium tritt die sogenannte »Sparagmit«-Formation auf, die als *»Eokambrium«*, das heißt als jüngstes Präkambrium, gilt. Hierfür spricht außer ihrer stratigraphischen Position das Auftreten von glazialen Sedimenten, ist die eokambrische Vereisung doch eine weltweit verbreitete Erscheinung.

Das Typusgebiet der Sparagmit-Formation liegt um den nördlichen Mjösen-See etwa 100 km nördlich Oslo. Die aufgeschlossene Gesamtmächtigkeit beträgt hier etwa 1400 m. Der eigentliche Sparagmit ist ein feldspatreicher grauer und rötlicher Sandstein. In die Formation sind im unteren Teil bis 100 m mächtige Kalke (Biri-Kalk), ferner Tonschiefer und Konglomerate eingeschaltet. Im oberen Teil treten glaziale Psephite (Tillite) und schließlich Quarzite auf, in denen Scolithus-Röhren gefunden worden sind. Darüber folgt das fossilführende Unter-Kambrium.

Die Sparagmit-Formation läßt sich – vorwiegend am Außenrand des Kaledonischen Gebirges gegen den Baltischen Schild – bis nach Schwedisch-Lappland verfolgen. In Nord-Norwegen (Finnmark) baut sie sogar den größten Teil des Gebirges auf und kann über 3000 m mächtig werden. Auch dort treten im unteren Teil karbonatische, im oberen glazigene Gesteine auf. Die mächtigen Porsanger-Dolomite enthalten Stromatolithe. Über die Halbinsel Varanger biegt die Sparagmit-Formation nach Osten um und erscheint dann wieder auf der Fischer-Halbinsel.

Sedimentologisch dürfte es sich bei der Sparagmit-Formation um die Füllung eines miogeosynklinalen Beckens handeln.

Sowohl in Süd-Norwegen (nördlich des Mjösen-Sees) als auch in Finnmark liegt der Sparagmit zum Teil autochthon auf dem Grundgebirge. Hier besteht also die Möglichkeit, sich ein Bild von der Form der Sedimentationsräume zu machen. In Süd-Norwegen scheint das Sparagmit-Becken eine meridionale Richtung gehabt zu haben. Daß es damit in Fortsetzung des jüngeren

Oslo-Grabens liegt, ist ein interessanter Gesichtspunkt, auf den wir nochmals zurückkommen werden (S. 45).

In Finnmark dagegen scheint das Sparagmit-Becken W–E zu streichen. In dieser Richtung nämlich verläuft die Grenze zwischen einer vollständigen Abfolge im N gegen eine unvollständige im S, die nur aus dem oberen Tillit-führenden Teil besteht. Der heutige W–E-Verlauf der Grenze Grundgebirge – Eokambrium dürfte also durch das Sparagmit-Becken vorgezeichnet sein.

Schließlich sei darauf hingewiesen, daß die Sparagmit-Formation am Außenrand des Orogens nicht oder nur schwach metamorph ist. Für das gesamte Orogen gilt aber die Regel, daß die Metamorphose gegen die inneren Zonen, das heißt nach W beziehungsweise NW, zunimmt, und zwar zum Teil bis zum Stadium der Granitisierung. Dies trifft ebenso für die kambrischen bis silurischen Gesteine zu.

Die Finnmark-Sparagmite finden sich in ganz ähnlicher Weise wieder auf Spitzbergen und in Ost-Grönland. Dies gilt auch für die Karbonatgesteine (vielfach Dolomite) im Liegenden der Tillite, die daher wohl mit Recht für marine Sedimente gehalten werden.

Die Schichtenfolge zwischen Sparagmit und Devon wird in Skandinavien üblicherweise als *»Kambro-Silur«* zusammengefaßt, da sie einerseits eine geotektonische Einheit ist, andererseits wegen der Metamorphose vielfach gar nicht biostratigraphisch gegliedert werden kann.

Je nach der Lage innerhalb der Geosynklinale lassen sich mehrere Faziesbereiche unterscheiden:

Das *Oslo-Gebiet* spielt insofern eine Sonderrolle, als es während des Kambro-Silur eine Art meridionaler Abspaltung der eigentlichen Geosynklinale darstellte und auch von der Orogenese nur im Nordteil betroffen wurde. Das Osloer Kambro-Silur ist daher nicht metamorph, dies im Gegensatz zu den meisten anderen Vorkommen im Kaledonischen Gebirge.

Entsprechend der Geosynklinal-Nähe gibt es im nördlichen Oslo-Gebiet bereits Unter-Kambrium, im Süden erst Mittel-Kambrium. Die Gesamtmächtigkeit des Kambro-Silur beläuft sich auf max. 1400 m. Der Ablagerungsraum dürfte einer etwa meridionalen Depression zwischen einem Festland im W (Südnorwegisches Grundgebirge) und Fennosarmatia im E entsprechen

(»Oslo-Schonen-Depression« des Ordovizium nach *T. Strand* 1960). Der kambrische Anteil besteht aus Basalkonglomerat, Sandstein und Alaunschiefern, der ordovizische aus Ton- und Kalksteinen sowie Feinsand-Turbiditen, der silurische beginnt mit Konglomeraten und besteht sonst aus Tonschiefern und Knollenkalken. Der geosynklinale Magmatismus äußert sich nur in Form von Bentoniten im Mittel-Ordovizium und Unter-Silur. Im jüngsten Silur setzen terrestrische vorwiegend rotbraune Sandsteine in Old-Red-Fazies ein. Die sehr grobe Sedimentation an der Wende Ordoviz – Silur läßt sich auf takonische Krustenbewegungen zurückführen. (Eine sedimentologische und ökologische Studie über das Paläozoikum des Oslo-Gebietes haben *A. Seilacher* & *D. Meischner* 1965 veröffentlicht.)
Mit Annäherung an die eigentliche Geosynklinale, also nördlich und nordwestlich vom Mjösen-See ändert sich die Fazies in Richtung auf zunehmend pelitische Sedimente und größere Mächtigkeiten, geosynklinaler Magmatismus setzt ein, und es beginnt die Regionalmetamorphose.
Ein teilweise nur schmaler Streifen wenig metamorpher kambrischer Sandsteine und Alaunschiefer begleitet den Außenrand des Kaledonischen Gebirges bis nach Finnmark. Dieses Kambrium (*»Hyolithus-Zone«*) liegt autochthon oder parautochthon auf Sparagmit beziehungsweise präkambrischem Grundgebirge und unter den von W aufgeschobenen Decken.
Die *Trondheim-Fazies* ist von typisch geosynklinaler Art (vgl. Abb. 4 Prof. Trondheim). Fossilfunde im Ordovizium und charakteristische Konglomerathorizonte erlauben eine gewisse stratigraphische Gliederung des Kambro-Silur. Die Regionalmetamorphose ist zum Teil nur sehr gering.
Als »Kambrium« werden die Glimmerschiefer der Röros-Gruppe bezeichnet, die über der Sparagmit-Formation liegen. Als Stören- oder Bymark-Gruppe faßt man den etwa 2500 m mächtigen Komplex mit geosynklinalen Magmatiten zusammen, die in der Hauptsache ins untere Ordovizium gehören. Die aus basischen Magmatiten hervorgegangenen »Grünsteine« werden von Gabbros, Peridotiten beziehungsweise Serpentiniten, Quarzkeratophyren, exhalativ-sedimentären Eisen- und Sulfidvorkommen sowie kieseligen Sedimenten begleitet (*Chr. Oftedahl* 1968). In der Hovin-Gruppe, im Liegenden bestehend aus Kalken, Sandsteinen und Schiefern, sind relativ reichlich Fossilien des

mittleren Ordovizium gefunden worden. Darüber folgt der etwa 500 m mächtige flyschartige Hovin-Sandstein. Sandsteine und Graptolithenschiefer des Silur schließen die marine Sedimentation ab. – Die Trondheim-Fazies tritt auch an der Westküste Süd-Norwegens, N' und S' von Bergen auf.

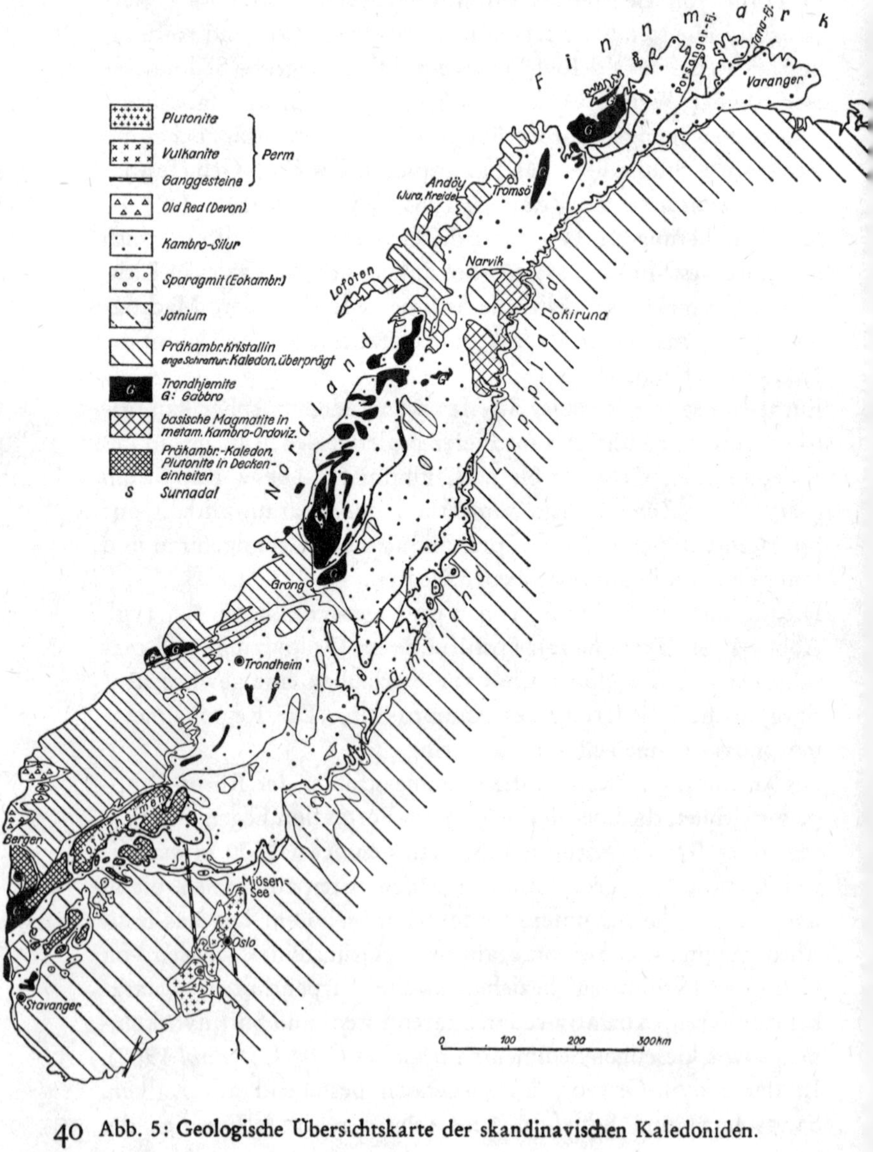

 Abb. 5: Geologische Übersichtskarte der skandinavischen Kaledoniden.

Die *Nordland-Fazies* ist typisch ausgebildet zum Beispiel in der Gegend von Narvik. Die Gesteine sind im allgemeinen höher metamorph (Amphibolit-Fazies) und das kambro-silurische Alter durch Fossilien nur annähernd belegt. Im wesentlichen handelt es sich um eine 5000 m mächtige Abfolge von Glimmerschiefern, Quarziten, Karbonatgesteinen, sedimentären Eisen-Erzen und Amphiboliten. Typisch ist vor allem die große Mächtigkeit der Karbonatsedimente (> 1000 m) und das mehrfache Auftreten von sedimentären Eisen-Erzen.
In allen Bereichen des geosynklinalen Kambro-Silur treten außer den basischen auch saure Plutonite auf. Es sind vorwiegend helle Quarzdiorite, die als »Trondhjemite« bezeichnet werden. Sie sind sicher nicht alle erst am Ende des Geosynklinalstadiums, sondern schon vom Ordovizium ab intrudiert. In besonders hohem Maße durchsetzen konkordante synorogene Granite, Quarzdiorite und Granodiorite das Kambro-Silur im Küstenstreifen zwischen Trondheim (etwa 150 km nordöstlich) und Narvik (etwa 100 km südwestlich). Sicher hängt mit dieser starken Granitdurchtränkung die relativ hochgradige Metamorphose der Sedimente zusammen.

3.1.2 Die strukturelle Gestaltung der Geosynklinale

Ein Charakteristikum des kaledonischen Orogens ist es, daß innere und daher großenteils metamorphe Gesteinsserien generell nach E und SE auf die autochthone kambro-silurische Sedimenthülle des Baltischen Schildes flach aufgeschoben sind, wobei mit Transportweiten in der Größenordnung von 100 km gerechnet wird. Es fehlt also eine Molasse-Vortiefe, wie sie sich normalerweise zwischen Orogen und Vorland auszubilden pflegt. Molasseartiges devonisches Old Red tritt erst am Rande des Baltischen Schildes im Baltikum und in NW-Rußland auf. Die Strukturen am kaledonischen Außenrand werden teils von Abscherungseinheiten des Sparagmit oder metamorphen Kambro-Silur, teils von schuppenartigen Elementen, teils von großen liegenden Falten gebildet.
Im Oslo-Gebiet ist das Kambro-Silur noch bis südlich der Stadt von der Faltung betroffen, dann liegt es flach nach Art der Vorlandsedimente.

In Finnmark verklingen die Überschiebungen des kaledonischen Außenrandes. Die tektonischen Achsen streichen nach N bis NE in das Arktische Meer hinaus.

Die inneren Zonen des Gebirges bis zur Küste werden im großen Bilde beherrscht von strukturellen Hochgebieten aus präkambrischen beziehungsweise kaledonischen Gneisen und Depressionen erfüllt mit den kambro-silurischen Serien.

Die größten und wichtigsten Hochgebiete sind folgende: Südnorwegische Basalgneise zwischen Oslo und Stavanger, Basalgneise etwa zwischen Trondheim und Bergen, die Querzone der Gneise nördlich Trondheim bei Grong, das Gneisgebiet an der Küste bei und nördlich Narvik. Von den Depressionen seien genannt: die Synklinorien von Jotunheimen, Bergen, Trondheim-Jämtland und Nordland-Lappland.

Im südnorwegischen Gneisgebiet zwischen Oslo und Stavanger kann man insofern mit Recht von »Basalgneisen« sprechen, als das Kambro-Silur diskordant auf ihnen liegt, die Gneise also sicher präkambrisch sind. Anders ist die Sachlage aber bei den küstennahen Basalgneisen von SW- bis Nord-Norwegen. Dort werden an Stelle von Diskordanzen vielfach allmähliche Übergänge aus den Gneisen ins Kambro-Silur beobachtet. Sichere Sparagmit-Quarzite gehen seitlich in Gneise über, und radiometrische Altersbestimmungen sprechen dafür, daß Teile der Gneiskomplexe kaledonisch mobilisiert worden sind. Das Ausgangsmaterial der Gneise dürfte dabei sowohl präkambrischen als auch kambro-silurischen Alters sein. Die Zunahme der kaledonischen Metamorphose von außen nach innen betrifft also offenbar auch das präkambrische Grundgebirge.

Wenden wir uns jetzt den großen Depressionen oder Synklinorien zwischen beziehungsweise neben den Gneis-Hochgebieten zu. Zwischen dem Bergen – Trondheimer und dem südnorwegischen Gneisgebiet liegt das *Jotunheimen-Synklinorium,* auch als »Decken-Region« bezeichnet. Hier wurde Ende des 19. Jahrhunderts von *A. E. Törnebohm* die Decken-Konzeption in das Kaledonische Gebirge eingeführt. SE–NW-Profile westlich des Mjösen-Sees vom südnorwegischen Gneisgebiet in Richtung Jotunheimen gelegt, zeigen die Abfolge der Deckeneinheiten (Abb. 6): Das autochthone Kambro-Silur wird von Schuppen und nach S überkippten Falten der Sparagmit-Formation überlagert. Darüber liegt teils normal, teils allochthon phyllitisches

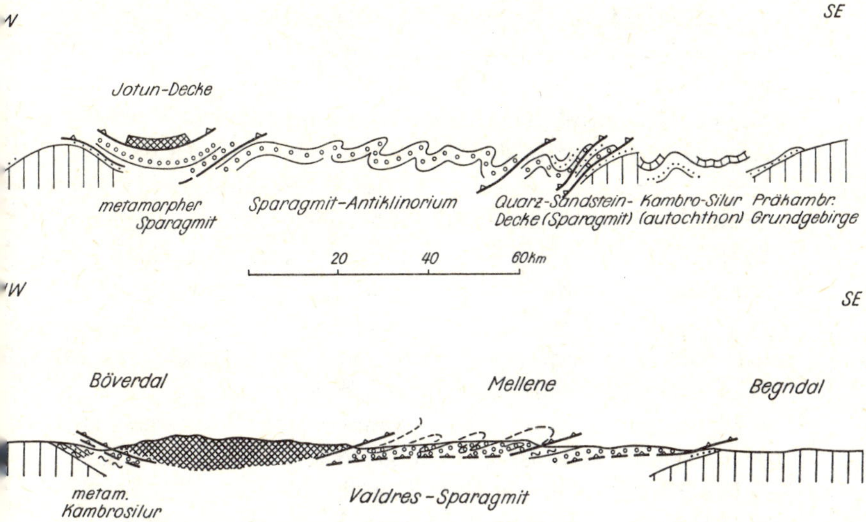

Abb. 6: Zwei Profile vom süd-norwegischen Vorland durch die kaledonische Außenzone und die Deckenmulde von Jotunheimen.
Oben: vom Mjösen-See nach NW (umgezeichnet nach *St. Skjeseth* 1963, Fig. 39).
Unten: etwa 60–100 km W' des oberen Profils (entworfen von *J. Loeschke*).

Kambro-Silur. Die nächst höhere Einheit besteht aus mehreren liegenden Großfalten des Valdres-Sparagmits, die SW–S-vergent sind (*J. Loeschke* & *R. P. Nickelsen* 1968). Der Komplex der Jotun-Decken als höchste Einheit wird aus vorwiegend basischen Magmatiten präkambrischen Alters aufgebaut.

Die tektonischen Bewegungsbahnen liegen im wesentlichen horizontal. Die Richtung des Deckentransportes geht generell nach S gegen das südnorwegische Gneisgebiet. Für die Jotun-Decke muß mit Transportweiten von mindestens 70 km gerechnet werden.

Das Gneisgebiet zwischen Bergen und Trondheim läuft bei Bergen keilförmig nach S aus. An der SW-Seite des Gneiskeiles legen sich die *Bergen-Bögen* an. Nach W konkav bilden sie entlang der Küste ein fragmentarisches Synklinorium, das aus metamorphem Kambro-Silur, basischen Gesteinen vom Typ der Jotun-Decken und Gneisen in mehrfachem Wechsel besteht.

Das *Trondheim-Synklinorium*, erfüllt mit ± metamorphem Kambro-Silur und Trondhjemiten, legt sich im Süden und Südosten auf das südnorwegische beziehungsweise jämtländische

Sparagmitfeld. Im Westen grenzt es auf etwa 70 km Länge gegen die Bergen-Trondheim-Gneise, wobei die Grenze von einer auffallend geradlinigen meridionalen Flexur gebildet wird. Schmale Kambro-Silur-Mulden erstrecken sich mit westlichem Achsenanstieg weit in das Gneisgebiet hinein. Gegen das nördliche Gneisgebiet um Grong hebt sich das Synklinorium in Form breiter Muldenzüge heraus. Die innere Struktur des Trondheim-Synklinoriums ist noch in wesentlichen Punkten ungeklärt. Ein Zentrum geologischer Forschung und daher gut bekannt ist die Horg-Synklinale südlich Trondheim (Abb. 7). Allgemein scheinen relativ einfache große Sattel- und Muldenstrukturen den Bau des Synklinoriums zu beherrschen, wobei die Strukturen im einzelnen sehr kompliziert sein können. Der tektonische Transport ist in der Hauptsache nach Süden gerichtet, von der Surnadal-Mulde (etwa 80 km SW' Trondheim) wird aber deutliche NW-Vergenz angegeben. Deckenbau größeren Ausmaßes ist innerhalb des Trondheim-Synklinoriums bisher nicht sicher nachweisbar.

Jenseits des Gneisgebietes von Grong beginnt die tektonische *Nordland-Region*. Sie wird vom kaledonischen Außenrand bis zur Küste in der Hauptsache aus Kambro-Silur und sauren bis basischen Plutoniten aufgebaut. Mehrfach sind breite Grundgebirgs-Aufwölbungen freigelegt. In tektonischer Hinsicht sind 2 Fakten wesentlich: 1. Ein westlicher Streifen höherer Metamorphose und mit großen Plutonit-Massiven ist nach E auf einen

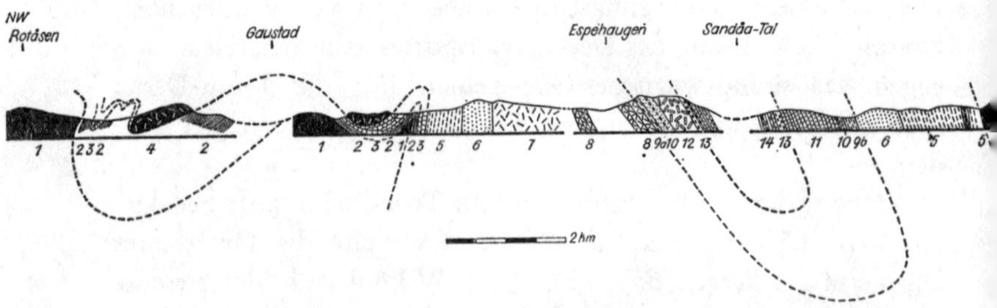

Abb. 7: Profil der Horg-Synklinale S' von Trondheim (nach *Th. Vogt* 1945). – 1 basische Magmatite d. Stören-Gr. (Kambrium–U.-Ordoviz.), 2-3-4 Hölonda-Schiefer, -Kalke, -Porphyre (U.-Ordoviz.), 5-6 Krokstad-Schiefer und -Sandsteine, 7 Hareklett-Rhyolith-Tuff, 8 Espehaug-Rhyolith-Tuff, 9a-b Tömme- und Dicranograptus-Schiefer (M.-Ordoviz.), 10 Volla-Konglom., 11 Hovin-Sandstein, 12 Grimsås-Rhyolith- (O.-Ordoviz.), 13 Lyngestein-Konglom., 14 Sandå-Schiefer und -Sandstein (? Silur).

Streifen von geringer metamorphem Kambro-Silur und mit weitaus geringerer magmatischer Durchtränkung aufgeschoben. Diese Überschiebung gilt als ein Grundzug der nordländischen Tektonik. Das größte Granit-Massiv hat eine Länge von 150 km und eine Breite von 50 km. Die kristallinen Schiefer sind hochmetamorphe Glimmerschiefer, die in Granitgneise übergehen. 2. Die tektonisch höhere Westeinheit besteht aus weitgespannten Antiklinalen und Synklinalen, die durch die mächtigen Karbonatgesteine des Kambro-Silur nachgezeichnet werden. Diese tektonischen Elemente streichen nun ganz überwiegend in N–S, untergeordnet in W–E-Richtung. Auch die Plutonit-Massive verlaufen in der Hauptsache in N–S.

Finnmark wird im wesentlichen von psammitischen Gesteinsserien in verschiedenen Metamorphosegraden aufgebaut, die man der Sparagmit-Formation zurechnet. Im NW ist sie hochmetamorph und bildet eine gegen SE überschobene tektonische Großeinheit mit SE-vergenten Falten. Der Ausstrich ihrer Überschiebungsbahn übernimmt die Rolle des kaledonischen Außenrandes in nordöstlicher Richtung, um dann ins Arktische Meer hinaus zu laufen. In den tief eingeschnittenen Fjorden sind Aufwölbungen des Grundgebirges mit autochthoner Sedimenthülle (Sparagmit und/oder Kambro-Silur) und der metamorphen Sparagmit-Decke hervorragend aufgeschlossen. E' des Tanafjord-Ausganges scheint die Überschiebung allmählich in eine SE-vergente Flexur überzugehen. S' von Hammerfest wird die Küstenregion von gabbroiden – ultrabasischen Gesteinen gebildet. Dieser Komplex liegt tektonisch über der metamorphen Sparagmit-Decke.

Als Ganzes folgt das Kaledonische Gebirge Skandinaviens der SW–NE-Richtung. Die großen und kleinen strukturellen Einheiten halten diese Richtung jedoch nur zum kleinen Teil ein, worauf *E. Wegmann* (1959) aufmerksam gemacht hat. Die »innere Anatomie« wird vielmehr ganz entscheidend von N–S und W–E verlaufenden Elementen aller Größenordnungen bestimmt; Oslo-Depression, Westrand-Flexur des Trondheim-Synklinoriums, Plutonite und Großfalten-Achsen Nordlands verlaufen zum Beispiel ungefähr in N–S-Richtung; in W–E dagegen die Kambrosilur- und Devon-Mulden N' Bergen, die Surnadal-Mulde SW' Trondheim, ein Teil der Großfalten Nordlands und der Sparagmit-Trog im östlichen Finnmark.

3.1.3 Das Alter der Deformationen

Höhepunkt und Abschluß der orogenetischen Vorgänge lagen an der Wende Silur/Devon. Von Bewegungen wohl hauptsächlich vertikaler Art wurde aber die Geosynklinale bereits im Ordovizium betroffen. Derartige Vertikalbewegungen der Geosynklinale pflegen in engem räumlichem, zeitlichem und sicher auch kausalem Zusammenhang mit dem initialen Vulkanismus zu stehen. Für die Kaledoniden Skandinaviens wird vor allem auf

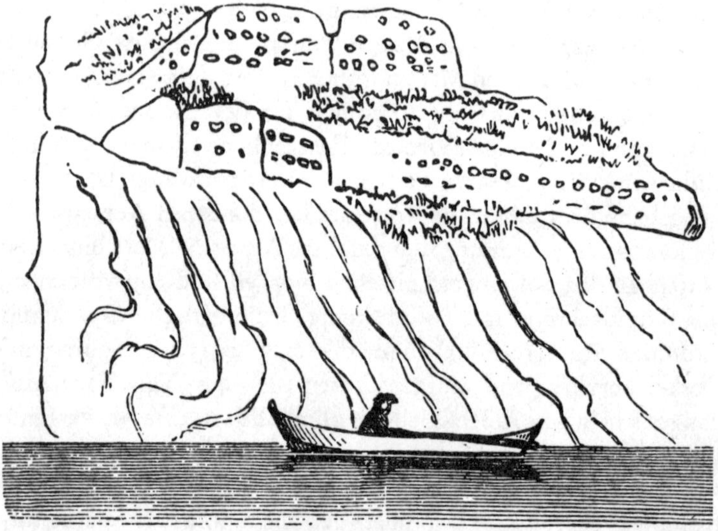

Abb. 8: Diskordantes Auflager von Old Red-Konglomeraten auf steilstehenden und gefalteten Grünschiefern, Nord-Fjord N' Bergen (nach *H. Reusch* 1881 aus O. *Holtedahl* 1960, Fig. 93).

Grund von Konglomeratschüttungen auf solche Bewegungen geschlossen, die an der Wende von Unter- zu Mittel-Ordovizium (»Trondheim disturbance«), von Mittel- zu Ober-Ordovizium (»Ekne disturbance«) und Ordovizium zu Silur (Takonische Phase) liegen sollen. In den Bergen – Bögen intrudieren die Trondhjemite keine jüngeren Gesteine als Mittel-Ordovizium, und zwischen Mittel- und Ober-Ordovizium soll ein Metamorphose-Unterschied bestehen. Das würde für eine echte Ekne-

Orogenese sprechen. Tektonische Bewegungen im Zeitbereich der Takonischen Phase sind im Oslo-Gebiet nachgewiesen. Auf alle Fälle ist aber das Silur noch in vollem Umfang von der Orogenese betroffen. Postorogene Old Red-Konglomerate und -Sandsteine finden sich in relativ kleinen Vorkommen entlang der Küste von Trondheim bis nördlich von Bergen, ein Vorkommen liegt nahe der norwegisch-schwedischen Grenze etwa 120 km SSE' Trondheim. Klassische Diskordanzen zwischen metamorphem Vordevon und Old Red sind im Gebiet des Nord-Fjordes N' Bergen aufgeschlossen (Abb. 8).

Das Old Red auf den Inseln am Ausgang des Trondheim-Fjordes ist an die 2500 m dick und gehört nach tierischen und pflanzlichen Fossilfunden in das Downton und Devon (Unter- bis Mittel-Devon). N' von Bergen tritt das Old Red in W–E-streichenden Synklinalen auf. Hier konnte das Alter der höheren Old Red-Schichten mit Fischen und Pflanzen als Mittel-Devon bestimmt werden. Bei den Sedimenten handelt es sich um die typische Füllung kontinentaler Innenbecken des Orogens. Ihr außerordentlich grober Charakter und die Mächtigkeiten von mehreren 1000 m beweisen das herrschende starke Relief (s. Abschnitt 3.5.1 Old Red-Kontinent). Magmatische Einschaltungen, wie sie in postorogenen Innensenken aufzutreten pflegen, sind im norwegischen Old Red sehr selten.

Die Old Red-Schichten der Küste sind auch noch von zum Teil erheblichen Dislokationen betroffen worden. Verkippungen bis zu steilem Einfallen, ja sogar Überschiebungen von kristallinen Gesteinen auf Old Red werden beobachtet.

3.2 Die Kaledoniden Spitzbergens

Die norwegischen Kaledoniden setzen sich über die Bären-Insel nach Spitzbergen fort. Die eigentlichen Kaledoniden bauen West-Spitzbergen auf, während Ost-Spitzbergen Vorland-Charakter besitzt und ein aufgetauchter Teil des Barentssee-Schelfes ist (Abb. 3).

In beiden Teilen der Inselgruppe bilden archäische Gneise das Grundgebirge. Dieses wird von der »Hecla-Hoek«-Formation überlagert, die oberes Präkambrium und vor-devonisches Altpaläozoikum umfaßt. Der präkambrische Anteil enthält Äquivalente der skandinavischen Sparagmit-Formation. Kalke und Dolomite gehören nach Fossilfunden wahrscheinlich in das Unter-Kambrium. Die Bären-Insel hat ordovizische Fossilien geliefert. Der altpaläozoische Anteil der Hecla-Hoek-Formation beträgt nur einen Bruchteil der präkambrischen.

Die Hecla-Hoek-Formation besitzt in Ost-Spitzbergen vorländischen, im Westen orogenen Charakter. So ist sie in West-Spitzbergen mit max. 16 000 m fast viermal so mächtig wie im Osten, dabei großenteils metamorph und von Graniten intrudiert. Außerdem enthält ihr präkambrischer Anteil sehr mächtige Amphibolite, die aus basischen Laven und Tuffen entstanden sind. Schließlich ist die Formation im W mit N–S-Achsen E-vergent gefaltet und durch Überschiebungen disloziert, in Ost-Spitzbergen klingen die Faltungen dagegen aus.

Eine Innensenke mit devonischer Old Red-Molasse durchzieht in N–S-Richtung das Orogen. Das Old Red liegt diskordant auf dem gefalteten Hecla-Hoek und erreicht Mächtigkeiten von 8000 m. Bemerkenswerterweise enthält es keine subsequenten Magmatite.

3.3 Die Kaledoniden der Britischen Inseln (Abb. 9, 10, 11)

Die Kaledoniden bauen etwa drei Viertel der Britischen Inseln auf. Sie grenzen im nordwestlichen Schottland und auf den Hebriden an ein präkambrisches Vorland, im östlichen Wales beziehungsweise in Mittel-England an einen stabilen Block, der als Ausläufer Fennosarmatias gilt. Süd-Irland, Cornwall und Devonshire gehören zum variszischen Europa.

Die kaledonische Geosynklinale der Britischen Inseln wurde zumindest in ihrem schottischen Anteil bereits in jung-präkambrischer Zeit angelegt und mit sehr mächtigen klastischen Sedimenten gefüllt, die die nördlichen Schottischen Hochlande aufbauen. Vollständiges Kambrium in ebenfalls großen Mächtigkeiten findet sich in Wales; hier und in anderen Gebieten (Southern Uplands, Seen-Distrikt, Irland) reicht die geosynklinale Sedimentation bis in das Silur. Jüngstes Silur (Downton) und Devon sind in Form terrestrischer, klastischer Rotsedimente ausgebildet, die als »Old Red Sandstone« bezeichnet werden. Im wesentlichen muß das »Old Red« zwar als postorogene Molasse gelten, es wird aber auch noch von kräftigen Dislokationen und granitischem Plutonismus betroffen.

Die britischen Kaledoniden sind ein sehr heterogenes Orogen. Sie entstammen keiner einfach gegliederten Geosynklinale, der Ablauf ihrer Baugeschichte ist schwer überschaubar, ihre tektonischen Großstrukturen lassen sich nicht ohne weiteres in die Schemata einfügen, die im mitteleuropäischen Variszikum und in den Alpen entwickelt worden sind. Auffallend ist die ausgesprochene Asymmetrie des Gesamtorogens: So wird das nordwestliche Vorland von einer in Irland etwa 100 km, in Schottland bis 200 km breiten *metamorphen Zone* begleitet, alles Kaledonikum südlich davon bildet die *nichtmetamorphe Zone.* Diese ist relativ fossilreich und seit langem intensiv erforscht, so daß sie das klassische Gebiet der kaledonischen Geosynklinale Europas darstellt.

Im einzelnen werden folgende Bereiche nach geosynklinaler Entwicklung, orogener Ausgestaltung und Metamorphose unterschieden:

1. *Das nordwestliche Vorland* (Hebriden, nordwestlichstes Schottland, Insel Inishtrahull vor der nordirischen Küste). Präkambrisches Grundgebirge, ungefaltetes Deckgebirge aus Jung-Präkambrium, Kambrium und unterem Ordovizium.
2. *Die Metamorphe Zone* (Schottische Hochlande, Grampians, Nord-Irland). Sie grenzt mit einer großen Überschiebung (Moine Thrust) gegen das nordwestliche Vorland und bricht entlang einer Störungszone (Highland Border Fault) im SE gegen das Midland Valley ab. Die Metamorphe Zone besteht aus dem älteren Moinian (Jung-Präkambrium) und dem jüngeren Dalradian (Eokambrium bis Unter-Kambrium).
3. Das *Midland Valley* ist ein intramontanes Old Red-Becken (s. S. 67).
4. *Die schottischen Southern Uplands* und
5. der *Seen-Distrikt* Nord-Englands werden von nichtmetamorphem Ordovizium und Silur aufgebaut.
6. Das *Walisische Becken* lehnt sich mit bogenförmigem Ostrand an das mittelenglische Massiv an und ist mit mächtigen nicht metamorphen Schichtfolgen vom Kambrium bis zum jüngsten Silur gefüllt.

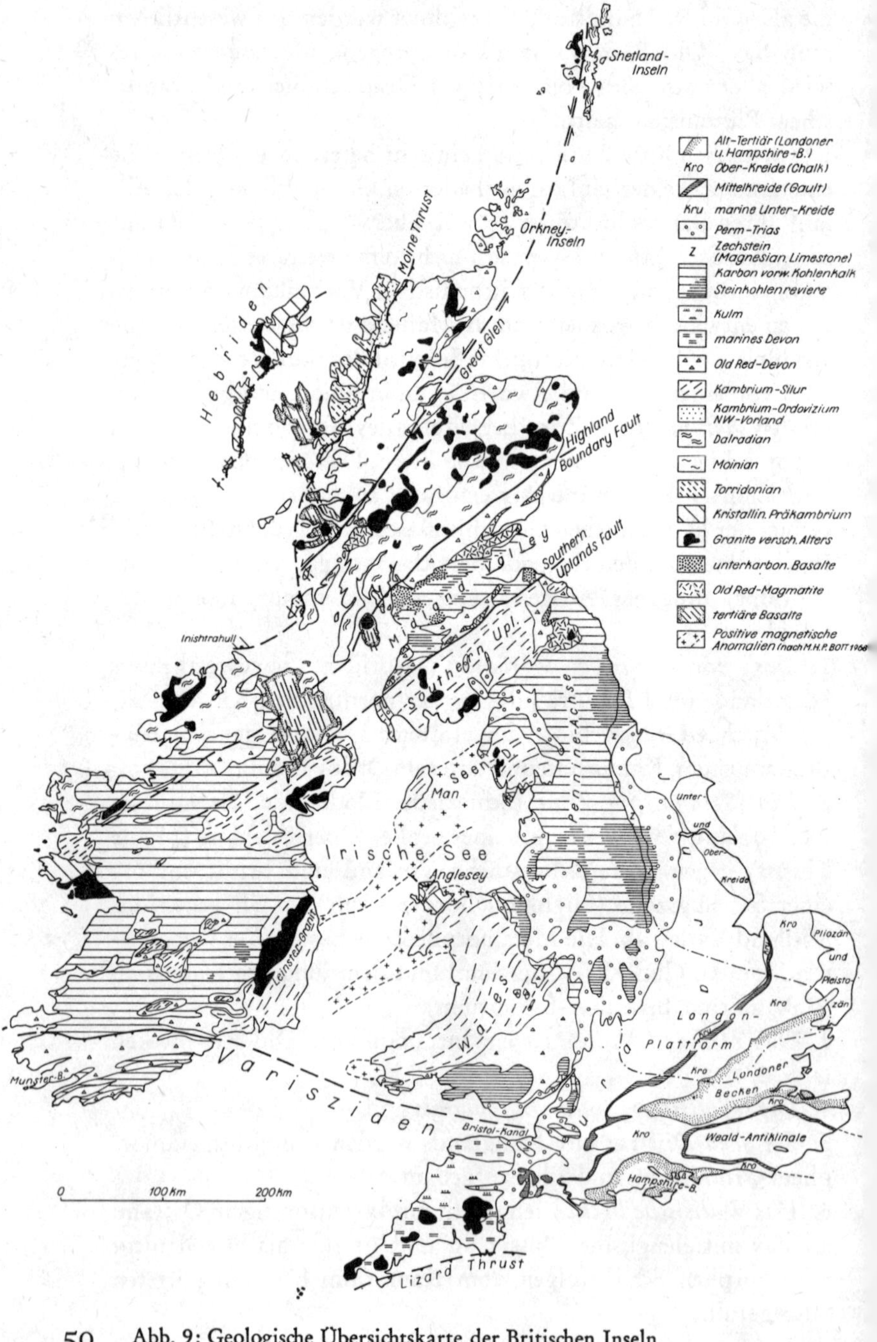

Abb. 9: Geologische Übersichtskarte der Britischen Inseln.

3.3.1 Das nordwestliche Vorland

Die Gesteine des präkambrischen Grundgebirges werden unter der Bezeichnung »Lewisische Gneise« zusammengefaßt. Sie sind anscheinend in zwei großen Orogenesen geformt worden. Die radiometrischen Werte für die ältere (»Scourian orogeny«) liegen zwischen 2600–2200 m. y., diejenigen für die jüngere (»Laxfordian orogeny«) zwischen 1600–1200 m. y.
Der Scourian-Komplex besteht in der Hauptsache aus gebänderten Gneisen von sehr verschiedener chemischer Zusammensetzung. Ihre hochgradige Metamorphose entspricht großenteils der Granulit-Fazies. Nach radiometrischer Datierung sind sie die ältesten bisher in West-Europa bekannt gewordenen Gesteine. Auf Grund des Verlaufes der Gneisbänderung darf man annehmen, daß die tektonische Hauptrichtung um NW–SE liegt. Dies ist auch die Richtung von basischen Gangschwärmen, die wohl bald nach der Scourian orogeny entstanden sind.
Die Laxfordian orogeny hat sich durch Metamorphose unter den Bedingungen der Amphibolit-Fazies, durch Migmatisierung und Intrusionen ausgewirkt. Ihre tektonischen Elemente streichen ebenfalls vorwiegend NW–SE.

Die Lewisischen Gneise werden diskordant von der nichtmetamorphen und ungefalteten klastischen Sedimentserie des *Torridonian* überlagert. Das radiometrische Alter beträgt um 900 m. y. Die Schichtfolge baut sich aus Konglomeraten, Arkosen, Sandsteinen mit Schiefern und Grauwacken auf und kann max. 6000 m mächtig werden. Die Faziesverteilung läßt sich dahingehend verstehen, daß die heutigen Vorkommen im nordwestlichen Schottland am West-Rand eines zeitweise marinen Beckens gelegen waren. Die Moine-Serie der Schottischen Hochlande gilt als metamorphes Äquivalent des Torridonian (s. u.). Letzteres wäre also die nichtmetamorphe Vorlandfazies, das Moinian aber die metamorphe Beckenfazies einer jung-präkambrischen Zeiteinheit.
Diskordant und ungefaltet liegt über dem Torridonian beziehungsweise Lewisischem Gneis das marine *Kambro-Ordovizium*. Es beginnt mit unter-kambrischen Quarziten, darüber folgt die vorwiegend dolomitische Durness-Formation, die bis in das Unter-Ordovizium reicht. Damit bricht die altpaläozoische Sedi-

mentation im nordwestlichen Vorland ab. Die Angaben über die Mächtigkeiten des Kambro-Ordovizium schwanken zwischen 700 m und 1500 m. – Hervorzuheben sind die engen faunistischen Beziehungen zum Kambrium und Ordovizium der Appalachen.

Die schwache Diskordanz zwischen biostratigraphisch belegtem Unter-Kambrium und jung-präkambrischem Torridonian oder Lewisischem Gneis entspricht der »assyntischen« Faltung *H. Stilles* (1958), die er nach dem Assynt-Distrikt Nord-Schottlands benannt hat.

Das nordwestliche Vorland der schottischen Kaledoniden hat nach der auf S. 12 gegebenen Definition urkontinentalen Charakter, liegt doch das jung-präkambrische Torridonian diskordant und selbst nicht mehr gefaltet auf Lewisischen Gneisen. Hinzu kommt, daß das Torridon in mancher Beziehung molasseartige, das heißt postorogene Züge besitzt und daher gelegentlich als »Oldest Red« mit dem devonischen Old Red verglichen wird. Ohne Zweifel können die heutigen Vorlandsgebiete Schottlands nur aus dem Atlantik aufragende Reste eines ursprünglich wesentlich größeren urkontinentalen Komplexes sein. Nicht zuletzt sind es gewisse fazielle und faunistische Beziehungen des Altpaläozoikums zu den Appalachen und Ost-Grönland, die den Anschluß der schottischen Vorlandsreste an die präkambrischen Schilde Grönlands und Kanadas nahelegen. So nahm *H. Stille* (1940, Abb. 13) eine heute im Atlantik versunkene urkontinentale Brücke von Schottland nach Grönland und Kanada an. *Schatsky* & *Bogdanoff* (1964) schließen die schottische Vorlandscholle an eine ebenfalls versunkene »plateforme hypothétique d'Eria« an, die, zwischen Schottland und Ost-Grönland gelegen, auch Island enthalten würde. An die Stelle solcher »fixistischen« Hypothesen sind heute mehr »mobilistische« getreten, die an ein Abdriften der schottischen Vorlandscholle vom grönländischen Schild denken (*Marshall Kay* 1969). Horizontalverschiebungen großen Ausmaßes sind in Schottland tatsächlich gut bekannt (s. S. 55).

3.3.2 Die Metamorphe Zone der Schottischen Hochlande

Die Metamorphe Zone wird in ihrem größeren nordwestlichen Teil aus der älteren Moine-Serie aufgebaut, darüber liegt im SE die jüngere Dalradian-Serie. Die stratigraphischen, tektonischen und metamorphen Beziehungen zwischen beiden Serien sind nicht eindeutig geklärt.

Als Ausgangsmaterial des *Moinian* kommen sandig-tonige Flachwassergesteine in Frage, deren Mächtigkeit größenordnungsmäßig 6000 m betragen dürfte. Wahrscheinlich ist das Moinian ein zeitliches Äquivalent des Torridonian. Die Metamorphose zeigt ein großräumiges Bild, in das das Dalradian einbezogen werden muß. So ergibt sich eine streifenförmige Anordnung, die die gesamte Metamorphe Zone überspannt. Mit abnehmendem Metamorphosegrad folgen von NE nach SW: Sillimanit-, Disthen-, Granat-, Biotit- und Chlorit-Zone (s. auch S. 63).

Das augenfälligste tektonische Element ist die NNE streichende *Moine-Überschiebung*, die sich über fast 200 km von Küste zu Küste verfolgen läßt. An ihr ist das Moinian auf Lewisische Gneise, Torridonian oder Kambro-Ordovizium des Vorlandes aufgeschoben. Sie bildet in großen Zügen den strukturellen NW-Rand der britischen Kaledoniden. Als mindeste Überschiebungsweite sind 16 km nachgewiesen, doch wird mit Weiten von über 100 km gerechnet. Den Innenbau des Moinian scheinen große NW-vergente liegende Falten beziehungsweise Schuppen zu beherrschen, in die auch Lewisische Gneise aus dem Untergrund einbezogen sind. Dabei sind die ursprünglichen Unterschiede zwischen Grundgebirge (Lewisian) und Deckgebirge (Moinian) weitgehend verwischt worden. So existiert die vorländische Diskordanz zwischen Lewisian und Torridonian in den inneren Bereichen des Moinian nicht mehr. Das präkambrische Grundgebirge ist also »kaledonisiert« worden, ähnlich wie im westlichen Norwegen. Im einzelnen ist das strukturelle Bild sehr kompliziert, weil es von mehreren Deformationsakten mit verschiedenen Achsenrichtungen und unterschiedlicher Metamorphose geprägt worden ist.

Das *Dalradian* liegt strukturell und stratigraphisch über dem Moinian. Das obere Dalradian kann mit Hilfe von Trilobiten in das Unter-Kambrium (mit Vorbehalt sogar in das tiefe Mittel-

Kambrium) eingestuft werden, während im unteren Dalradian tillitartige Bildungen auftreten, die an den skandinavischen Sparagmit (Eokambrium) erinnern. Die Gesamtmächtigkeit des Dalradian wird mit etwa 10 000 m angegeben. Im unteren Teil überwiegen Quarzite, Schiefer und Kalke, im oberen dagegen, das heißt im Unter-Kambrium, bildete sich etwa in NE–SW-Richtung ein rasch sinkender Trog, der große Mächtigkeiten von turbiditischen Grauwacken aufnahm. Die Strömungsrichtungen verlaufen etwa parallel zur Trogachse. Aus den Sedimentationsverhältnissen wird auf ein Abtragungsgebiet im W beziehungsweise NW des heutigen Aufschlußbereiches geschlossen.

Das beherrschende tektonische Großelement des Dalradian ist die pilzförmige Iltay-Decke mit NW-Vergenz im NW und SE-Vergenz im SE (Abb. 11). Ihre Bewegungen haben sich unter regionalmetamorphen Bedingungen vollzogen. Die Strukturen ähneln in mancher Beziehung denen der tieferen penninischen Decken der Westalpen. Wiederum komplizieren mehrere Deformationsphasen mit unterschiedlichen Achsenrichtungen das strukturelle Bild.

Das Dalradian setzt sich einerseits mit SW-Streichen nach Nord-Irland fort und soll andererseits in den Shetland-Inseln nochmals auftauchen, hier mit NNE-Streichen. Die SE-Grenze der Metamorphen Zone gegen das Old Red des Midland Valley bildet die steile, meist weniger als 1,5 km breite Störungszone des *Highland Border*, die Schottland fast geradlinig durchzieht und sich auch durch Irland verfolgen läßt. Die Bewegungen an der großen Abbruchzone haben sich sowohl vor dem Old Red als auch während desselben ereignet. Innerhalb der Störungszone sind die Gesteine weitgehend zu Linsen zerschert. Darunter finden sich solche, die paläontologisch mit Sicherheit als altpaläozoisch, mit einer gewissen Wahrscheinlichkeit als unter-ordovizisch (Arenig) datiert werden können und damit die jüngsten bekannten Schichtglieder der ganzen Metamorphen Zone sind. Basische Intrusiva, Spilite mit Pillow-Laven, Kieselschiefer und schwarze Schiefer spielen eine wichtige Rolle im Gesteinsbestand.

Über das *Alter der Orogenesen* in der Metamorphen Zone läßt sich folgendes sagen: Radiometrische und geologische Daten deuten an, daß zunächst im Grenzbereich Kambrium/Ordovizium orogenetische und metamorphe Vorgänge erfolgt sind. Als zweiter Höhepunkt gilt dann der Grenzbereich Silur/Devon.

In den Bereichen der hochgradigen Metamorphose spielen Migmatite und granitische Intrusionen eine große Rolle, es sind die sogenannten »Older Granites«. Man kann sie über die ganze Metamorphe Zone von den Shetland- und Orkney-Inseln bis zur Insel Mull und auch in großem Umfang östlich des Great Glen verfolgen. Am weitesten verbreitet sind jedoch die »Newer Granites«, echte magmatische Intrusiva, die im wesentlichen aus Granodioriten bestehen und altersmäßig etwa an die Silur/Devon-Grenze gehören. Einige haben auch noch das untere Old Red betroffen.

Eines der wichtigsten tektonischen Elemente der Metamorphen Zone ist die *Horizontalverschiebung des Great Glen,* die allerdings, zumindest in ihrer jetzigen Form, jünger als die eigentliche kaledonische Orogenese ist (jünger als Mittel-Old Red, älter als Ober-Karbon). Vom Moray Firth im NE bis zum Firth of Lorne im SW hat sich über dieser Störung eine schmale, fast schnurgerade von Seen erfüllte Depression gebildet, die in der physiographischen Karte sofort auffällt. Mit etwa 100 km Verschiebungsbetrag ist der Great Glen die größte bisher nachgewiesene Horizontalverschiebung Europas (*W. Q. Kennedy* 1946). Der Nachweis beruht auf der Verschiebung eines Granitmassives und der regionalmetamorphen Mineralzonen. Es handelt sich um eine Links-Seitenverschiebung, das heißt daß die NW-Scholle sich relativ zur SE-Scholle nach SW bewegt hat. Eine Anzahl kleinerer Parallelstörungen zum Great Glen durchsetzt weite Teile der Schottischen Hochlande.

3.3.3 Southern Uplands

Das Old Red-Becken des Midland Valley (s. S. 67) wird im SE entlang einer großen Randstörung gegen das Altpaläozoikum der Southern Uplands abgesetzt. Kontur und Struktur verlaufen SW–NE, der ganze Streifen ist etwa 65 km breit und 240 km lang. Insgesamt gesehen sind die stratigraphischen Einheiten nach SE geneigt, so daß das Ordovizium als das älteste im N, das tiefere Silur in der Mitte und das Wenlock ganz im SE auftritt.

Der heutige Verlauf des Southern Uplands-Streifens scheint sich im wesentlichen mit dem des ordovizisch-silurischen Sedimentations-Troges zu decken. Dieser war im N von einem Hochgebiet im Bereich des späteren Midland Valley begleitet. Die ältesten bekannten Sedimente haben Arenig-Alter, das Wenlock wird mit scharfer Winkeldiskordanz von Old Red überlagert (klassische Lokalitäten an der Nordsee-Küste in Berwickshire).

Das Arenig besteht wie in der Highland-Störung großenteils aus basischen Magmatiten und Tuffen. Nach einer Schichtlücke folgt das höhere Ordovizium, das hauptsächlich von Konglomeraten, Grauwacken und basischen bis intermediären Vulkaniten aufgebaut wird. Mächtigkeiten und Verteilung der grobklastischen Gesteine sowie ihre Schüttungsrichtungen zeichnen deutlich das nördliche Liefergebiet nach. Zum Trogzentrum hin keilen die klastischen Schüttungen aus, so daß hier das Ordovizium von wenigen 100 m Graptolithenschiefern repräsentiert wird. Diese Verhältnisse setzten sich im Prinzip während des Silur fort.

Die Sedimente des höheren Ordovizium und Silur haben zum großen Teil flyschartigen Charakter. Ungewöhnlich große Mächtigkeiten sprechen für eine sehr rasche und kräftige Absenkung des Southern Uplands-Troges. Nach neueren Schätzungen beträgt die kumulative maximale Mächtigkeit etwa 10 000 bis 13 000 m. Dies darf nicht als die reale Mächtigkeit an einem bestimmten Punkt gelten, vielmehr dürfte die Achse maximaler Senkung von N nach S gewandert sein.

Die Schichten sind gefaltet und in SE-vergente Aufschiebungseinheiten gegliedert. Die Intrusionen der »Newer Granites« spielen keine so große Rolle wie in den nördlicheren Bereichen. Sehr charakteristisch sind zahlreiche NE–SW-Gänge basischer und saurer Magmatite, die in Zusammenhang mit den Graniten stehen.

Die Verhältnisse der Southern Uplands finden sich wieder in Irland südlich von Belfast.

3.3.4 Englischer Seen-Distrikt

Das Altpaläozoikum tritt in einer etwa 50 km (NE–SW ×) 65 km (NW–SE) großen Aufwölbung zutage. Die Insel Man gehört zwar nicht strukturell, wohl aber faziell zum Seen-Distrikt.

Die ältesten Tonschiefer werden mit Vorbehalt ins Kambrium gestellt, sie bauen hauptsächlich die Insel Man auf. Der eigentliche Seen-Distrikt wird aus ziemlich vollständigen Serien des Ordovizium und Silur aufgebaut, deren Mächtigkeiten von ähnlicher Größenordnung sind wie in den Southern Uplands. Typisch für das Ordovizium sind andesitische und rhyolithische Vulkanite. Die besonders große Mächtigkeit des Ludlow scheint eine Tendenz fortzusetzen, von der bereits im Kapitel über die Southern Uplands die Rede war, nämlich die Verlagerung der Trogachsen nach S.
Strukturell ist das Altpaläozoikum in eine Reihe großer Sattel- und Muldenzüge gelegt, die NE–SW streichen. Die Achsenebenen stehen ± steil, aber die Schieferungsflächen fallen vielfach nach NW ein, so daß eine gewisse SE-Vergenz überwiegen dürfte.

3.3.5 Die Walisische Geosynklinale

Zwischen der altpaläozoischen Geosynklinale des Seen-Distriktes und der Walisischen ist ein trennendes Hochgebiet nachgewiesen, das als »Landmasse der Irischen See« bezeichnet wird. Das Hochgebiet umfaßte die heutige Insel Anglesey mit Fortsetzungen nach NE und SW (Irland). Von ihm bezog die Walisische Geosynklinale jedenfalls einen wesentlichen Anteil ihrer klastischen Schüttungen. Den SE-Rand der Geosynklinale bildete ein Hochgebiet, das sich von Pembrokeshire in weitem Bogen nach E und N in Richtung Manchester verfolgen läßt. Dieses Hochgebiet in Zentral-England (English Midlands) kann als westlichster Sporn Fennosarmatias angesehen werden (s. S. 19), da 1. das Präkambrium entweder nahe oder sogar an der Oberfläche liegt, 2. die altpaläozoischen Sedimente im allgemeinen lückenhaft, geringmächtig und flachmarin sind, 3. die Deformationen nur geringes Ausmaß haben (Abb. 11).
Sowohl im Zuge des südöstlichen Randbogens als auch auf der Insel Anglesey ist Präkambrium aufgeschlossen.
Das Präkambrium Zentral-Englands und von Wales besteht aus einem unteren hochmetamorphen und einem oberen schwach metamorphen Stockwerk, die durch eine Diskordanz voneinander

getrennt sind. Im oberen Stockwerk läßt sich eine tiefere Serie, vorwiegend aus sauren bis intermediären Vulkaniten aufgebaut (Uriconian, Arvonian, Pebidian), von dem max. 10 000 m mächtigen klastischen Longmyndian unterscheiden. Letzteres wird mit dem Torridonian Schottlands beziehungsweise dem Jotnium des Baltischen Schildes verglichen, die liegenden Vulkanite mit dem baltischen Dala-Porphyr.

In ihren inneren Bereichen beginnt die Füllung der Geosynklinale mit etwa 5000 m mächtigen kambrischen Quarziten, Grauwacken und dunklen Schiefern. Über die Randschwellen greifen dagegen erst jüngere Schichten über. So transgrediert das tiefe Ordovizium (Arenig) in Nord-Wales und Anglesey auf Präkambrium, im Bereich des südöstlichen Randbogens transgrediert zum Teil erst mittleres Ordovizium oder gar erst Silur auf Präkambrium.

Das ganze Ordovizium scheint eine tektonisch relativ unruhige Zeit gewesen zu sein, in der es mehrfach zu starken Förderungen basischer und saurer Vulkanite kam. Für den Magmenaufstieg dürften bruchtektonische Vertikalbewegungen eine große Rolle gespielt haben.

Die Sedimente bestehen im wesentlichen aus Graptolithenschiefern und Grauwacken, die zum Teil sicher von der »Landmasse der Irischen See« stammen. Die maximale Mächtigkeit dürfte bei 3000 m liegen. Gegen den südöstlichen Randbogen nehmen die Sedimente mehr schelfartige Züge an und keilen aus.

An der Wende Ordovizium/Silur erreichten die tektonischen Bewegungen einen Höhepunkt, wobei die Geosynklinale bereits in deutliche Sattel- und Muldenzonen gegliedert wurde. Diese Elemente verliefen ± parallel zum südöstlichen Bogenrand und kontrollierten zum Teil schon die ordovizische, besonders aber die silurische Sedimentation. Dabei wurden turbiditische Grauwackenschüttungen von südwestlichen Liefergebieten in die Muldenzonen eingesteuert, so daß flyschartige Verhältnisse herrschten.

Der südöstliche Randbogen der Geosynklinale gegen das stabile Hochgebiet Zentral-Englands wurde im Silur besonders dadurch betont, daß die silurischen Sedimente einerseits diskordant über das sehr mächtige gefaltete Ordovizium, andererseits über das Präkambrium transgredierten (Abb. 10). Außerdem ging in der

 Geosynklinale die Sedimentation von sehr mächtigen Grau-

wacken und Graptolithenschiefern weiter, im Randgebiet dagegen gewannen biogene Kalke an Bedeutung. So umsäumte sich im mittleren Silur das zentral-englische Hochgebiet mit den fossilreichen Wenlock-Kalken. Die maximale Mächtigkeit des geosynklinalen Silur wird mit etwa 6000 m angegeben. Gegen Ende des Silur ging die Geosynklinale in ein von Sand und Schlamm erfülltes Delta über, dessen Bildungen als »Downton« bezeichnet werden. Ohne nennenswerte Unterbrechung setzte sich die Sedimentation in das untere Old Red fort. Dann erst kam es zu gewissen tektonischen Bewegungen, so daß das obere Old Red diskordant aufliegt.
Im tektonischen Großbild wird Wales durch Antiklinorien und Synklinorien gegliedert, die etwa in der Bogenform der Geosynklinale verlaufen. Sie haben bereits während der altpaläozoischen Sedimentation eine entscheidende Rolle gespielt. Ähnliches gilt für einige ebenfalls bogenförmige Bruchstufen. Die Vergenz geht in der Hauptsache nach S, wofür zum Beispiel die weiten Überschiebungen von Präkambrium über Ordovizium auf Anglesey sprechen. Die bedeutendste ist die Carmel Head-Überschiebung (Abb. 11). Sie kann bis zu einem gewissen Grade als südvergentes Gegenstück zur Moine-Überschiebung NW-Schottlands aufgefaßt werden. Während diese aber unmittelbar an das nordwestliche Vorland grenzt, liegt zwischen der Carmel Head-Überschiebung und dem zentralenglischen Vorlandsbereich die ganze Walisische Geosynklinale.

3.3.6 Baugeschichtliche Zusammenfassung (Abb. 10, 11)

Die kaledonische Geosynklinale der Britischen Inseln bildete sich zwischen einem nordwestlichen Vorland (NW-Schottland, Hebriden) und einem südöstlichen beziehungsweise südlichen Vorland (Zentral-England, Süd-Wales).
Die Gesamtgeosynklinale wurde durch mehrere teils nachgewiesene, teils vermutete Hochgebiete in Teilgeosynklinalen gegliedert. Wenn es richtig sein sollte, daß das Torridonian und das Moinian Schottlands sowie das Longmyndian Zentral-Englands etwa gleichalterig sind, so wäre damit der schon jung-präkambrische Beginn der Geosynklinalbildung bewiesen. Der geosyn-

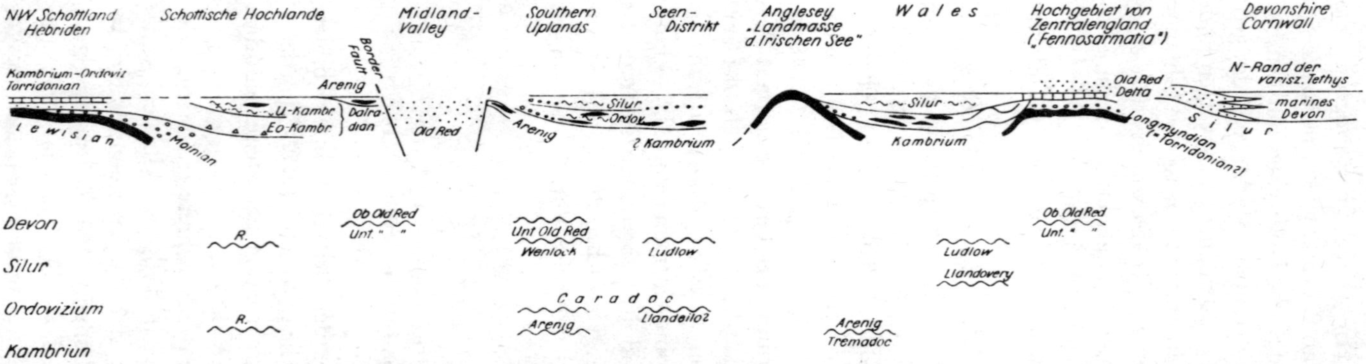

Abb. 10: Schema der kaledonischen Geosynklinale Schottlands und Englands (nach *Craig* 1965, *Anderson* & *Owen* 1968, *Pringle* & *George* 1966, *Pocock* & *Whitehead* 1964). Schwarz: Kristallines Präkambrium, schwarze Linsen: geosynklin. Magmatismus, Dreiecke: Tillite, gewellte Striche: Turbidite, Mauersignatur: Kalke, Punkte: Sandsteine, R.: radiometrische Altersbestimmung.

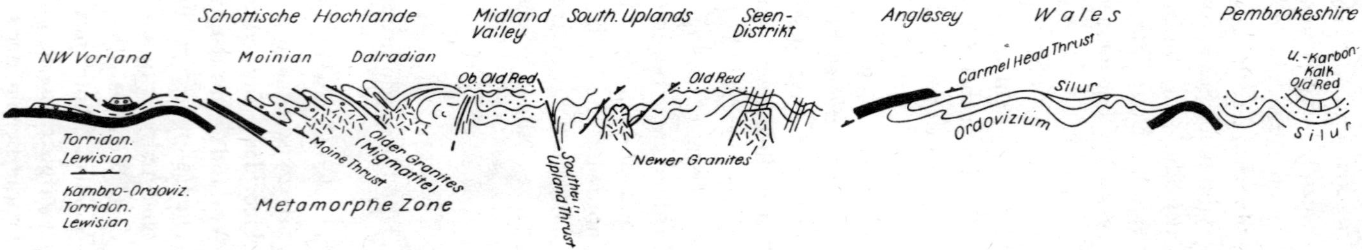

(Quellen wie zu Abb. 10). – Schwarz: Präkambrium,

klinale Magmatismus spielte sich wie in den skandinavischen Kaledoniden ganz überwiegend während des Ordovizium ab. Im großen Bilde scheint sich die geosynklinale Senkung während der Zeit vom Kambrium bis zum Silur von N nach S verlagert zu haben. So reichte die marine Sedimentation in der Metamorphen Zone Schottlands nur bis ins Unter- beziehungsweise Mittel-Kambrium, im nordwestlichen Vorland bis ins Unter-Ordovizium. In Southern Uplands, Seen-Distrikt und Wales endete die marine Sedimentation erst an der Wende von Silur zu Devon, um sich während des Devon nach Süd-England in die Tethys-Geosynklinale zu verlagern. Von südwärtigen Trogwanderungen geringerer Größenordnung war bei der Besprechung der Southern Uplands und des Seen-Distriktes die Rede.

Das weite Old Red-Delta in Wales und Südengland war gewissermaßen der Ansatz eines devonischen Molassebeckens, das aber im S alsbald an die Tethys-Geosynklinale grenzte. In SW-Irland hat sich das Munster-Basin als recht typische Molasse-Vortiefe erwiesen. Sie ist etwa 75 km breit und erstreckt sich über etwa 250 km in E–W-Richtung. Die Old Red-Füllung erreicht im Zentrum etwa 6500 m Mächtigkeit (*D. Naylor* & *P. C. Jones* 1967).

Zwei Höhepunkte orogener Bewegungen lassen sich in der Geosynklinale erkennen. Der erste lag im Grenzbereich von Kambrium zu Ordovizium, der zweite im Grenzbereich von Silur zu Devon. Für die Metamorphe Zone Schottlands wurden diese Datierungen auf radiometrischem Wege gefunden. Kräftige Vertikalbewegungen während des Ordovizium standen in Zusammenhang mit dem initialen Magmatismus und führten zu weitverbreitetem diskordantem Übergreifen vor allem des Caradoc. Am SE-Rand der Walisischen Geosynklinale kam es zu starken großwelligen Faltungen nach dem Ordovizium und während des tiefen Silur (etwa im zeitlichen Bereich der »takonischen Phase« *H. Stilles*). Fast überall fiel der Ausklang der kaledonischen Bewegungen in die Zeit der Old Red-Sedimentation, also in das Devon.

Von einem »Wandern der Faltung« – etwa gleichsinnig mit der Verlagerung der Sedimentationströge von N nach S – kann nach heutigem Wissen nicht gesprochen werden. Hierin scheint sich das kaledonische Orogen ganz wesentlich sowohl von dem variszischen als auch dem alpidischen zu unterscheiden.

Die orogene Aktivität war hinsichtlich der Deformationen, der Regionalmetamorphose und des Magmatismus ausgesprochen asymmetrisch. Daß die Metamorphe Zone am NW-Rande des Orogens liegt und nicht in mehr zentraler Position wie im Variszikum und Alpidikum, hängt sicher nicht allein mit der Aufschlußtiefe zusammen. Denn an den Rändern der Walisischen Geosynklinale ruht nichtmetamorphes Altpaläozoikum unmittelbar auf dem präkambrischen Grundgebirge, so daß es hier überhaupt kein tieferes metamorphes Stockwerk von kaledonischem Alter gibt.

Auch die Intensität der Deformation sowie die tektonischen Transportweiten nehmen von Schottland nach Wales generell ab. Das Old Red-Becken des Midland Valley trennt den orogenen Hochwirkungsbereich Schottlands von den nichtmetamorphen Kaledoniden. So dürfte es sich über einer fundamentalen Naht in der Erdkruste gebildet haben, vergleichbar dem Saar-Nahe-Becken zwischen dem Rheinischen Schiefergebirge und dem metamorphen Saxothuringikum. Der Vergleich läßt sich insofern noch weiterführen, als beide Becken über älteren Hochgebieten eingebrochen sind (Midland Valley vgl. Abb. 10 und S. 56; Saar-Nahe-Becken über Mitteldeutscher Kristallin-Zone, s. S. 153).

Was die Richtung des tektonischen Transportes anbelangt, so scheint eine Art Scheitelung innerhalb der Metamorphen Zone – genauer: innerhalb des Dalradian – zu liegen. Von hier nach NW bis zum Moine Thrust herrscht NW-Vergenz, nach SE bis zur Highland Boundary-Störung dagegen SE-Vergenz. In der nichtmetamorphen Zone kann von einheitlicher S- oder SE-Vergenz kaum die Rede sein, nur auf Anglesey tritt sie im Bereich des Carmel Head Thrust wieder in aller Schärfe auf.

Der *kaledonische Magmatismus* läßt sich im Sinne des magmatotektonischen Zyklus in das initiale, synorogene und subsequente Stadium gliedern.

Der initiale (geosynklinale) Anteil ist zwar vorwiegend basisch, aber auch intermediäre und saure Gesteine spielen eine große Rolle. Die Magmenförderungen erfolgten hauptsächlich während des Ordovizium, also wie in den skandinavischen Kaledoniden. Vorläufer im Kambrium und Nachläufer im Silur waren anscheinend nicht bedeutend.

Der synorogene granitische Plutonismus hat seine Hauptverbreitung in der Metamorphen Zone Schottlands und Irlands. Die

»Older Granites« sind Migmatite und stellen die höchstgradierten Bereiche der Regionalmetamorphose dar. Zum Teil handelt es sich um Quarzdiorite von Art der Trondhjemite Norwegens. Die »Newer Granites« gehören an die Wende Silur-Devon und damit in die vermutliche Kulmination beziehungsweise den Ausklang der Orogenese. Am stärksten treten sie zwischen Great Glen und Highland Boundary Fault auf, in Southern Uplands und Seen-Distrikt nehmen sie erheblich ab und spielen in Wales nur noch eine geringe Rolle. Das größte aufgeschlossene Newer Granite-Massiv der Britischen Inseln überhaupt bildet jedoch der Leinster-Granit in SE-Irland, etwa in der südwestlichen Fortsetzung des Seen-Distriktes.
Mit den Newer Granites sind Gangschwärme von basischem, intermediärem und saurem Charakter verknüpft, die meistens um NE–SW verlaufen. Sie unterstreichen damit die fundamentale Bedeutung dieser Richtung für den Untergrund der Britischen Inseln, beherrscht sie doch ihre geosynklinalen, orogenen und magmatischen Züge, nicht zuletzt auch die Horizontalverschiebungen wie die des Great Glen.
Im Old Red der Innensenken, hauptsächlich im Midland Valley, tritt ein kräftiger subsequenter Magmatismus auf (s. S. 67, 68).

3.4 Kaledonische Zusammenhänge in Europa

Die Britischen Inseln und Norwegen gehören anscheinend zu derselben großen geosynklinalen und orogenen Zone. Sedimentation, Magmatismus und orogene Ausgestaltung sprechen in diesem Sinne. Das Tillit-führende Eokambrium, das Gesamtbild der kambro-silurischen Geosynklinalfüllung, der ordovizische Initial-Magmatismus, der Trondhjemit-Plutonismus sind Bindeglieder, die durch das Generalstreichen der tektonischen Elemente in SW–NE-Richtung betont werden. Die Höhepunkte der tektonischen Aktivität wie auch ihr Ende dürften in beiden Gebieten ungefähr gleichzeitig sein.
Allerdings haben die norwegischen und die britischen Kaledoniden keines ihrer Vorländer gemeinsam: In Schottland handelt es sich um das nordwestliche Vorland, in Norwegen um das südöstliche. Sollte es sich allerdings bestätigen, daß das südöstliche Vor-

land des walisischen Orogens in Mittel-England ein Ausläufer Fennosarmatias ist, dann wäre dies wohl die Fortsetzung des SE-Randes der norwegischen Kaledoniden. Aber sowohl die geosynklinale Entwicklung als auch die orogenen Strukturen dieses südöstlichen Randbereiches wären hüben und drüben grundverschieden. Wenn man den britischen und den norwegischen Anteil der Kaledoniden kombiniert, so ergibt sich das Bild eines zweiseitigen Orogens mit flachen Deckenüberschiebungen nach NW (Schottland) und SE (Norwegen–Schweden). Dieser Symmetrie der Randbereiche steht aber zumindest auf den Britischen Inseln eine ausgesprochene Asymmetrie des inneren Baues gegenüber.

Ungeklärt ist die Frage, wieweit sich die kaledonische Orogenese nach Mitteleuropa fortgesetzt hat. Man kennt sie im Brabanter Massiv Belgiens und in den Ardennen. Diese Gebiete liegen südlich des hypothetischen mittelenglischen Ausläufers von Fennosarmatia. Ihre Zusammenhänge mit den walisischen Kaledoniden sind unbekannt, da die dazwischen liegenden Gebiete Süd-Englands tief unter jung-paläozoischem, mesozoischem und tertiärem Deckgebirge begraben sind. Brabanter Massiv und Ardennen sind in das variszische Orogen einbezogen worden und kommen in diesem Zusammenhang zur Sprache. Dies gilt auch für die West-Sudeten und das Polnische Mittelgebirge, bei denen die bisher angenommene kaledonische Orogenese neuerdings bezweifelt wird.

Im übrigen Europa scheinen kaledonische Orogenesen nach heutigem Wissen keine große Rolle zu spielen. Zu nennen wären die Dobrudscha (vgl. S. 208) und Sardinien, weitere Fälle sind umstritten.

In Sardinien ist in größerem Umfange nichtmetamorphes Altpaläozoikum, beginnend mit fossilführendem Kambrium, vorhanden. Dieses ist gefaltet und wird diskordant von Ordovizium überlagert. Man spricht von »sardischer« Orogenese, die als Vorläufer der kaledonischen Orogenesen im engeren Sinne aufgefaßt wird.

In diesem Zusammenhang ist es von großem Interesse, daß neuerdings in verschiedenen Teilen Europas, besonders in den Alpen, in der Böhmischen Masse und in den Pyrenäen, an Orthogneisen radiometrische Alterswerte zwischen 500 und 400 Mill. J. gemessen worden sind (*E. Jäger* 1969). Sie liegen damit
 zwischen den Grenzen von Kambrium/Ordovizium und Silur/

Devon, das heißt im weiteren Bereich der kaledonischen Orogenesen. Geologische und petrologische Gründe sprechen grundsätzlich dafür, daß die Entstehung großer Granit- beziehungsweise Orthogneis-Massen an orogene Verhältnisse gebunden ist. Darauf ist in der Einleitung hingewiesen worden. Die Frage kaledonischer Orogenesen in Mittel-, Süd- und West-Europa erscheint damit in neuem Licht, auch wenn sie in den Sedimentserien nur geringe Spuren hinterlassen zu haben scheinen.

3.5 Paläo-Europa nach der kaledonischen Orogenese

3.5.1 Der Old Red-Kontinent

Überall in den Bereichen der kaledonischen Orogenese hörte die maringeosynklinale Sedimentation etwa im Grenzbereich von Silur/Devon auf und wurde vielfach von bunten, klastischen Sedimenten abgelöst, die man unter der Bezeichnung »Old Red Sandstone« zusammenfaßt. Alle Anzeichen sprechen für ihre fluviatile-limnische, also festländische Entstehung, und zwar unter relativ aridem Klima. Dieser Umschwung war eine Folge der Orogenese, bewirkte sie doch, daß die betroffenen Gebiete aufstiegen und eine ± einheitliche Kontinentalmasse bildeten, den sogenannten »Old Red-Kontinent«. Da Old Red-Sedimente nicht nur in den NW-europäischen Kaledoniden bis nach Spitzbergen hin vorkommen, sondern auch in Ost-Grönland, Ost-Kanada und in den Appalachen, wird auch vom »Nordatlantischen Kontinent« gesprochen. Überdies erfaßte die Hebungstendenz der skandinavischen Kaledoniden auch weite Teile des Baltischen Schildes.

Die Umgrenzung und Gliederung des Old Red-Kontinentes zeigt Abbildung 12. Dabei ist folgendes zu beachten: Als Hebungsgebiet unterlag der Kontinent vorwiegend der Abtragung. Die Abtragungsmassen wurden zum Teil in die angrenzenden Meeresbecken transportiert und trugen so zur marinen Sedimentation im fennosarmatischen Epikontinental-Meer und in der Tethys-Geosynklinale Mittel- und West-Europas bei. Nicht selten sind sie als rote Einschwemmungen vom Old Red-Kontinent kenntlich. Ein anderer Teil der Abtragungsmassen blieb zum

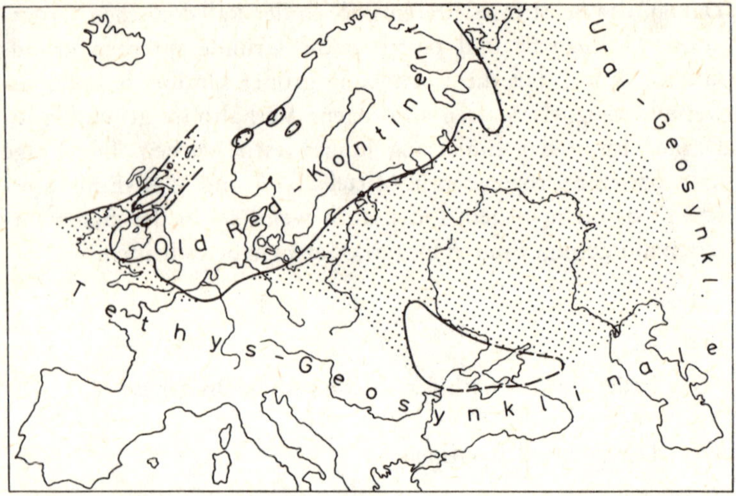

Abb. 12: Der Old Red-Kontinent und die Verbreitung der Old Red-Sedimente.

Beispiel in Form von Delta-Sedimenten am Rande des Kontinentes liegen. In diesen Randgebieten spielte sich unter vielfachem Hin und Her der Kampf zwischen Land und Meer ab, so daß dann die Devon-Profile aus einem Wechsel von marinen und festländischen Sedimenten bestehen. In SW-England zum Beispiel enthält das marine Devon südlich des Bristol-Kanals, in Nord-Devonshire, noch drei mächtige Old Red-Einschaltungen (Abb. 10), andererseits greifen marine Sedimente in geringem Umfange nördlich des Bristol-Kanals bis in das südliche Wales über. Schließlich wurden große Mengen von Old Red-Sedimenten in tektonischen Grabenzonen aufgefangen, die innerhalb des aufsteigenden Kontinentes einbrachen. Wir sprechen dann von den Old Red-»Innensenken«.

A. K. Wells & *J. F. Kirkaldy* (1967) geben folgendes physiographisches Bild vom S-Rand des Old Red-Kontinentes in England: »Ein Blick auf NW-Europa aus der Vogelschau würde die Britischen Inseln am Rande eines großen Kontinentes zeigen, der sich weit nach NW erstreckt. Am Horizont wären die Gipfel des Kaledonischen Gebirges zu erkennen, das in parallelen Ketten von NE nach SW verläuft und von niederigeren Vorbergen begleitet wird. Diese wiederum könnte man unter eine weite Ebene abtauchen sehen, die nach S bis ans Meer reicht und sich dann submarin als ein gerade erst versunkener Kontinentalschelf fortsetzt.«

Die besagte »weite Ebene« stellt das größte Old Red-Vorkommen in NW-Europa dar. Wir müssen uns vorstellen, daß sie aus großen Deltas aufgebaut wurde, die von den englischen Midlands bis nach London und Pembroke reichten. Die Front der Deltas gegen das Meer bewegte sich zwischen Mittel-Devonshire im S und Süd-Wales im N. (Näheres über die marin-terrestrische Mischfazies in Devonshire siehe Kap. 4.7).

Das Old Red in Süd-England, Wales und Süd-Irland stellt die Füllung der südlichen Molasse-Vortiefe des kaledonischen Orogens dar.

Die Old Red-Sedimentation beginnt hier vielfach über dem Ludlow-bone bed, und zwar mit dem weitverbreiteten gelben Downton-Sandstein, der das große Ostracod Beyrichia enthält. Die weitere Schichtfolge besteht aus bunten Schiefern und Sandsteinen und kann max. 4000 m mächtig werden.

Marin-terrestrische Mischfazies des Devon ist auch aus dem Baltikum und NW-Rußland bekannt. Dort wird das Old Red im wesentlichen durch eine weite Transgression unterbrochen, die nach russischen Angaben schon im oberen Mittel-Devon einsetzte, ihren Höhepunkt dann wohl im unteren Ober-Devon hatte.

Weitgehend andere Verhältnisse herrschten in den Old Red-Innensenken. Die größten und wichtigsten sind das Midland Valley Schottlands mit Fortsetzung nach Irland, das Orkadische Becken in Umrandung des Moray-Firth, die Orkney- und Shetland-Inseln und das Spitzbergen-Becken. Kleinere Becken gibt es an der west-norwegischen Küste bei Bergen und Trondheim.

Wohl in allen Fällen handelt es sich um tektonische Gräben, die während der Old Red-Sedimentation einbrachen. Dabei kam es vielfach infolge starker Reliefbildung zu sehr groben Schüttungen, andererseits öffneten die Verwerfungen Aufstiegswege für das Magma. Die Richtungen der Grabentektonik sind stets posthum zu denen der orogenen Elemente. Das obere Old Red (nach den Fisch-Faunen: Ober-Devon) liegt im allgemeinen diskordant auf älterem Old Red; dies ist Ausdruck zum Teil starker tektonischer Bewegungen während des Devon.

Im Midland Valley haben sich allein $>$ 6000 m unteres Old Red angehäuft, davon sind etwa 2000 m Vulkanite. Die kumulative

Gesamtmächtigkeit des Old Red wird mit max. 13 000 m angegeben. Die Sedimente bestehen aus groben Brekzien und Konglomeraten, Arkosen und roten Tonsteinen. Der grobe Anteil ist viel größer als in den englisch-walisischen Deltas. Ähnliches gilt für das Orkadische Becken, Spitzbergen und im Prinzip auch für die kleinen Becken in Norwegen.
Die Fauna des Old Red besteht fast ausschließlich aus Agnathen und Fischen.
Der Vulkanismus tritt hauptsächlich im unteren Old Red Schottlands und Nord-Englands auf und kann als »subsequent« zur kaledonischen Orogenese bezeichnet werden. Im Midland Valley sind seine Aufstiegswege zum großen Teil an die nordwestlichen und südöstlichen Randbrüche des Grabens gebunden. Als Hauptförderprodukte werden basische Andesite, ferner Olivin-Basalte, Andesite, Dazite, Rhyolithe und ihre Tuffe genannt. Hierher gehören auch die »Last Granites« der südwestlichen Hochlande, die in Form von Ringdykes auftreten.

3.5.2 Der Zerfall des Old Red-Kontinentes

Der Old Red-Kontinent war die paläogeographische Wirkung einer geotektonischen Ursache, nämlich der kaledonischen Orogenese. Gegen Ende der Devon-Zeit hatte sich die geotektonische Wirksamkeit so weit abgeschwächt, daß der Kontinent in der Folge in mehrere Teilbereiche unterschiedlicher Entwicklung zerfiel: »Fennoskandia«, das heißt Kaledoniden und Baltischer Schild, behielten die Hebungstendenz bei und verhielten sich fortan als ein sedimentliefernder »Geotumor«; die Britischen Inseln dagegen wurden mit Beginn des Karbon teils von flachmarinen, teils von terrestrischen Sedimenten eingedeckt; Spitzbergen und die Bären-Insel bildeten mit Ost-Grönland im Laufe der Karbonzeit ein arktisches Meeresbecken.

3.5.2.1 Die post-devonische Entwicklung der Britischen Inseln

Zu Beginn der Karbon-Zeit transgredierte das Meer, im wesentlichen wohl von S aus der Tethys kommend, über den größten Teil der Britischen Inseln. Ohne nennenswerte Diskordanz über dem Old Red wurde dabei der sogenannte »Kohlenkalk« (»Carboniferous Limestone«) abgelagert, ein fossilreiches Sediment des Schelfmeeres, das max. 1000 m mächtig werden kann. In Nord-Irland tritt eine grobklastische Randfazies auf, die die Nähe eines im Atlantik versunkenen Festlandes anzeigt. In Schottland läßt sich die karbonische Küste etwa entlang der Highland Boundary Fault festlegen. Hier wirkte also die kaledonische Orogenese insofern nach, als die metamorphe Zone festländisch blieb, die nichtmetamorphe Zone dagegen epikontinental überflutet wurde. Während des Unter-Karbon kam es besonders in Schottland und Irland zu starken basaltischen Magmenförderungen, die sich verschwächt im Ober-Karbon fortsetzten und daher im Zusammenhang besprochen seien (vgl. S. 70).

Im Mittel-Karbon (Namur) schlug die Sedimentation völlig um, was wohl im Zusammenhang mit der mittel-karbonischen Orogenese in der variszischen Geosynklinale Mittel- und West-Europas zu verstehen ist. Konglomerate, Sandsteine und Schiefertone wurden in Form von Deltas aus Schottland bis Süd-England in das flache Meer geschüttet. Dieser »Millstone Grit« erreicht Mächtigkeiten von 2000 m und enthält in Schottland und Irland bereits die ersten Kohlenflöze.

Aus dem Millstone Grit entwickeln sich die »Coal Measures«, also das eigentliche flözführende Ober-Karbon (Westfal). Prinzipiell ähnlich wie das Ruhrkarbon wird es aus Sedimentationszyklen der Folge: Konglomerat, Sandstein, Tonstein, Kohleflöz, mariner Schieferton aufgebaut, wobei max. 3000 m erreicht werden. Die stärkste Flözbildung erfolgte während des unteren Westfal (Ammanian), in seiner oberen Hälfte (Morganian) ließ sie merklich nach, etwa gleichzeitig setzte die Ablagerung roter Sedimente ein, die dann zum Perm überleiten.

Von besonderem Interesse ist es, daß einige der marinen Lagen im Hangenden von Flözen sich über fast ganz England einerseits bis nach Schottland, andererseits über Frankreich und Belgien bis ins Ruhrgebiet verfolgen lassen. Hierin kommt eine fundamentale geotektonische Umstrukturierung NW-Europas zum Ausdruck, durch die die Britischen Inseln aus der alten Einheit des Old Red-Kontinentes herausgelöst und in eine neue paläogeographische Einheit mit West- und Mittel-Europa überführt wurden. Zum Verständnis dieser Vorgänge ist es nötig, einige Fakten betreffend das variszische Europa vorwegzunehmen:

Der N-Rand der variszischen Geosynklinale lag im Devon und Unter-Karbon im südlichen England und Irland. Was das Unter-Karbon anbelangt, so herrschte also im S der Britischen Inseln eine geosynklinale Entwicklung (Kulm-Fazies, s. u.), im übrigen aber die epikontinentale Kohlenkalk-Fazies. Dann spielte sich in der Geosynklinale – zum Beispiel im Bereich des Rheinischen Schiefergebirges – die sehr starke mittel-variszische Orogenese etwa im Grenzbereich von Unter- und Ober-Karbon ab. Sie führte zu weitgehenden Verlandungen in Mittel- und West-Europa und zur Ausbildung der ober-karbonischen flözführenden Molasse am N-Rand des variszischen Gebirges, in die nur gelegentlich kurze Vorstöße des Meeres gelangten (»paralisches« Ober-Karbon). In paläogeographischer und sedimentologischer Hinsicht erstreckte sich der Einfluß der mittelvariszischen Orogenese aber weit über den eigentlichen Wirkungsbereich hinaus, nämlich bis auf die Britischen Inseln. Dies lesen wir an den prinzipiell einheitlichen Sedimentationsverhältnissen im Ober-Karbon ab. Doch gilt das nicht erst für das Westfal beziehungsweise die Coal Measures, sondern bereits für den Millstone Grit (Namurian), der ± ein fazielles und zeitliches Äquivalent des »Flözleeren« im Ruhrkarbon ist.

In Großbritannien sind die Coal Measures durch spätere Tektonik und Abtragung auf eine Reihe von Einzelbecken verteilt, deren südlichste bei Kent und Bristol und die nördlichsten im schottischen Midland Valley liegen. In Irland sind sie wirtschaftlich nicht bedeutend. Dagegen haben die großen Kohlenvorkommen Englands und Schottlands für die industrielle Entwicklung des Landes eine entscheidende Rolle gespielt.

Während der ganzen Karbon-Zeit war vor allem das Midland Valley Schauplatz vulkanischer Aktivität. Die größten Förderungen erfolgten im Unter-Karbon, und hierbei wurde zum Beispiel das Clyde-Plateau um Glasgow aufgebaut, das aus etwa 1000 m mächtigen Plateaubasalten besteht. Es handelt sich hauptsächlich um Olivin-Basalte, untergeordnet um Trachyte und Rhyolithe. An verschiedenen Stellen setzte sich der Vulkanismus ± kontinuierlich in das Ober-Karbon fort, wobei vorwiegend Tuffe gefördert wurden.

Die variszischen Orogenesen wirkten sich im Bereich der Britischen Inseln naturgemäß am stärksten im Süden aus (Kap. 4 7).

 Hier folgen ihre tektonischen Elemente im wesentlichen der

E–W-Richtung. In Zentral- und NE-England, also außerhalb des eigentlichen variszischen Orogens, verlaufen sie dagegen vorwiegend in N–S-Richtung. Dies hat zur Folge, daß sich im geologischen Kartenbild ein breiter meridionaler Karbonrücken von Zentral- bis NE-England erstreckt, der im E, S und W von Perm beziehungsweise Trias eingerahmt wird (Abb. 9). Der Karbonrücken spielt auch in der heutigen Morphologie eine gewichtige Rolle, liegen doch die Penninischen Ketten mit max. 900 Meter Höhe über dem Meeresspiegel in seinem Bereich.
Die letzten paläozoischen Faltungen haben noch die obersten Coal Measures betroffen, mit Perm oder Trias beginnt in England das ungefaltete Deckgebirge. Im großen Bilde legt es sich auf das Paläozoikum von Zentral- und NE-England, von Wales und Devonshire und taucht allmählich nach E ab. So wurde Ost- und SE-England seit dem Perm in die großen Senkungsvorgänge einbezogen, die im Rahmen eines weiteren Nordsee-Beckens auch zur Bildung des Pariser und des Saxonischen Beckens führten (s. Kap. 6.2).

3.5.2.2 Der fennoskandische »Geotumor«

Seit der kaledonischen Orogenese bildeten die Kaledoniden Skandinaviens und der Baltische Schild eine Hebungseinheit, die während des Devon zum Old Red-Kontinent gehörte. Diese Hebungseinheit, die wir als »Fennoskandia« bezeichnen, ist eines der stabilsten geotektonischen Elemente Europas durch die ganze seitherige Erdgeschichte bis auf den heutigen Tag geblieben. Die paläogeographischen Karten jeder Formation seit dem Devon zeigen Fennoskandia als die größte geschlossene Festlandsmasse Europas (vgl. Karten in *R. Brinkmann:* Abriß der Geologie, II. Teil). Dies gilt selbst für die Jura- und Kreide-Zeit, als der Bereich des heutigen Europa fast völlig von den Meeren bedeckt war. Ein derartiger »Geotumor« muß große Sedimentmassen in die umgebenden Depressionen geliefert haben. So rechnet zum Beispiel *P. Wurster* (1964) damit, daß das Delta-System des Schilfsandsteins (Mittel-Keuper) vom Rand Fennoskandias und der Russischen Tafel ausgegangen ist. Mit ihren äußersten Spitzen reichten diese Sedimentschüttungen bis in die West-Alpen. Fennoskandia selbst trägt also auf seinem teils kaledonischen, teils präkambrischen Grundgebirge im allgemeinen keine Sedimentdecke. Eine solche tritt vielmehr erst in den Randgebieten auf. Im E und SE ist der Rand Fennoskandias mit dem des Old Red-Kontinentes etwa identisch. Hier wird das Grundgebirge ganz flach von einem breiten Old Red-Saum überlagert, in dem die aus dem Inneren Rußlands kommenden flachmarinen Vorstöße ausklingen.

Ein Rest des nach-kaledonischen Deckgebirges ist in Schonen erhalten. Hier handelt es sich um ein Randgebiet des seit der Zechstein-Zeit existierenden Saxonischen Beckens Mitteleuropas. Auch hier fanden alle Meeresvorstöße ihr Ende. Vor allem eine Reihe von Bohrungen zeigt deutlich, daß Präkambrium und Altpaläozoikum nach W unter eine breite Schutthalde mit marinen Einschaltungen untertauchen, die die Randbildungen des germanischen Keuper- und Lias-Beckens darstellen *(E. Bölau* 1959).

Da durch Schonen auch der Abbruch am fennosarmatischen SW-Rand verläuft (vgl. S. 19), verändern sich die Verhältnisse nach W auf das stärkste: Die permisch-mesozoische Schichtfolge vervollständigt sich, die Fazies wird mehr und mehr beckenartig, die Mächtigkeiten nehmen rasch zu: Es handelt sich hier um die fennosarmatischen »Randtröge«. NW–SE verlaufende Abschiebungen nach SW unterstreichen diese tektonische Situation.

Der Zerfall des Old Red-Kontinentes wurde besiegelt durch den Vorstoß der Perm-Meere aus dem nördlichen Atlantik zwischen den Britischen Inseln und Fennoskandia hindurch bis nach Süd-Deutschland. Dieser Vorstoß leitete eine Beckenbildung ein, die sich immer wieder im Mesozoikum und Tertiär durchsetzte, sei es mit mariner oder mit festländischer Sedimentation, und deren heutiges Stadium vor allem die Nordsee darstellt. Während aber große Teile Englands in diese Sediment-Becken einbezogen wurden, blieb Fennoskandia ununterbrochen Hochgebiet. Nur auf der Insel Andöy NW' Narvik gibt es ein winziges Vorkommen mesozoischer Sedimente. Kohleführender Ober-Jura liegt auf dem kristallinen Grundgebirge, und darüber folgen littorale Sandsteine und Tone, die bis in die tiefere Unter-Kreide reichen.

Das einzige große Vorkommen nachdevonischer Gesteine mitten in Fennoskandia liegt im *Oslo-Graben.* Dieser verläuft in NNE-Richtung und ist in das präkambrische Grundgebirge eingebrochen. Mit etwa 200 km Länge, etwa 80 km Breite im S und etwa 40 km Breite in der Mitte und im N kann er in der Größe mit dem Oberrhein-Graben verglichen werden. Im S beträgt die Absenkung der Grabenscholle zwischen 2000 und 3000 m, also etwa die Hälfte der Absenkung des Oberrhein-Grabens. Die Füllung des Oslo-Grabens besteht aber ganz überwiegend aus magmatischen Gesteinen und nur zum kleinsten Teil aus Sedimenten. Wie bereits im Kapitel 3.1.1 ausgeführt, dürfte der heutige Oslo-Graben schon während des Altpaläozoikums eine Depression gewesen sein, in die das Meer aus der kaledonischen Geosynklinale ingredierte. Der Graben als solcher ist aber erst im Perm entstanden.

Interessanterweise verlaufen die Verwerfungen innerhalb und außerhalb des Grabens keineswegs in seiner generellen NNE-Richtung. Vielmehr lassen sich 2 Verwerfungsrichtungen unterscheiden: Die eine verläuft in SW-NE parallel zur Küste und trifft dann auf den Südteil des Grabens, innerhalb desselben spielt sie keine große Rolle. Die zweite Richtung verläuft SSE–NNW; sie bildet vor allem die östliche Grabenrandstörung an der Mündung des Oslo-Fjordes, ist aber auch innerhalb des Grabens mehrfach kartiert worden. Verwerfungen und magmatische Gänge dieser Richtung lassen sich weit über den Grabenbereich hinaus bis in die südlichen Teile der Kaledoniden verfolgen (Abb. 5). Andererseits gibt es auch Anzeichen für eine Fortsetzung nach SSE entlang und parallel der Küste bis nach Schonen, wo zahlreiche vor allem basische Magmatitgänge bekannt sind, die im Durchschnitt NW–SE streichen (*S. Hjelmqvist* 1939). Danach scheint es so, als ob der Kreuzungsbereich von SW–NE- und SSE–NNW-Störungen den geometrischen Ort für den Einbruch des Oslo-Grabens und den Ausbruch der Oslo-Magmatite gebildet habe. Über eine Fortsetzung des Grabens und der Magmatite nach S im Skagerrak ist in der Tat nichts bekannt (*O. Holtedahl* 1956, *Th. Sorgenfrei* 1966).

Die Grabenfüllung beginnt mit einigen 10 m unterpermischen bunten Sandsteinen, Schiefern und Quarzkonglomeraten, die Pflanzen und Süßwasserfossilien enthalten. Sie überlagern diskordant das Altpaläozoikum und erinnern ganz allgemein an das mitteleuropäische Rotliegend. Über den Sedimenten folgt eine max. 2000 m mächtige Serie vulkanischer Gesteine, die hauptsächlich aus Trachyandesiten (Rhombenporphyre), in geringerem Maße aus Basalten besteht. Saure Laven sind seltener. Die Serie wird aus einzelnen Lavadecken aufgebaut, von denen einige sicher den ganzen Graben ausgefüllt haben. Ein charakteristisches Phänomen des Oslo-Grabens sind die sogenannten »Cauldrons« oder »Ringdykes«. *Chr. Oftedahl* (1960, S. 313) beschreibt sie als nahezu zylindrische Blöcke, die an ringförmigen Verwerfungen eingebrochen sind. In einem späteren Stadium ist Magma in die Cauldrons intrudiert und hat die Blöcke durch »overhead stoping« weitgehend aufgezehrt.

Einen bedeutend größeren Raum als die Vulkanite nehmen plutonische Gesteine von »monzodioritischer bis granitischer« Zusammensetzung ein.

Die Magmatite des Oslo-Grabens gehören zu den Alkali-Gesteinen, wie sie für die großen Bruchzonen der Erdkruste typisch sind. Seine grundlegenden Untersuchungen über diese Alkali-Gesteine hat *W. C. Brögger* in dem klassischen Werk »Die Eruptivgesteine des Kristianiagebietes« zwischen 1894 und 1933 veröffentlicht.

Im tektonischen Bilde Europas gilt der Oslo-Graben als das nördlichste Element jener großen Störungszone, die vom Mjösen-See nördlich Oslo durch Niedersachsen, Hessen, den Oberrhein- und Rhône-Graben bis ans Mittelmeer reicht, und der *H. Stille* den Namen »Mittelmeer-Mjösen-Zone« gegeben hat (Kap. 6.1.3).

3.5.2.3 Spitzbergen und Bären-Insel

Wieder anders als in Norwegen und den Britischen Inseln verlief die nach-devonische Entwicklung in diesem Bereich des Old Red-Kontinentes. Ähnlich wie Schottland waren die Inseln im Unter-Karbon zwar auch noch festländisch, aber nicht Abtragungs-, sondern Sedimentationsgebiet. Mehr als 1000 m Sandsteine, Konglomerate und Schiefer mit Kohleflözen kamen zur Ablagerung. Ober-Karbon und Perm werden durch marine Sedimente vertreten. Verglichen mit England sind die paläogeographischen Verhältnisse also umgekehrt, ist doch dort das Unter-Karbon marin und das Ober-Karbon im wesentlichen festländisch.

Das marine Perm auf Spitzbergen und Ost-Grönland ist sicher in einem einheitlichen arktischen Becken abgelagert worden. Von dort bestehen mancherlei Beziehungen einerseits zum russischen Perm in der westlichen Ural-Vortiefe, andererseits zum mitteleuropäischen Zechstein-Becken. Die permischen Meeresverbindungen rings um Fennoskandia unterstreichen die Bedeutung dieses Geotumors. Das arktische Meeresbecken bestand bis in die älteste Kreide-Zeit, danach wurden festländische Sedimente, zum Teil mit Kohleflözen, abgelagert. Die Kohlenformation setzt sich ins Alttertiär fort und zeichnet sich durch großen Flözreichtum aus. – In der Kreide-Zeit herrschte auf Spitzbergen ein kräftiger Basalt-Vulkanismus.

4 Meso-Europa (Varisziden, Variszikum)

Die kaledonische Geosynklinale des Altpaläozoikums mündete in SW-England und Süd-Irland in die Tethys-Geosynklinale. Von hier ab begleitete diese große Geosynklinale den S-Rand Fennosarmatias bis zur Einmündung der uralischen Geosynklinale im E. Im S grenzte sie gegen den afrikanischen Anteil des Urkontinentes Gondwana (Abb. 1). Im W reichte sie bis an den Atlantik.

Die Tethys-Geosynklinale als Ganzes ist ein globales geotektonisches Element, das sich seit dem Kambrium vom Atlantik durch die eurasiatischen Hochgebirge und Hinterindien bis an den Pazifik erstreckte.

In Europa ist der nördliche Randsaum der einstigen Tethys gegen Fennosarmatia durchgehend von tertiären und pleistozänen Sedimenten verdeckt, sein tektonischer Charakter während des Paläozoikums daher unbekannt. Die Atlasländer gehörten sicher noch zur Tethys, die mit epikontinentalen Ausläufern weit in den Bereich der Sahara-Tafel übergriff. Der schmale Sporn, der in Abbildung 1 als Ausläufer Gondwanas in die Adria bis zur Po-Ebene eingetragen ist, hat stark hypothetischen Charakter (vgl. S. 248).

Innerhalb der so umgrenzten Tethys-Geosynklinale lagen bereits während des Altpaläozoikums ältere Massive, die die Rolle von Hochgebieten spielten. Diese waren Relikte aus präkambrischen Orogenesen, insbesondere wohl der assyntischen (*H. Stille* 1958). Eine ganz entscheidende Rolle sowohl während des geosynklinalen als auch während des orogenen Stadiums spielte die »Europäische Zentralschwelle«, die sich von der Böhmischen Masse über die Oberrheinischen Massive und das Französische Zentralmassiv bis in das Armorikanische Massiv erstreckte (Abb. 13).

Die Tethys-Geosynklinale existierte, wie gesagt, mindestens seit dem Kambrium. Die kaledonische Orogenese wirkte sich in Form stärkerer Deformationen zwar nur in den nördlichen Randgebieten, so in Frankreich, Belgien und zum Teil im Rheinischen Schiefergebirge aus, immerhin bedeutete sie für manche Teile der Geosynklinale einen gewissen Entwicklungseinschnitt. So rechnet man in Nord-Frankreich, Belgien und Deutschland das eigentliche variszische Geosynklinalstadium erst vom Unter-Devon ab. Hinzu kommt, daß seit der Wende Silur/Devon der Old Red-Kontinent den N-Rand der Tethys-Geosynklinale in West- und Mittel-Europa bildete.
Die Orogenesen der »variszischen Ära« begannen im Ober-Devon und endeten im Perm. Orogene Höhepunkte lagen an der Devon-Karbon-Grenze, an der Grenze Unter- zu Ober-Karbon und im Ober-Karbon. Je nach der Zeitlichkeit der Orogenese begann dann schon im Unter-Karbon, im Ober-Karbon, im Perm oder erst im Buntsandstein die postorogene, meist terrestrische Sedimentation. Da die weitesten Teile Europas zwischen dem Old Red-Kontinent einerseits und Afrika andererseits von den variszischen Orogenesen betroffen worden sind, *bedeutet der Gegensatz zwischen variszischem Grundgebirge und postvariszischem Deckgebirge den fundamentalen Einschnitt in der geologischen Entwicklung Mittel-, West- und Süd-Europas.* Die große Bedeutung des variszischen Plutonismus und der variszischen Regionalmetamorphose in Europa zeigt auch die Zusammenstellung radiometrischer Datierungen von *H. Faul* (1962).

4.1 Die variszische Geosynklinale vom Kambrium bis zum Silur

Die Entwicklung der Tethys-Geosynklinale während dieser Zeit muß auf Grund der Verhältnisse in einigen paläozoischen Massiven rekonstruiert werden, die nicht von jüngeren Sedimenten bedeckt sind. Hierzu gehören vor allem: Teile der Spanischen Meseta, die Keltiberischen Ketten, das Armorikanische Massiv (Bretagne, Normandie) und die Montagne Noire (S-Rand Französisches Zentralmassiv), die Ardennen, das Thüringische und Fränkische Schiefergebirge, Böhmen und das Polnische Mittelgebirge (Lysa Gora), Sardinien und die Atlas-Länder. Altpaläozoikum tritt ferner in den Zentralteilen mehrerer alpidischer Hochgebirge auf, so in den Ost-Alpen, West-Karpaten, Pyrenäen, Betischer Kordillere (Süd-Spanien), Balkan-Gebirge. Zweifellos bestehen auch die in den genannten Gebieten auftretenden metamorphen Komplexe zum Teil aus Altpaläozoikum, an dessen Eingliederung in die geosynklinalen und orogenen Einheiten seit einigen Jahren systematisch gearbeitet wird (für die SE-Alpen vgl. z. B. *R. Schönenberg* 1970). Zahlreiche Tiefbohrungen haben in den letzten 20 Jahren die Kenntnisse beträchtlich erweitert.

Generell kann man feststellen, daß das Altpaläozoikum in den nördlichen Teilen der europäischen Tethys gewisse Beziehungen zu dem der kaledonischen Geosynklinale aufweist. Im Bereich der Europäischen Zentralschwelle und südlich davon treten dagegen charakteristische abweichende Elemente auf. So liegt das Kambrium in sehr vielen Fällen diskordant auf dem Algonkium, dies als Auswirkung der assyntischen Orogenese, wie sie besonders in Böhmen und im Armorikanischen Massiv (»discordance cadomienne«) erkennbar ist. Ein typisches Sediment des älteren Kambrium ist der Archäocyathus-Kalk, der in der kaledonischen Geosynklinale und ihren Epikontinental-Meeren fehlt. (Archäocyathus: Hohlkegelförmige Skelette von Organismen, die den heutigen Schwämmen nahestehen, Riffbildner im älteren Kambrium.) Ohne genauere Datierungsmöglichkeiten werden etwas stärkere tektonische Aktivitäten aus dem Zeitbereich des Ober-Kambrium gemeldet, so vor allem aus Spanien und Sardinien (»sardische Phase« zwischen Kambrium und Ordovizium). Mit solchen Bewegungen mögen auch Meeres-Regressionen zusammenhängen, so daß Ober-Kambrium in der europäischen Tethys vielfach fehlt.

Das »Normalsediment« von Ordovizium und Silur ist der Graptolithen-Schiefer wie in der kaledonischen Geosynklinale und im Baltikum. Die spezifisch tethydischen Sedimentationselemente treten wiederum erst von der Europäischen Zentralschwelle ab nach S auf. Hierzu gehören der »armorikanische Sandstein« im Unter-Ordovizium und vor allem eisenreiche Sandsteine beziehungsweise Eisen-Oolithe im Mittel-Ordovizium, die bis an den Rand der Sahara vorkommen. In Böhmen, den Ost-Alpen und in der Montagne Noire wird das höhere Silur kalkig und geht so in das Devon über.

Von Interesse ist die Tatsache, daß das Ordovizium des Polnischen Mittelgebirges (Lysa Gora) in fazieller und faunistischer Hinsicht starke Anklänge an das baltische Ordovizium aufweist. Es dürfte sich hierbei um bevorzugte Meeresverbindungen entlang dem SW-Rand Fennosarmatias handeln, der ja schon seit dem Altpaläozoikum von den Randtrögen begleitet wird (S. 19). Magmatische Aktivität ist bereits aus dem Kambrium bekannt, spielt aber erst im Ordovizium eine große Rolle. Insofern besteht Übereinstimmung mit der kaledonischen Geosynklinale. Der ordovizische Magmatismus ist sowohl basisch als auch intermediär und sauer. Sein heute bekanntes Verbreitungsgebiet in der Tethys reicht vom Armorikanischen Massiv einerseits bis nach Spanien und Nord-Afrika, andererseits bis in die Ost-Alpen und West-Karpaten.

4.2 Die variszische Geosynklinale im Devon und Karbon

Durch die kaledonische Orogenese erhielt die Tethys-Geosynklinale im N eine schärfere Begrenzung in Gestalt des Old Red-Kontinentes. Ferner wirkte sich die Orogenese durch Regressionen in den nördlichen Teilen der Geosynklinale aus, so daß das Devon-Meer über verschieden tief abgetragenes Silur bis Kambrium transgredierte.

Auch die Europäische Zentralschwelle wurde schärfer akzentuiert und gliederte die Gesamtgeosynklinale nunmehr deutlich in einen Nordtrog und einen Südtrog. Für den letzten hatte die kaledonische Orogenese keine oder nur geringe Bedeutung, infolgedessen ging das Silur-Meer im Südtrog ± kontinuierlich in das Devon-Meer über.

In den Bereich des Nordtroges gehören Süd-England und Süd-Irland, Nord-Frankreich, Ardennen, Rheinisches Schiefergebirge, Harz, Sudeten und Polnisches Mittelgebirge (?).

Eine paläogeographische Karte mit der Gliederung des Nordtroges in Becken und Schwellen während des jüngsten Ober-Devon hat *E. Paproth* (1969) veröffentlicht (Abb. 13). Sie zeigt den bogenförmigen und dabei nach S konvexen Verlauf dieser Elemente von Mittel-Deutschland bis NW-Frankreich. Die Bogenform betrifft im S die Europäische Zentralschwelle (Böhmen

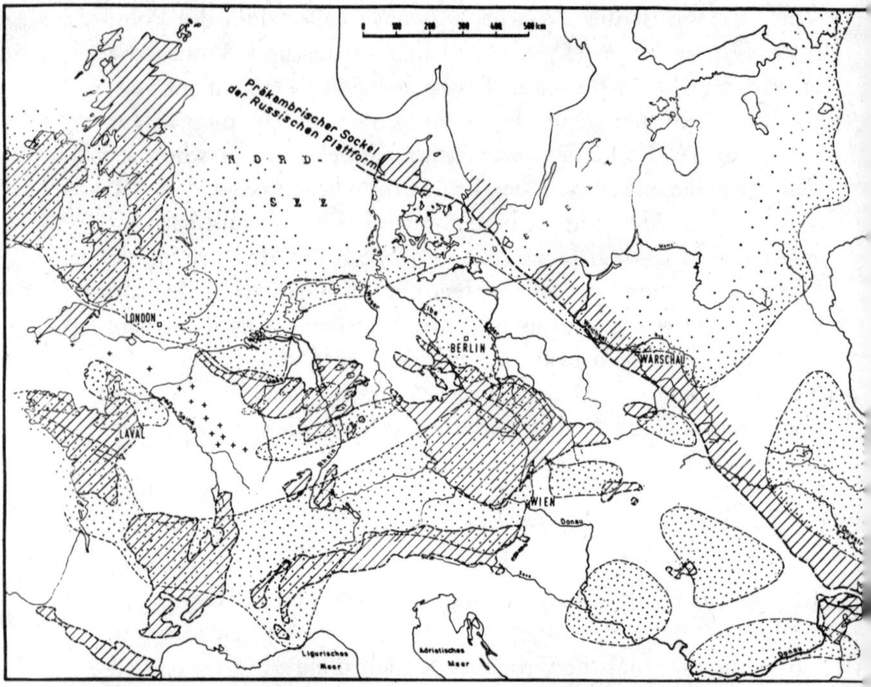

Abb. 13: Paläogeographische Skizze einer möglichen Verteilung von Schwellen und Meer im jüngsten Ober-Devon (aus *E. Paproth* 1969, Taf. 1) ergänzt durch den Verlauf der Kristallin-Zone im Untergrund des Pariser Beckens: Kreuze (nach *M.-J. Lienhardt* 1961). – Punkte: Schwelle oder Land, Schraffen: zu Tage streichendes Paläozoikum.

– Oberrhein – Zentralmassiv – Bretagne), im N das Rheinisch-Ardennische Massiv und dessen Fortsetzung nach Nord-Frankreich (Boulonnais) und Süd-England. Dazwischen liegt die »Mitteldeutsche Kristallin-Zone« (vgl. S. 93, Abb. 14), die in Abbildung 13 vom Thüringer Wald über Odenwald, Saar-Becken bis zur Maas als »Schwelle oder Land« eingetragen ist. Unter dem Pariser Becken findet sie ihre Fortsetzung sehr wahrscheinlich in der Kristallin-Zone, die in NW-Richtung östlich der Seine zum Kanal und vielleicht sogar bis zu den südlichsten Landspitzen Englands (Lizard-, Dodman-, Start-Point, vgl. S. 125) zieht.

Die devonischen Sedimente in der Tethys-Geosynklinale Europas und Nord-Afrikas lassen sich prinzipiell zwei grundverschiedenen Ausbildungen zuordnen, die als »rheinische« beziehungsweise »herzynische« Fazies bezeichnet werden (*H. K. Erben* 1962). Typisch für die rheinische Fazies sind sandige – gröber klastische Gesteine mit geringem Kalkgehalt (sandige Schiefer, Sandsteine, Grauwacken, Konglomerate). In der überwiegend benthonischen Fauna spielen dickschalige, oft stark gerippte Organismen eine große Rolle (Brachiopoden, Muscheln, Trilobiten). Die herzynische Fazies dagegen besteht aus meist reinen Kalken und Tonschiefern, ihre Fauna enthält reichlich Korallen, Ammonoideen, Nautiloideen und Trilobiten, die ebenfalls häufigen Brachiopoden und Muscheln sind vorwiegend dünn- und glattschalig. Am schärfsten sind die beiden Fazies im Unter-Devon ausgebildet, später verwischen sich die Unterschiede mehr und mehr.

Die rheinische Fazies tritt hauptsächlich im Nordtrog und in den südlichen Atlasgebieten auf. Sie ist offenbar gebunden an die Nähe der beiden großen sedimentliefernden Randkontinente der Tethys. Dazwischen liegen die Verbreitungsgebiete der herzynischen Fazies, also Böhmen, die Alpen, Spanien und die nördlichen Atlasländer.

Die große Bedeutung des Old Red-Kontinentes für die devonische Sedimentation im Nordtrog wird durch die nahezu ununterbrochene Einschüttung roter Abtragungsmassen belegt. Auch die Tatsache, daß sich die herzynische Fauna kontinuierlich aus silurischen Faunen entwickelt, erklärt sich aus der geotektonischen Situation: Tritt sie doch hauptsächlich im Bereich des Südtroges auf, wo das Fehlen oder die Schwäche kaledonischer Bewegungen die marine Kontinuität von Silur zu Devon ermöglichten.

Für den Nordtrog war die Devon-Zeit das kritische Entwicklungsstadium der Geosynklinale, in dem gewissermaßen die Weichen für die spätere Orogenese gestellt wurden. Vor allem im oberen Mittel-Devon (obere Givet-Stufe) und im unteren Ober-Devon spielte sich ein sehr starker basischer-intermediärer Magmatismus ab (initialer Magmatismus). Dieser wurde begleitet beziehungsweise ausgelöst durch intensive Vertikalbewegungen des Geosynklinalbodens, die zu einer vielfältigen Längs- und Quer-Gliederung in Horste, Gräben und antithetische Schollentreppen führten. Bei generell sinkender Geosynklinale erfolgten diese Relativbewegungen im allgemeinen submarin und konnten daher durch die Sedimentation abgebildet werden. Mittel- und Ober-Devon des Nordtroges zeichneten sich infolgedessen durch einen lebhaften Fazieswechsel aus, wobei die stärker sinkenden Schollen entweder mächtige Sand-Ton-Massen aufnahmen oder aber sedimentär unterernährte »Hungerbecken« bildeten, während es auf den relativen Hochschollen zu geringmächtiger, lückenhafter oder organogener Sedimentation in Form von Riffkalken kam. Diese devonischen Becken und Schwellen wurden zu Vorläufern der späteren orogenen Groß-Sättel und -Mulden. Der Magmenaufstieg erfolgte entlang den Störungen an den Schollengrenzen, dabei vorzugsweise an deren Kreuzungsstellen. Die Förderprodukte sind Diabase, teils als ausgeflossene Laven – dann oft als Pillow-Laven – teils als Sills, Tuffe (»Schalstein«) und Tuffite. Ferner kommen Keratophyre und ihre Tuffe – Tuffite vor. Eisenreiche Exhalationen führten zur Bildung mariner Roteisenerz-Flöze, den sogenannten Lagerstätten vom Lahn-Dill-Typ.

Der Höhepunkt des initialen Magmatismus fällt im Nordtrog in das obere Mittel- bis tiefere Unter-Devon. Vorläufer – und zwar hauptsächlich keratophyrischer Art – gab es im Unter-Devon, Nachläufer im höheren Ober-Devon und einen letzten Höhepunkt nochmals im Unter-Karbon (»Deckdiabas«) *(A. Pilger* 1952). Im Südtrog blieb der Magmatismus während der Devon-Zeit dagegen schwach.

In die Karbon-Zeit fiel im wesentlichen die orogene Ausgestaltung der europäischen Tethys. Permische Nachläuferbewegungen hatten nur geringe Wirkungen. Nach *H. Stille* (1951) verteilten sich die orogenen Bewegungen in der Hauptsache auf drei große Phasen, nämlich die bretonische (altvariszische) an der Wende von Devon zu Karbon, die sudetische (mittelvariszische) an der Wende von Unter- zu Ober-Karbon und die asturische (jungvariszische) an der Wende von Westfal zu Stefan.

Während insbesondere die mittelvariszische Orogenese sich in hohem Maße durch Meeresregressionen auf das paläogeographische Bild Europas auswirkte, war dies bei der altvariszischen weniger der Fall. In weiten Teilen Europas gingen daher die devonischen in die unter-karbonischen Meeresräume über.

Die unter-karbonische »Normalfazies« der Geosynklinale ist die des »Kulm«; sie besteht aus Ton- und Kieselschiefern, Grauwacken und Konglomeraten. Großenteils handelt es sich um echten Flysch. (Näheres über den Begriff »Flysch« s. S. 163.) In den epikontinentalen Randbereichen des Old Red-Kontinentes herrscht die organogene bis biodetritische »Kohlenkalk«-Fazies, die sich von den Ardennen über den größten Teil der britischen Inseln bis an die Schottischen Hochlande erstreckt (vgl. S. 69) und neuerdings auch im Untergrund der Insel Rügen erbohrt worden ist. Auch im Bereich des nordafrikanischen Gegenufers der Tethys kommt die Kohlenkalk-Fazies vor.

Die mittelvariszische (sudetische) Orogenese erfaßte weiteste Teile der Tethys-Geosynklinale. Ausgespart blieb im N ein schmaler Saum am Rande gegen den Old Red-Kontinent (»Subvariszische Saumtiefe« = variszisches Molassebecken mit den Steinkohlenbecken von Ruhr – Aachen – Belgien – Nord-Frankreich – England). Keine oder nur schwache mittelvariszische Orogenese erfolgte ferner in den östlichen Mediterrangebieten, in den Pyrenäen und in SW-Portugal.

Die Folge der mittelvariszischen Orogenese war eine gründliche paläogeographische Umgestaltung innerhalb der Tethys, indem drei große Festlandsbereiche entstanden:

Iberisches Festland

Festlandsdreieck Bretagne – Sardinien – Böhmen

Festlandskomplex Fennoskandien – Schwarzes Meer – Kaspi.

Während des Ober-Karbon existierten mithin in Europa drei Bereiche verschiedenen geotektonischen und paläogeographischen Zustandes:

1. Festlandsbereiche mit limnischen Kohlenbecken (Typ Saar-Becken).

2. Die Subvariszische Saumtiefe mit marinen Ingressionen und »paralischen« Kohlenbecken (Typ Ruhr-Becken).

3. Restgeosynklinale Meeresräume im Mediterrangebiet mit weiten Ausstülpungen in die SE-Alpen und Karpaten sowie in die Pyrenäen. Diese wurden zur Keimzelle der mesozoischen Tethys und damit zur Keimzelle der alpinen Gebirge Europas.

Die jungvariszische Orogenese, die sich im höheren Ober-Karbon abspielte, erfaßte vor allem die Subvariszische Saumtiefe, die Pyrenäen und Asturien.

Der synorogene variszische Plutonismus war gebietsweise außerordentlich stark. Hierauf wird bei der Besprechung der Teilgebiete einzugehen sein.

Der subsequente Vulkanismus begann je nach der Zeitlichkeit der

Orogenese entweder schon im Unter-Karbon oder im Ober-Karbon, in der Hauptsache erfolgte er aber im Perm.

4.3 Das mitteleuropäische Variszikum (Abb. 14, 15)

Mitteleuropa liegt im Bereich jenes Festlandsdreiecks Bretagne – Sardinien – Böhmen, das im Laufe der mittelvariszischen Orogenese entstanden war, und ferner im Bereich der jungvariszisch gefalteten Subvariszischen Saumtiefe. Aus diesem festländischen Komplex wurde – ausgehend von der Restgeosynklinale im Raume SE-Alpen–West-Karpaten – im Laufe des Mesozoikums die alpine Tethys herausgeschnitten. Mit anderen Worten: Auch der Bereich der heutigen Alpen war durch variszische Orogenesen konsolidiert worden, worauf noch ausführlich zurückzukommen sein wird (s. S. 152). Aber eben dieser Bereich wurde während des Mesozoikums, sogar schon seit dem Jungpaläozoikum, wieder zum Geosynklinalzustand »regeneriert« und dann nochmals alpidisch, das heißt in Ober-Kreide und Tertiär, gefaltet. Der Außenrand der Regeneration entspricht etwa dem Außenrand der heutigen Karpaten und Alpen. Wenn also im folgenden vom »mitteleuropäischen Variszikum« die Rede sein wird, so ist das außeralpine gemeint.
Dieses mitteleuropäische Variszikum entstammt zwei geosynklinalen Einheiten, nämlich der Zentralschwelle und dem Nordtrog.
Auf Grund der geosynklinalen Vorgeschichte, der orogenen Deformation und des Magmatismus läßt sich das Variszikum Mitteleuropas von S nach N in folgende Zonen einteilen (*F. Kossmat* 1927):

a) Moldanubikum
b) Saxothuringikum
c) Rhenoherzynikum
d) Subvariszikum

(s. Abb. 14 = Faltblatt S. 88/89 und Tab. 1 auf S. 86)

Das *Moldanubikum* liegt im Bereich der Europäischen Zentralschwelle. Seine paläozoischen Schichten sind daher zum Teil lückenhaft und flachmeerisch ausgebildet. Die Zone zeichnet sich vor allem aus durch assyntische Orogenese mit starkem Plutonismus und intensiver Metamorphose und durch eine Wiederholung dieser Vorgänge in variszischer Zeit. In diesem Sinne gehören zum Moldanubikum: Böhmische Masse, Schwarzwald und Vogesen, Französisches Zentralmassiv, Armorikanisches Massiv (z. T.).

Das *Saxothuringikum* liegt auf der N-Flanke der Zentralschwelle. Dementsprechend ist das Paläozoikum von geosynklinaler Art einschließlich eines kräftigen initialen Magmatismus. Die variszische Orogenese wird von granitischem Plutonismus und Regionalmetamorphose begleitet. Im Bereich des Saxothuringikums liegen: Sächsisch-Thüringisches Schiefergebirge mit Erzgebirge und Fichtelgebirge, Odenwald und Spessart, Grundgebirgsinseln zwischen Vogesen und Saar-Becken. Im weiteren Sinne können wohl auch die West-Sudeten hinzugerechnet werden.

Das *Rhenoherzynikum* ist die variszisch deformierte Sedimentfüllung des Nordtroges, wobei das sehr mächtige Devon in rheinischer Fazies mit starkem initialem Magmatismus die Hauptrolle spielt. Synorogener Plutonismus und Regionalmetamorphose fehlen fast ganz. Rheinisches Schiefergebirge und Harz gehören zu dieser Zone.

Das *Subvariszikum* ist die hauptsächlich mit mächtigen oberkarbonischen Sedimenten gefüllte und erst jungvariszisch gefaltete Molasse-Vortiefe des Orogens am Rande gegen den Old Red-Kontinent.

An die Ostseite des Moldanubikums legt sich die *Moravosilesische Zone* an, die in mancher Beziehung Anklänge an die rhenoherzynische aufweist.

Das *Oberschlesische Kohlenbecken* bildet die Molasse-Vortiefe des Moravosilesikums. Das *Polnische Mittelgebirge* nimmt eine Sonderstellung ein und kann nicht mehr eindeutig zum Variszikum gerechnet werden.

4.3.1 Moldanubikum

Die *Böhmische Masse* gehört zu den ausgedehntesten Grundgebirgsarealen Europas, wobei kristalline Gesteine magmatischer und metamorpher Art eine beherrschende Rolle spielen. Den größten Teil dieses Kristallinkomplexes, nämlich den west-

Tab. 1: Mächtigkeiten und Vulkanismus (x) in den Zonen des mitteleuropäischen Variszikums. Wellenlinien: Orogenesen, desgl. mit Kreuzen: Granit-Plutonismus.

Subvariszikum	Rhenoherzynikum (Rhein. Schiefergebirge)	Saxothuringikum	Moldanubikum (Barrandium)
Westfal D ∼∼∼∼∼∼			
3000 m Oberkarbon (Molasse)	Namur ∼∼∼∼∼∼	Oberkarbon Obervisé (Innenmolasse)	Oberkarbon (Innenmolasse)
		+ + + ∼∼∼∼∼∼ + + + +	↑ ?
200 m Unterkarbon	1500 m Unterkarbon (Flysch)	2500 m Unterkarbon (Flysch)	+ + + ∼∼∼∼∼∼ + + + +
	x x x x		↓ ?
Oberdevon	500 m Oberdevon	100 m Oberdevon	
	x x x x	x x x x	
	x x x x		
	2000 m Mitteldevon	50 m Mitteldevon	250 m Mitteldevon
	x x x x		
	6000 m Unterdevon	150 m Unterdevon	300 m Unterdevon
	x x x x		
	Silur (fehlt z. gr. T.)	100 m Silur	500 m Silur
		x x x x	x x x x
	700 m Ordovizium	1500 m Ordovizium	2500 m Ordovizium
			x x x x
		? Oberkambrium	500 m Oberkambrium
			x x x x
		1000 m Mittelkambr.	400 m Mittelkambr.
		500 m Unterkambr.	? Unterkambrium

lich der Elbe gelegenen, bildet das Moldanubikum. Im NE und SW wird es von zwei herzynisch streichenden großen Störungszonen begrenzt: dem »Elbe-Lineament« und der »Fränkischen Linie«, zu deren System zum Beispiel der Quarzgang des Bayerisch-Böhmischen »Pfahl« gehört. Im SE ist das Moldanubikum entlang einer etwa rheinisch verlaufenden Überschiebungszone auf das Moravosilesikum aufgeschoben, im NW geht es im Erzgebirge in das Saxothuringikum über. Etwa in der Mitte der Böhmischen Masse ist SW' von Prag eine große grabenartige Scholle in das Kristallin eingesenkt, das sogenannte »Barrandium«, in der nichtmetamorphes mäßig gefaltetes Jungalgonkium und Altpaläozoikum erhalten ist. Im S taucht das Moldanubikum unter Mesozoikum und Tertiär des Alpenvorlandes.

Das fundamentale Problem des Moldanubikums liegt in der Frage nach dem Alter der kristallinen Gesteine, und zwar sowohl der Ausgangsgesteine als auch der Metamorphose. Zur Diskussion steht insbesondere der Anteil präkambrischer oder variszischer Metamorphose, eine Frage, von deren Beantwortung wiederum die Rolle abhängt, die dem Moldanubikum in der variszischen Geosynklinale und bei der variszischen Orogenese zukam: War es ein präkambrisch konsolidiertes Massiv mit entsprechendem paläogeographischem und tektonischem Verhalten bei der variszischen Orogenese? Oder war es ein eugeosynklinaler variszischer Bereich mit orogener Hochwirkung und weitestgehender Metamorphose des Altpaläozoikums und des Präkambriums, von der nur das Barrandium ausgespart blieb? Die Klärung dieses Problems wäre angesichts der zentralen Position des Moldanubikums im variszischen Orogen besonders wichtig, aber noch steht sie aus.

Grob skizziert besteht das Moldanubikum aus Gneisen mit Granitplutonen, von denen die größten der Mittelböhmische Pluton südlich Prag und der Moldanubische Pluton etwa von Iglau (Jihlava) bis ins österreichische Wald- und Mühlviertel sind. Dort schließen sich die Granitplutone des Bayerischen, Oberpfälzer- und Böhmer-Waldes an. Ausgehend von den Lagerungsverhältnissen im nichtmetamorphen Algonkium des Barrandiums rechnet man heute mit assyntischer Orogenese und Metamorphose im Moldanubikum. Andererseits scheint fast alles assyntische Kristallin nochmals, und zwar variszisch überprägt worden zu sein, wofür in erster Linie radiometrische Altersbestimmungen geltend gemacht werden (*A. Dudek* & *M. Suk* 1965). Außerdem tauchen neuerdings Hinweise dafür auf, daß das Kristallin paläozoische Edukte enthält (*A. Watznauer* 1968). Da im fossilführenden Paläozoikum des Barrandiums keine kaledonische Orogenese überliefert ist, kommt sie auch für die Metamorphose des Moldanubikums kaum in Frage. Daß die

großen Granitplutone im wesentlichen variszisch sind, wird heute wohl allgemein anerkannt (*V. Zoubek* 1965).
Die Prager Mulde, zu Ehren ihres Erforschers *J. Barrande* »Barrandium« genannt, ist das größte Vorkommen nichtmetamorpher alt- und vorpaläozoischer Gesteine Böhmens. Assyntische Orogenese ist durch intra-algonkische Diskordanzen und solche an der Wende Algonkium-Kambrium belegt. Allerdings beginnt das Paläozoikum erst mit einem nicht einwandfrei datierten festländischen Mittel-Kambrium. Berühmt ist das darüber folgende marine Mittel-Kambrium wegen seines Fossilreichtums, insbesondere an Trilobiten (»Paradoxides-Schiefer«). Die kambrische Sedimentation endete wiederum mit festländischen Bildungen, denen Vulkanite eingeschaltet sind. Mit dem Ordovizium begann eine erneute Transgression. Typisch ist zweierlei: ein mächtiger basischer Vulkanismus geosynklinaler Art und sedimentäre Eisen-Erze (Chamosite) von wirtschaftlicher Bedeutung. Das Silur beginnt mit Graptolithenschiefern und wird dann zunehmend kalkig. Nochmals treten basische Vulkanite auf. Organogene, zum Teil fossilreiche Kalke überwiegen im Unter-Devon. Mitteldevonische Tentakulitenschiefer und Kalke beenden die marine Sedimentation. Flözführendes Ober-Karbon ist postorogen in bezug auf die Deformation des Barrandiums.
Die variszische Faltung des Barrandiums ist im allgemeinen mäßig. Sie kann sich allerdings zu SE-vergenter Überkippung und Überschiebung steigern. Die Achsen streichen um SW–NE. Gegen Ende der Faltung intrudierte der Mittelböhmische Pluton.
Die Vorstellung, daß die Böhmische Masse sich während der variszischen Geosynklinalzeit und Orogenese als Kraton verhalten hat und das Meer nur in den relativ schmalen Barrandium-Trog transgredieren konnte, ist sicher nicht richtig. Außerhalb des Barrandiums ist marines Altpaläozoikum in folgenden Gebieten nachgewiesen: Im Dach des Mittelböhmischen Plutons S' von Prag, im Eisengebirge S' von Pardubitz (an der NE-Seite des Moldanubikums) und im Jeschkengebirge (W-Rand des Riesengebirges). Überall handelt es sich um älteres Paläozoikum, das heißt, daß die marine Sedimentation vor dem Devon endete. Es scheint so, als ob die Tröge sowohl in erzgebirgischer Richtung (Barrandium) als auch in herzynischer (Eisengebirge) angelegt und von kristallinen Schwellen getrennt waren. Erst
 in der Devon-Zeit verlagerten sich die geosynklinalen Tröge

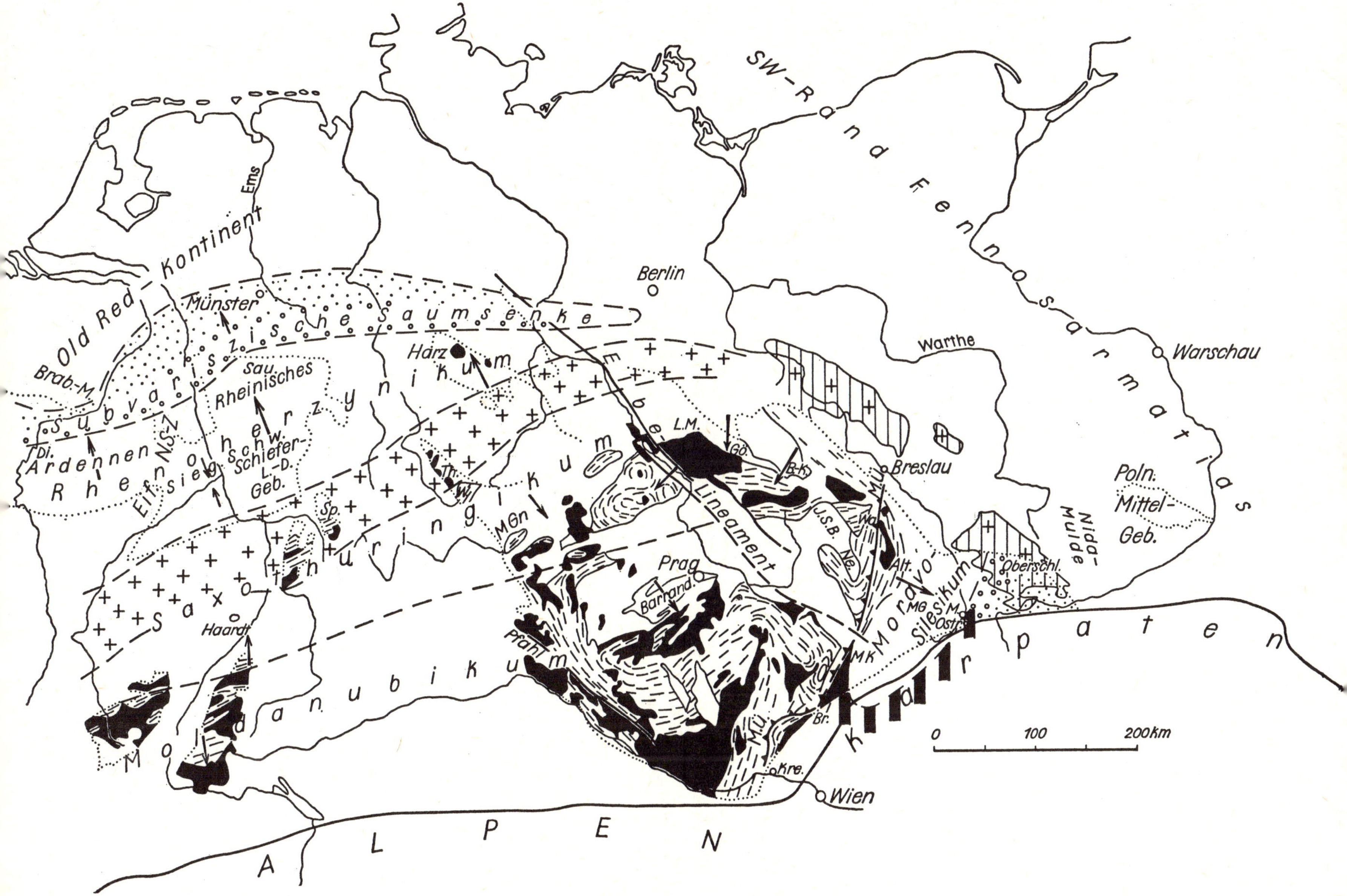

Abb. 14: Gliederung des mitteleuropäischen Variszikums. – Schwarz: vorwiegend granit. Plutonite, Striche: Metamorphikum, Kreuze: Mitteldeutsche Kristallin-Zone, Kreuze in Vertikalschraffen: vermutete Fortsetzung der Mitteld. Krist.-Zone nach Schlesien, Pfeile: Vergenzen. – Alt. Altvater-Geb., B.-K. Bober-Katzbach-Geb., Br. Brünn, Di. Dinant, Gö. Görlitzer Schiefergeb., I. S. B. Innersud. Becken, Kre. Krems, L.-D. Lahn-Dill-Mulde, L. M. Lausitzer Massiv, M. G. Mähr. Gesenke, M. Gn. Münchberg. Gneis, M. K. Mähr. Karst, M.-Ostr. Mähr.-Ostrau, M. Ü. Moldanub. Übersch., Ne. Neisse-Graben, Sau. Sauerland, Sp. Spessart, Th. W. Thüringer Wald, Wa. Warthaer Schiefergeb.

aus dem Raum der heutigen Böhmischen Masse in die Randgebiete nach NW (Saxothuringikum), nach NE (Sudeten) und nach E (Mähren-Schlesien). Während sich diese Randgebiete als Teile der devonischen Geosynklinale tief einsenkten, wurde Böhmen ein zentraler Festlandsbereich, in dem die Orogenese möglicherweise schon relativ früh – vielleicht im Ober-Devon – einsetzte.

Das Grundgebirge der Böhmischen Masse bricht an den Störungen der Fränkischen Linie ab und wird von Jungpaläozoikum und Mesozoikum des süddeutschen Schichtstufenlandes überlagert, unter dem es im Schwarzwald wieder auftaucht. Über das Grundgebirge des Schichtstufenlandes gibt es nur spärliche Informationen durch wenige Tiefbohrungen, Auswürflinge des tertiären Vulkanismus (Urach-Kirchheim, Hegau) und des Ries-»Phänomenes«, das heute als Meteoriten-Einschlag gedeutet wird. Die Tiefenlage des Grundgebirges ist geophysikalisch in großen Zügen festgestellt worden *(F. Breyer* 1956).

Vor dem tertiären Einbruch des Oberrhein-Grabens bildeten *Schwarzwald und Vogesen* eine einheitliche flache Aufwölbung des Grundgebirges. Diese gehörte zwar während des Mesozoikums zum Sedimentationsbereich des süddeutschen Beckens, war also auch vom Muschelkalk- und den Jura-Meeren überflutet, es gibt aber Anzeichen dafür, daß sie zumindest zeitweise eine relative Hochlage gegenüber den Nachbargebieten einnahm. Dem heutigen Abtauchen des Schwarzwaldes nach E unter das schwäbische Schichtstufenland entspricht das Abtauchen der Vogesen nach W unter das lothringische Schichtstufenland, das zum Pariser Becken überleitet.

Wir behandeln die beiden oberrheinischen Gebirge daher gemeinsam.

Schwarzwald und Vogesen bestehen ganz überwiegend aus Gneisen und Graniten. Nicht – oder nur schwach metamorphe paläozoische Gesteine sind im Schwarzwald sehr selten, in den Vogesen etwas häufiger. Bis zum Westfal einschließlich sind sie im allgemeinen stark deformiert. Das Deckgebirge beginnt im N-Schwarzwald mit dem Stefan, in weiterer Verbreitung erst mit dem Rotliegend, die einheitliche Deckgebirgshülle schließlich erst mit dem Buntsandstein.

Bis zum Rotliegend muß also der korrelate Sedimentstapel über dem Kristallin zum größten Teil denudiert worden sein. Dies bedeutet aber, daß die variszische und noch ältere Baugeschichte weitgehend aus dem kristallinen Gesteinsmaterial entziffert werden muß.

In N- und S-Schwarzwald herrschen Granite vor, im größeren Mittelteil dagegen Gneise. Dieses Verteilungsbild setzt sich etwa mit SW-Streichen in die Vogesen fort, dort allerdings mit starker Verschmälerung der Gneiszone und entsprechend größerer Verbreitung der Granite. Radiometrische Datierungen an Gneisen und Graniten haben Werte zwischen etwa 350 und 260 m.y. geliefert, das heißt, daß beide Gesteinsbildungen in die variszische Gesamtorogenese (variszische »Ära«) gehören. Dabei kommen die älteren Werte der Vergneisung, die jüngeren den Granitintrusionen zu. Letzteres deckt sich mit den Kontaktverhältnissen an den Nebengesteinen. Mit guten Gründen wird aber angenommen, daß die variszische Metamorphose einen bereits präkambrischen Gneiskomplex betroffen hat. Es gibt mancherlei lithologische Analogien zum böhmischen Algonkium, und daher rechnet man mit schon assyntischer Orogenese und Metamorphose. Auf Grund dieser komplexen Entwicklung gelten die oberrheinischen Gneise als polymetamorphes Kristallin *(D. Hoenes, K.-R. Mehnert* & *H. Schneiderhöhn* 1949).

Die radiometrisch datierte variszische Metamorphose bestand großenteils in anatektischen Prozessen, die wohl im wesentlichen während der Devon-Zeit abliefen. Bei dieser Anatexis wurde das präkambrische Kristallin regional mobilisiert und hierbei palingenes Granitmagma bereitgestellt. Dieses dürfte die Hauptquelle der variszischen Granitintrusionen gewesen sein. Aus den Kontaktverhältnissen einerseits und dem Auftreten von Granitgeröllen andererseits ergibt sich, daß eine ältere Granitgeneration schon unter-karbonisch (eventuell devonisch), eine jüngere erst ober-karbonisch ist.

Die korrelate paläozoische Sedimenthülle zu den Anatexiten und Granitplutonen ist vor Ablagerung des Rotliegend weitgehend abgetragen worden. Aus den noch vorhandenen Resten läßt sich die Paläogeographie der variszischen Geosynklinale bisher nicht klären. In schwach metamorphen Schiefern der N-Vogesen konnte neuerdings Ordovizium und Silur nachgewiesen werden. Nördlich davon liegt im Breuschtal sicheres Mittel-Devon (Givet-Stufe) in konglomeratischer Entwicklung mit Riffkalk-Linsen. Auch Ober-Devon ist nachgewiesen, und die Sedimentation dürfte bis

in das Unter-Karbon reichen. Zu diesem Komplex gehören auch mächtige Diabase und Keratophyre.
Aus den Verhältnissen im S-Schwarzwald (Zone von Badenweiler – Lenzkirch) scheint sich zu ergeben, daß das tiefere Unter-Karbon zusammen mit dem Devon deformiert worden ist, während das höhere Unter-Karbon schon überwiegend festländisch ist und eine Art »Molasse« mit subsequentem Magmatismus (vgl. Vogesen) darstellt. Das würde also für eine altvariszische Orogenese sprechen (*E. Sittig* 1969). Aber auch das höhere Unter-Karbon und das flözführende Westfal (bei Offenburg) sind tektonisch noch stark beansprucht, erst das Stefan (Oos-Trog bei Baden-Baden) wurde nicht mehr davon betroffen. Die letzten alpinotypen Bewegungen erfolgten im Schwarzwald daher etwa zwischen Westfal und Stefan.
Hinsichtlich der Vergenzen hatte bereits *H. Stille* (1951) seinen »Alemannischen Scheitel« mitten durch Schwarzwald und Vogesen gelegt. In der Tat herrschen in beiden Gebirgen jeweils N-vergente Schuppungen und Überschiebungen im N und S-vergente im S.
Das Kristallin der mittleren Vogesen läßt sich über das Plateau von Langres bis in den Morvan am N-Rand des Französischen Zentralmassivs verfolgen und stellt auf diese Weise die Verbindung vom mittel- zum west-europäischen Moldanubikum her.
Das stärkere Auftreten schwach- bis nichtmetamorphen Altpaläozoikums am N-Rand von Vogesen und Schwarzwald wird in der Literatur als Übergang zur Saxothuringischen Zone gewertet.
Die mittleren Vogesen werden von einer großen NNE–SSW verlaufenden Störungszone mit starken Mylonitisierungen durchzogen (Abb. 20). Sie beginnt im N am Abbruch zum Oberrhein-Graben, läßt sich in den Süd-Vogesen bis W' von Belfort verfolgen und könnte bis in den Morvan, den nordöstlichen Ausläufer des Französischen Zentralmassivs, reichen. In ihrem Verlauf tritt ein kleines oberkarbonisches Kohlenbecken auf, und es ist auch zu Granitaufstieg gekommen. Sie war noch in der Trias aktiv. Richtungsmäßig verläuft sie etwa parallel zu dem bogenförmigen Verbindungsstück zwischen Oberrhein- und Rhône-Graben beziehungsweise parallel zum Schweizer Faltenjura.

4.3.2 Saxothuringikum

Am besten bekannt sind die Verhältnisse dieser Zone im Erzgebirge und Thüringischen Schiefergebirge. Im Oberpfälzer Wald grenzen Moldanubikum und Saxothuringikum weitgehend ungestört aneinander, und hier scheint ein kontinuierlicher metamorpher Übergang von saxothuringischen Glimmerschiefern in höher metamorphe moldanubische Cordierit-Sillimanit-Gneise vorzuliegen (*W. Schreyer* 1966). Nach *H. R. von Gaertner* & *H. H. Schmitz* (1968) besteht das Saxothuringikum hier aus eokambrischen-paläozoischen Edukten, so daß für die Metamorphose wohl nur variszisches Alter in Betracht kommt.

Die Schichtfolge des Saxothuringikums beginnt mit Algonkium, das sich mit dem des Barrandiums vergleichen läßt. Vom Kam-

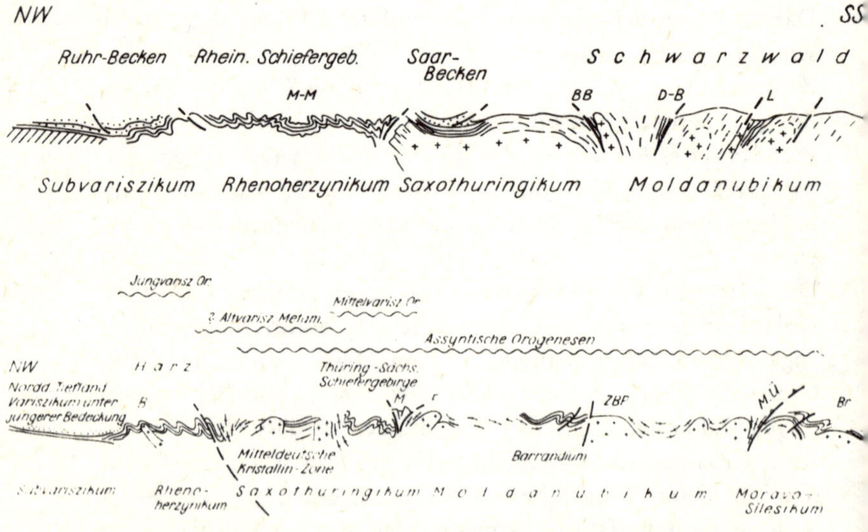

Abb. 15: Schematische Strukturprofile durch das mitteleuropäische Variszikum (nicht maßstäblich).
Schwarzwald-Ruhrbecken. – BB Baden-Baden, D-B Diersburg-Berghaupten, L Lenzkircher Graben, M-M Mosel-Mulde.
Mähren-Harz. – B Brocken-Granit, Br Brünner Granodiorit, F Fichtelgebirge, M Münchberger Gneis, M. Ü. Moldanubische Überschiebung, ZBP Zentralböhm. Pluton.

brium ist nur die mittlere Abteilung nachgewiesen. Besser durchschaubar wird die geosynklinale Entwicklung seit Beginn des Ordovizium, das aus > 1000 m sandig-tonigen Sedimenten mit zum Teil bauwürdigen Eisenerz-Flözen (Chamosit-Oolithe) besteht. Etwa 100 m schwarze Graptolithen-Schiefer vertreten Silur und tiefes Unter-Devon. Dann macht sich im NW ein Hebungsgebiet durch Grauwacken- und Konglomeratschüttung bemerkbar, das von *R. Brinkmann* (1948) als »Mitteldeutsche Schwelle« bezeichnet wurde. Man zieht heute die Bezeichnung »Mitteldeutsche Kristallin-Zone« vor. Die Kristallin-Zone verläuft in 50–100 km Breite vom Saarland im SW bis zur Elbe südlich Magdeburg im NE. Im weiteren Devon und Unter-Karbon trennte sie einen Thuringischen von einem Rhenischen Trog (*G. Möbus* 1968) und damit Saxothuringikum von Rhenoherzynikum. Dies drückt sich im Devon sehr deutlich durch die geringmächtige herzynische Fazies des Thuringischen Troges aus, verglichen mit der sehr viel mächtigeren rheinischen Fazies des Rhenischen Troges (Tab. 1). Im Unter-Karbon kam es im Thuringischen Trog zu einer mehrere 1000 m mächtigen Flyschsedimentation. Die Hauptfaltung erfolgte vor dem Obervisé (cu III β).

Für den tektonischen Stil des Saxothuringikums ist die Gliederung in SW–NE-streichende, das heißt dem Erzgebirge parallele, Antiklinorien und Synklinorien charakteristisch, die sich nach NE bis an das »Elbe-Lineament« verfolgen lassen. Diese waren seit dem Ordovizium in Bewegung. Das bedeutendste Antiklinorium ist das des Erzgebirges. Die fast durchweg kräftige Faltung und Schieferung des Saxothuringikums vergiert vorwiegend nach SE. (Im Rhenoherzynikum dagegen nach NW. Die Mitteldeutsche Kristallin-Zone bildet also einen Vergenzscheitel.)

Als moldanubische Deckenreste galten früher mehrere kleinere und ein größerer Gneiskomplex (Münchberger Gneismasse bei Hof), die mitten im Thuringischen Trog auf altpaläozoischen Sedimenten liegen. Nach heutiger Vorstellung handelt es sich um Aufpressungen und randliche Überschiebungen des kristallinen saxothuringischen Untergrundes.

Magmatismus und Regionalmetamorphose spielen im Saxothuringikum eine große Rolle. Der initiale Magmatismus kulminierte im tiefen Ober-Devon, in dem auch sedimentäre Roteisenerze

vom Lahn-Dill-Typ auftreten. Die Aufstiegswege der Magmen hielten sich vorzugsweise an die Flanken der Antiklinorien, an denen sich an der Wende von Mittel- zu Ober-Devon relativ kräftige Vertikalbewegungen abspielten (sog. »Reussische Phase« *v. Gaertners*). Die Vorstellungen über das Alter der Vergneisung und die Zusammenhänge mit dem Plutonismus haben in den letzten Jahren einschneidende Umdeutungen erfahren, und zwar vor allem auf Grund von Arbeiten im Erzgebirge. So gilt es heute als sicher, daß die Gefügeprägung der dortigen Gneise variszischen Alters ist, wobei das präkambrische Gefügeinventar weitgehend ausgelöscht wurde. Von der variszischen Deformation und Metamorphose sind außerdem ordovizische und silurische Sedimente betroffen, wie paläontologisch nachgewiesen werden konnte. Die Metamorphose führte bis zur Anatexis und in Zusammenhang damit zur Intrusion synkinematischer Granite (»Rotgneise« z. T.). Weitere Granitintrusionen erfolgten dann postkinematisch im Ober-Karbon und vielleicht noch im Unter-Perm, wobei die NW–SE-liche Querrichtung bevorzugt wurde. Dieser Magmatismus leitet bereits zum subsequenten über.
Zum Saxothuringikum werden auch die Kristallinmassive des Odenwaldes, Spessarts und linksrheinisch die kleinen Vorkommen der Haardt gerechnet. Da nicht metamorphe fossilführende Sedimente fast ganz fehlen, ist man hinsichtlich des tektonischen und magmatischen Werdeganges auf Analogieschlüsse mit den thüringischen Verhältnissen angewiesen.
Wie bereits bei der Besprechung von Schwarzwald und Vogesen angedeutet, mögen die nördlichen Teile dieser beiden Gebirge zum Saxothuringikum gehören.

4.3.3 Rhenoherzynikum

Das Rhenoherzynikum bildet den Kernbereich des Nordtroges in der mitteleuropäischen Tethys-Geosynklinale. Vor-devonische Sedimente sind nur in relativ geringem Umfang aufgeschlossen, so daß devonische und unter-karbonische Sedimente die Hauptrolle spielen. Während Devon und Unter-Karbon war der rhenoherzynische Sedimentationsraum im S von der Mitteldeut-

schen Kristallin-Zone und im N vom Old Red-Kontinent begrenzt. In diesem Sinne würden das gesamte Rheinische Schiefergebirge einschließlich Ardennen sowie der Harz zum Rhenoherzynikum gehören. Das Molasse-Becken, das sich im Laufe der Ober-Karbon-Zeit am Rande gegen den Old Red-Kontinent entwickelte, wird aber als »Subvariszikum« abgetrennt.
Vor-devonische Schichten tauchen vor allem in mehreren Antiklinalen der *Ardennen* auf. Die ältesten paläontologisch datierten Schichten gehören in das tiefste Ordovizium (Salmien = Tremadoc), schwarze Schiefer und Quarzite in ihrem Liegenden (Revinien) dürften kambrisch sein. In den eigentlichen Ardennen bricht die Sedimentation mit dem Tremadoc ab und beginnt erst wieder mit der Transgression des Unter-Devon. Im Raume des späteren Brabanter Massivs, also nördlich der Ardennen, ist dagegen das Ordovizium ± vollständig.
Auf Grund dieser Verhältnisse kann für die Ardennen mit einer Orogenese im tiefen Ordovizium gerechnet werden (»sardische Phase«). Auf ihr Konto könnte auch gebucht werden, daß in den Ardennen das gesamte Silur fehlt. Man spricht daher vom »Ardennen-Festland« der Silur-Zeit, während nördlich davon (Brabanter Massiv) das Meer persistierte – vermutlich in Verbindung mit der kaledonischen Geosynklinale Englands.
Da aber die Sedimentationslücke in den Ardennen den Zeitraum zwischen Tremadoc und Unter-Devon umfaßt, ist die Datierung der fraglichen Orogenese als »sardisch« keineswegs gesichert. Was ihr Ausmaß anbelangt, so dürfte sie echt alpinotyp gewesen sein, wobei N-vergente, zum Teil isoklinale Faltung mit Schieferung herrscht, von manchen Forschern wird sogar Deckenbau angenommen. Nach einer jung-silurischen Transgression östlich am »Ardennen-Festland« vorbei bis zum S-Rand des Rheinischen Schiefergebirges kam es auch im Brabanter Raum zur Orogenese. Sie läßt sich dort zwischen Ludlow und Unter- beziehungsweise Mittel-Devon einengen und ist mithin eindeutig kaledonisch. Damit war das Brabanter Massiv entstanden, das in der Folgezeit eine wichtige Rolle für Paläogeographie und Tektonik im nordfranzösisch-belgischen und belgisch-holländisch-deutschen Grenzraum übernehmen sollte (Kap. 4.6).
Die vorstehenden Ausführungen sollen einen knappen Eindruck von den kaledonischen Bewegungen in den westlichsten Bereichen des Rhenoherzynikums vermitteln, wie sie von *Wo. Schmidt*

(1952) und *D. Richter* (1961) dargestellt worden sind. Es sind die Ausläufer der britischen Kaledoniden auf dem europäischen Festland. Außerhalb dieses Bereiches klingen sie rasch aus.

Durch die kaledonischen Bewegungen an der Wende Silur/Devon zunächst verdrängt, stieß das Meer schon seit dem tiefsten Unter-Devon (Gedinne) von W her wieder in den Nordtrog vor. Die weitere Transgression war vor allem nach NE gerichtet, so daß fast im gesamten Rheinischen Schiefergebirge bereits im unteren Unter-Devon wieder marin sedimentiert wurde. Rote grob- und feinklastische Abtragsmassen vom Old Red-Kontinent lieferten dabei einen erheblichen Anteil. Andererseits erfaßte die Regeneration der Geosynklinale auch die Randgebiete im N und S. Ein klassisches Beispiel hierfür ist die Transgression des Devon-Meeres auf das Brabanter Massiv (Abb. 18).

Ardennen und Rheinisches Schiefergebirge sind die klassischen Gebiete der Devon-Formation in rheinischer Fazies. Paläogeographie und Sedimentation haben vor allem *W. Kegel* (1948), *Wo. Schmidt* (1952) und *W. Krebs* (1968) dargestellt:

Während in der Gedinne-Stufe das Sedimentationszentrum mit den größten Mächtigkeiten von etwa 2000 m in den Ardennen, etwa S' von Dinant, lag, wanderte es in der Siegen-Stufe nach E näher an den Rhein. Die Sedimentationszentren der beiden Unter-Devon-Stufen lagen also beiderseits der Eifeler N–S-Zone, auf die wir wegen ihrer wichtigen paläogeographischen und tektonischen Rolle während des Devon, aber auch in jüngeren geologischen Zeiten mehrfach zu sprechen kommen werden.

Zwischen Old Red-Kontinent und Mitteldeutscher Kristallin-Zone legten sich während der Siegen-Stufe mehrere Spezialtröge an, die sich mit max. 4000 m klastischen Sedimenten füllten. Eine Sonderrolle spielte das Hunsrückschiefer-Meer des obersten Siegen am Rande der Kristallin-Zone.

In der Ems-Stufe bildete sich innerhalb des Nordtroges ein longitudinales Hebungsgebiet aus, die sogenannte »Siegener Schwelle«. Beiderseits der Schwelle kam es zu mächtiger klastischer Sedimentation, wobei nunmehr auch weiter im NE gelegene Gebiete einbezogen wurden, insbesondere das Sauerland. Im oberen Ems ereignete sich der erste kräftige initiale Vulkanismus in Form von Keratophyr-Eruptionen.

Diese Trog- und Schwellengliederung gilt im Prinzip auch für das untere Mittel-Devon (Eifel-Stufe = Couvin-Stufe).

Im oberen Mittel-Devon (Givet-Stufe) dagegen änderte sich das paläogeographische Bild erheblich: Während nämlich linksrheinisch im allgemeinen nur einige 100 m vorwiegend karbonatische Sedimente gebildet wurden, konzentrierte sich die Senkung jetzt auf den rechtsrheinischen Bereich, wo im Sauerland maximale Mächtigkeiten von 2000 m vorkommen, im Lahn-Dill-Gebiet immerhin auch noch etwa 1000 m. Der rechtsrheinische Trogbereich entwickelte sich jetzt zum Zentrum der geosynklinalen Aktivität, dies auch hinsichtlich des Magmatismus. Als paläogeographischen Trend während Unter- und Mittel-Devon erkennen wir also die Verlagerung der Sedimentationszentren von SW (Ardennen) nach NE (Sauerland).

Die paläogeographische Gesamtsituation des Troges vom Mittel-Devon bis zum Ende des Unter-Karbon, das heißt bis zum Einsetzen der mittelvariszischen (»sudetischen«) Faltungen, skizziert *W. Krebs* (1968) folgendermaßen:

Es lassen sich drei grundverschiedene Sedimentationsbereiche unterscheiden:

1. Ein externer Schelf-Bereich (Miogeosynklinale) in der Randzone des Old Red-Kontinentes mit litoral-neritischen, klastisch-kalkigen Sedimenten überwiegend rheinischer Fazies.
2. Ein interner Trog-Bereich (Eugeosynklinale) mit vorwiegend pelagischen Sedimenten in herzynischer Fazies. Typisch sind für das Mittel-Devon: Wissenbacher Schiefer, für das Ober-Devon: Cypridinen- (= Ostrakoden) Schiefer und Cephalopodenkalke, für das Unter-Karbon: schiefrig-sandiger Kulm.
3. Ein interner Schelf-Bereich am Rande der Mitteldeutschen Kristallin-Zone mit geringmächtigen, lückenhaften litoral-neritischen Sedimenten.

Seit dem Ober-Devon kam es, ausgehend von der Mitteldeutschen Kristallin-Zone, zur Flyschsedimentation, die sich im Laufe des Unter-Karbon immer weiter nach NW in den internen Trogbereich hinein vorschob. Die jüngsten bekannten Flyschbildungen finden sich im nordwestlichsten Oberharz und bei Magdeburg, sie gehören bereits in das Namur (ältestes Ober-Karbon).

Um die Wende von Unter- zu Ober-Karbon ereigneten sich in den inneren, das heißt südlicheren Trogbereichen die starken mittelvariszischen Faltungen, die zu der auf S. 83 beschriebenen Festlandsbildung führten. Ihr N-Rand könnte etwa im Bereich der alten Siegener Schwelle gelegen haben. Etwa gleichzeitig sank in den äußeren Trogbereichen und vor allem auf dem äußeren Schelf die subvariszische Saumsenke ein, die die festländischen Abtragsmassen aufnahm. Wir sprechen vom ober-karbonischen Molasse-Becken.

Die ältesten Vorkommen magmatischer Gesteine im Rheinischen Schiefergebirge im weiteren Sinne finden sich im Ordovizium und Silur des Brabanter Massivs. Es handelt sich um basische, keratophyrische und rhyolithische Gesteine.

Den variszischen Magmatismus des Rhenoherzynikums hat *A. Pilger* (1952) zusammenfassend dargestellt. Es lassen sich drei zeitliche Kulminationen der geosynklinalen magmatischen Aktivität erkennen, ohne daß die Zwischenzeiten gänzlich amagmatisch gewesen wären.

Die 1. Kulmination beobachten wir im Ober-Ems des Sauerlandes, wobei quarzkeratophyrische Laven und Lockermassen gefördert wurden. Der sogenannte »Hauptkeratophyr« wird maximal 250 m mächtig (*G. Rippel* 1953).

Die 2. Kulmination lag in der Givet-Stufe (oberes Mittel-Devon) und dauerte bis ins untere Ober-Devon. Sie bestand in der Förderung mehrerer 100 m hauptsächlich basischer Magmen und Tuffe. Dieser Magmatismus ereignete sich im Sauerland sowie in der Lahn- und Dillmulde. Die wichtigsten Gesteinsprodukte sind Diabase, Pillowlaven, Keratophyre und »Schalsteine« (= Tuffe). Mit diesem Magmatismus stehen die magmatogen-sedimentären Eisenerz-Lagerstätten vom Lahn-Dill-Typ in Zusammenhang.

Die 3. Kulmination gehört in das Unter-Karbon, wobei wiederum ganz überwiegend basische Magmen gefördert wurden, und zwar der sogenannte »Deckdiabas«. Schauplätze des Magmatismus waren auch jetzt hauptsächlich das Sauerland, die Lahn- und die Dill-Mulde.

In vielen Fällen ist erkannt worden, daß der Magmenaufstieg an die Schwächezonen zwischen Spezialbecken und -schwellen beziehungsweise an die Kreuzungsstellen solcher Elemente gebunden war (vgl. z. B. *R. Schönenberg* 1958).

Synorogener variszischer Plutonismus ist im Rheinischen Schiefergebirge nur indirekt festzustellen, und zwar in Form von Gangerz-Lagerstätten (z. B. Eisenspat im Siegerland, Blei-Zink im Ruhrkarbon). *A. Pilger* führt sie auf granitisch-granodioritische Plutone zurück, die heute in etwa 4000 bis 5000 m Tiefe liegen.

Ein zusammenhängendes Bild vom Deformationsstil des Rhenoherzynikums bietet das Rheintal zwischen Bingen und Bad Godesberg (*R. Hoeppener* 1955).

Im großen gegliedert in Antiklinorien und Synklinorien sind die devonischen Schichten im einzelnen stark gefaltet und geschiefert. Deckenbau fehlt. Die Vergenzen richten sich vorwiegend nach NW, wobei allerdings im Moselgebiet eine Antivergenzzone ausgebildet ist: Hier liegt eine Muldenzone vor, gegen die Falten und Schieferung sowohl von S als auch von N vergieren (Abb. 15).

4.3.4 Subvariszikum

Die subvariszische Saumsenke bildete sich im Anschluß an die mit der mittelvariszischen Orogenese zusammenhängende Heraushebung des südlicheren Rhenoherzynikums (*E. Paproth* & *R. Teichmüller* 1961, *R. Teichmüller* 1962). Die früheste Anlage der Saumsenke zeichnete sich am N-Rand des Rheinischen Schiefergebirges bereits im oberen Unter-Karbon (Dinant III β) ab. Seitdem verlagerte sie sich ständig nach N, so daß sie im Stefan (= oberstes Ober-Karbon) schließlich im Emsland und damit im Raum des Old Red-Kontinentes lag. Etwa entsprechend rückte der Bereich der Faltung und Heraushebung nordwärts vor. So wird für das Westfal angenommen, daß die Front dieses Bereiches bereits im Raume Dortmund–Hamm lag. Das Westfal D liegt etwa auf der Höhe von Münster diskordant auf älterem Westfal und ist selber nicht mehr gefaltet. Insofern war also die Grenze des Subvariszikum nicht stationär, sondern sie wanderte im Laufe des Ober-Karbon ebenfalls von S nach N.

Die Abgrenzung des Subvariszikums gegen das Rhenoherzynikum setzt voraus, daß ober-karbonische Schichten vorhanden sind und ihr Auflager auf Unter-Karbon bekannt ist. Die oberkarbonische Sedimentfüllung der subvariszischen Saumsenke soll ja eine postorogene Molasse in bezug auf die mittelvariszische Orogenese und ihrerseits erst jungvariszisch gefaltet sein. Unter diesem Gesichtspunkt muß also das Subvariszikum mindestens so weit nach S reichen, wie Konkordanz zwischen Unter- und Ober-Karbon zu beobachten ist.

Über die Zusammenhänge zwischen Orogenese, Trogbildung und Sedimentation sind im Subvariszikum auf Grund seiner gründlichen Erforschung Erkenntnisse herangereift, die fundamentale allgemeingeologische Bedeutung haben. Sie werden an drei Stadien erläutert, deren Darstellung einer Arbeit von *H. G. Wunderlich* (1964) entnommen ist (Abb. 16).

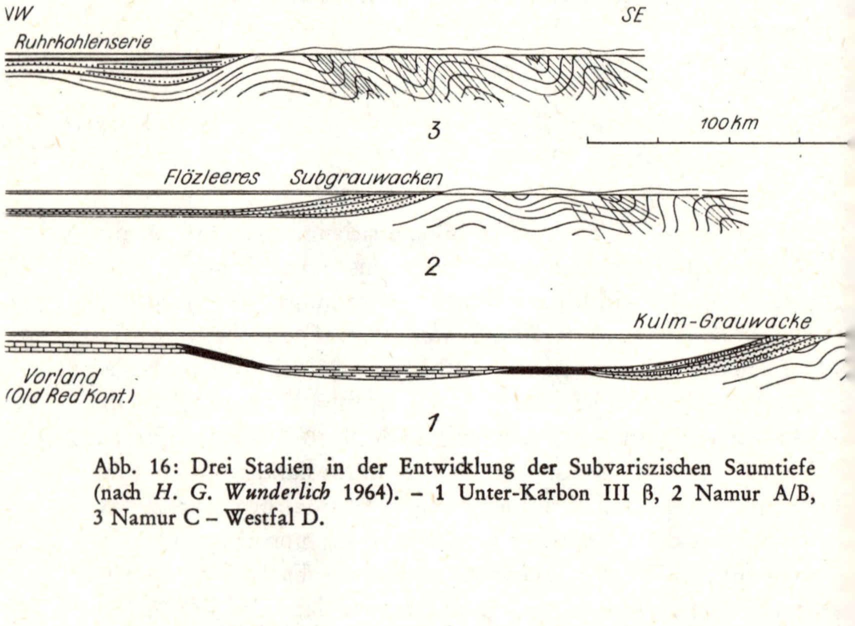

Abb. 16: Drei Stadien in der Entwicklung der Subvariszischen Saumtiefe (nach *H. G. Wunderlich* 1964). – 1 Unter-Karbon III β, 2 Namur A/B, 3 Namur C – Westfal D.

1. Dinant III *β*: Die Saumsenke ist eingetieft zwischen dem Vorland (Old Red-Kontinent) und dem aufsteigenden mittelvariszischen Orogen, das zu dieser Zeit etwa im mittleren Rheinischen Schiefergebirge liegt. Die Sedimentschüttung von dem südlichen Hebungsgebiet ist in diesem Stadium flyschartig (Kulm-Grauwacken) und erreicht noch nicht den Hauptteil des Beckens, in dem es daher nur zu geringmächtiger Ablagerung von Tonen und dunklen pelagischen Kalken kommt.

2. Namur A und B: Die orogene Hebungsfront rückt weiter nach N und schüttet nunmehr grobklastische Sedimente in großer Mächtigkeit in die Saumsenke (etwa 1000 m »Flözleeres«).

3. Namur C-Westfal D: Die Verlagerung der Faltungs- und Hebungsfront nach N geht weiter. Das starke Absinken der Saumsenke wird weitgehend kompensiert durch die Anlieferung groben Schuttes aus dem am S-Rand aufsteigenden Orogen. Die Gesamtmächtigkeit des Ober-Karbon beträgt 4000 bis 5000 m. Unter vorwiegend lagunären Verhältnissen kommt es zur Molasse-Sedimentation mit Flözbildung, die nur von kurzen Meeresingressionen unterbrochen wird. Schließlich verlandet die Saumsenke endgültig. Dabei treten im höheren Westfal Rotsedimente auf, die zum Perm überleiten.

Die der Molasse eingeschalteten Kohlenflöze haben sich aus ertrinkenden Wäldern gebildet. Hierfür spricht, daß die Flöze zwischen terrestrischen Sandsteinen im Liegenden und limnischen oder marinen Schiefertonen im Hangenden auftreten. Generell sinkender Untergrund und nachlassende Sedimentzufuhr sind die Voraussetzung für die Existenz ausgedehnter Waldmoore im Grundwasserniveau.

Magmatische Gesteine fehlen im Subvariszikum so gut wie ganz. Lediglich Erzgänge im Ruhrbecken, darunter bauwürdige Blei-Zink-Gänge, weisen auf einen ober-karbonischen Plutonismus im tieferen Untergrund hin.

Die jungvariszische Deformation der Saumsenke ist am stärksten in ihren südlichen Teilen, sie verschwächt nach N und klingt schließlich aus. Für den Südteil sind NW-vergente Überschiebungen charakteristisch, die sich aus Frankreich durch Belgien und das Aachener Gebiet bis ins Ruhrbecken verfolgen lassen.

Im mitteleuropäischen Variszikum bis zum Elbe-Lineament herrscht die erzgebirgische SW–NE-Richtung vor. Dies gilt für die Zonengliederung vom Moldanubikum bis zum Subvariszikum, ebenso für die geosynklinalen Spezialtröge und auch für die variszischen Faltenelemente. Die stratigraphisch-faziellen Untersuchungen der letzten Jahre zeigen aber, daß besonders während des Geosynklinalstadiums $\pm$ quer dazu verlaufende Elemente eine wichtige Rolle spielten:

Es sei daran erinnert, daß die Eifeler N–S-Zone im Unter-Devon eine Art Querschwelle zwischen den Spezialtrögen der Ardennen und denen des eigentlichen Rheinischen Schiefergebirges bildete.

Am E-Rand des Schiefergebirges werden die mächtigen SW–NE verlaufenden Sedimenttröge von der geringmächtigen

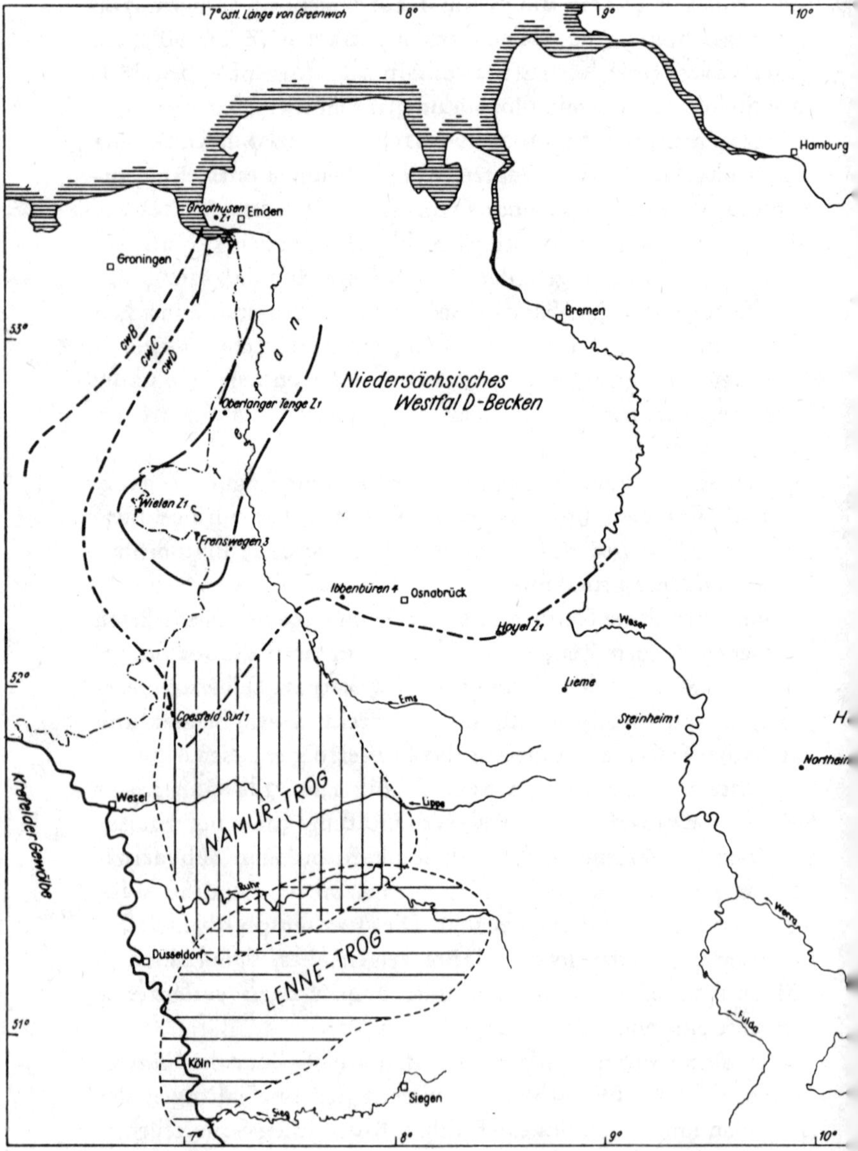

Abb. 17: Die Verlagerung der Sedimentationströge aus dem Rhenoherzynikum nach N vom Mittel-Devon (Lenne-Trog) bis Stefan (nach *R. Teichmüller* 1962 und 1964).

tonig-kalkigen herzynischen Fazies abgelöst. Die Faziesgrenze verläuft hier in großen Zügen ebenfalls N–S.
Besonders eklatant wird aber eine geosynklinale NNW-Richtung, wenn man die Verlagerung der subvariszischen Saumsenke näher betrachtet. Ausgehend von dem Mittel-Devon-Trog des Sauerlandes (Lenne-Trog) verlagerten sich jeweils die Sedimentationsmaxima in Form ± rundlicher oder ovaler Tröge nach NNW (Abb. 17) bis zum Stefan-Trog im Emsland. Dieser hat eine rheinische (NNE) Längserstreckung und zeichnet damit bereits die Ingression des niederrheinischen Zechstein-Meeres vor (*R. Teichmüller* 1964).

4.3.5 Die Fortsetzung der variszischen Zonen bis zum Elbe-Lineament

Die SW–NE (erzgebirgisch) streichenden Zonen des mitteleuropäischen Variszikums lassen sich zunächst bis an das Elbe-Lineament verfolgen *(G. Möbus* 1968). Dieses verläuft in NW–SE-Richtung (herzynisch) über etwa 500 km von Mähren bis in die Gegend von Magdeburg. In der »Aller-Linie« mag es sich bis nach Bremen fortsetzen (s. S. 258, Abb. 36). In Böhmen liegt es im Zuge einer großen Oberkreide-Depression, bei Magdeburg bewirkt es den Abbruch des variszischen Gebirges zum Norddeutschen Tiefland. Besonders deutlich sind die Auswirkungen des Lineamentes auf das Saxothuringikum, biegen doch dessen tektonische Elemente mit Annäherung an die Elbe aus der erzgebirgischen SW–NE- in die NW-SE-Richtung der Sudenten um.
Im Zuge des Lineamentes liegt die *Elbtal-Zone*, deren Strukturen recht gut bekannt geworden sind *(G. Möbus* 1966). Es handelt sich um eine etwa 5 bis 30 km breite intensive Verschuppungszone, die die Gneise des Erzgebirges von den Granodioriten und Grauwacken der Lausitz trennt. Die Verschuppungen erfolgten auf Grund sehr starker Einengungen in NE–SW-Richtung und dürften in die mittelvariszische Orogenese gehören. Die Schuppenzone (»Elbtal-Schiefergebirge«) ist einerseits nach SW auf die Erzgebirgs-Gneise aufgehoben, andererseits wird sie in derselben Richtung von Lausitzer Grauwacke und Granodiorit

überschoben. In die Längsachse der Elbtal-Zone intrudierte der Meißener Syenodiorit.
Es erscheint heute als sicher, daß entlang dem Elbe-Lineament auch größere Horizontalbewegungen stattgefunden haben. So deuten Schleppungsanzeichen in den Lausitzer Grauwacken auf relative SE-Bewegung der NE-Scholle hin.
Daß die tektonische Aktivität in der Elbtal-Zone auch nach der variszischen Orogenese andauerte oder wieder auflebte, beweist die Aufschiebung des Lausitzer Granodiorites auf Kreidesandsteine des Elbsandstein-Gebirges.
Wenden wir uns nun der Frage nach der Fortsetzung des Rhenoherzynikums und des Subvariszikums vom Rheinischen Schiefergebirge beziehungsweise Ruhrgebiet nach NE zu. Außer einigen sehr kleinen Aufbrüchen unter dem permisch-mesozoischen Deckgebirge kommt hier vor allem der Harz in Betracht, ferner vervollständigen zahlreiche Tiefbohrungen das Bild.
Das Rheinische Schiefergebirge taucht nach E unter das Mesozoikum der Hessischen Senke. Aus diesem erhebt sich in seiner Fortsetzung der *Harz.* Als Bestandteil des Rhenoherzynikums erweist er sich in stratigraphischer, fazieller und geosynklinalmagmatischer Hinsicht, ebenso auch in seinen wesentlichen tektonischen Entwicklungszügen. Auf kleinem Raum finden sich allerdings bemerkenswert starke Faziesschwankungen, besonders im Unter- und Mittel-Devon. Die entsprechenden Unterschiede in den Gesteinsmaterialien wiederum haben zu starken Unterschieden der Deformationsstile geführt. Die Folge ist, daß das kleine Gebirge in etwa ein Dutzend »geologische Einheiten« gegliedert wird, deren gegenseitige tektonische Beziehungen heute wenigstens in den Grundzügen geklärt sind *(W. Schwan* 1956, *G. Möbus* 1966). Wie das Rheinische Schiefergebirge ist der Harz ein im wesentlichen autochthones NW-vergentes Orogen, dessen tektonische Elemente erzgebirgisch, also SW–NE, streichen. Im äußersten SE gehen die Gesteinseinheiten in den epimetamorphen Zustand über (Wippraer Zone). Die betroffenen Gesteine können mit Hilfe von Conodonten zwischen Silur und Ober-Devon eingestuft werden, so daß es sich wahrscheinlich um variszische Metamorphose handelt. An die metamorphe Wippraer Zone schließt sich nach NW die Harzgeröder Faltenzone mit fast vollständig nachgewiesenem Silur in der Fazies der
 Graptolithenschiefer an. Charakteristisch ist das geringmächtige

und großenteils kalkige Unter- und Mittel-Devon in »herzynischer« Fazies. Ganz anders sind diese beiden Devon-Abteilungen in den nach NW folgenden Einheiten ausgebildet: Über 100 m mächtige Quarzite, max. 1000 m Tonschiefer, mächtige basische und intermediäre Vulkanite im Mittel-Devon bauen die Südharz-Selke-Mulde, die Blankenburger Faltenzone und die Einheiten des NW-Harzes auf. Eine Sonderrolle spielte der Elbingeröder Komplex mit bis zu 1000 m basischen und keratophyrischen Vulkaniten des oberen Mittel-Devon (Givet), auf denen sich dann mächtige Riffkalke bildeten.

Nicht ganz so kraß sind die Faziesunterschiede des Ober-Devon, in dem bunte Cypridinenschiefer und Clymenienkalke vorwiegen. Im Unter-Karbon herrscht überall die Kulmfazies, die schließlich mit turbiditischen Grauwacken über alle Fazieszonen hinweggreift. Sie sind besonders im NW-Harz weit verbreitet und reichen dort bis in das tiefe Ober-Karbon (Namur).

Im Oberharzer Diabaszug tritt nicht nur der mittel-devonische, sondern auch der unter-karbonische Geosynklinalvulkanismus auf und damit ein weiteres Vergleichselement mit dem Rheinischen Schiefergebirge.

Im Gegensatz zum Rheinischen Gebirge sind im Harz variszische Granitplutone aufgeschlossen (Brocken- und Ramberg-Pluton). Nach radiometrischen Altersbestimmungen gehört der Plutonismus in das Ober-Karbon.

Bei generell erzgebirgischen Strukturen wird der Harz von herzynischen (NW–SE) Konturen begrenzt, die im Bau Mitteldeutschlands überhaupt die beherrschende Rolle spielen. Als Ganzes hat der Harz die Form einer Pultscholle, die entlang ihrem N-Rand auf die mesozoischen Schichten des Harzvorlandes steil aufgeschoben ist, während sie nach S allmählich unter das Mesozoikum des Thüringer Beckens abtaucht.

Die *Subvariszische Saumsenke* reicht nach neuerer Auffassung nur etwa bis an das Elbe-Lineament. Sie scheint sich N' des Harzes stark zu verschmälern, wobei auch die Faltungsintensität abnimmt. Das alpinotyp gefaltete paralische Ober-Karbon, wie es die Saumsenke im Ruhrgebiet und Belgien kennzeichnet, soll auf dem Gebiet der DDR praktisch fehlen *(D. Franke* & *E. Schroeder* 1968).

Die Genze zwischen Saumsenke und *nördlichem Vorland* können wir am Brabanter Massiv Belgiens ziemlich genau festlegen

(Kap. 4.6). Zum Rhein hin biegt sie kräftig nach N aus, wie die Bohrung Münsterland zeigt. (Die Bohrung liegt etwa 20 km WNW von Münster.) Der weitere Verlauf nach E ist wegen der mehrere 1000 m mächtigen Überdeckung im Norddeutschen Tiefland hypothetisch, dort wird er in den meisten neueren Darstellungen von der Bohrung Münsterland aus in östlicher Richtung etwa durch den Raum von Berlin gezogen.

4.3.6 Sudeten und Oberschlesien

Das Variszikum jenseits des Elbe-Lineamentes bereitete der geologischen Erforschung große Schwierigkeiten. Zunächst deswegen, weil der größte aufgeschlossene Bereich, die West-Sudeten, hauptsächlich aus metamorphen und magmatischen Gesteinen besteht, so daß fundamentale stratigraphische Fragen unbeantwortet blieben. Vor allem auch deswegen, weil das Paläozoikum außerhalb der Sudeten meist unter mächtiger mesozoischer bis quartärer Bedeckung liegt und Bohrungen bis zum Beginn der fünfziger Jahre praktisch fehlten. So bezeichnet *H. Stille* (1951, Taf. 1) die weiten Ebenen östlich der Elbe, beiderseits der Oder bis nach Oberschlesien sehr zutreffend als »terra incognita« des mitteleuropäischen Variszikums. Lange schien es so, als ob das Elbe-Lineament zwei variszische Welten voneinander trenne. Seither haben intensive geologische Forschung und Bohrtätigkeit auf deutscher und polnischer Seite die Dinge wieder stark in Fluß gebracht und zu sehr wichtigen neuen Einsichten geführt (*J. Dvořak* & *E. Paproth* 1969).

Zwar sprach seit eh und je vieles dafür, daß das ober-karbonische Kohlenbecken Oberschlesiens zum System der Subvariszischen Saumsenke gehört und daß im Devon marine Verbindungen von West- und Mitteldeutschland zum Polnischen Mittelgebirge (Lysa Gora) existierten. Heute aber erlauben Tiefbohrungen und geophysikalische Messungen sogar die Aussage, daß sich ein so spezielles linkselbisches Element wie die Mitteldeutsche Kristallin-Zone mit ihren großen magnetischen Anomalien weit nach Schlesien hinein verfolgen läßt. Die gravimetrischen Messungen scheinen dies in Form eines deutlichen Schwerehochs zu
 bestätigen (vgl. Gravimetrische Karte von Polen 1:2 Mill., War-

schau 1956). Auch die sedimentäre und geotektonische Entwicklung von Saxothuringikum und West-Sudeten läßt enge Beziehungen über das Elbe-Lineament hinweg erkennen, wie das folgende Kapitel zeigen wird. Im einzelnen haben wir uns mit den Verhältnissen in den West- und Ost-Sudeten und dem Oberschlesischen Becken zu beschäftigen.

4.3.6.1 Die West-Sudeten

Die *West-Sudeten* sind eine herzynisch streichende Grundgebirgsscholle, die an der SW-Seite von den Störungen des Elbe-Lineamentes beziehungsweise der böhmischen Oberkreide-Depression und an der NE-Seite vom Sudenten-Randbruch begrenzt wird. Etwa entlang der Oder versenkt ein äußerer Randbruch das Grundgebirge in große Tiefe. Parallel zu den herzynischen Konturen sind in das Grundgebirge grabenartige Becken eingesenkt, die zum Teil schon mit Unter-Karbon gefüllt sind wie das Innersudetische Becken, zum Teil erst mit Ober-Kreide wie der Neiße-Graben S' von Glatz. Ganz überwiegend bestehen die West-Sudeten aus kristallinen Gesteinen, und zwar aus Gneisen, die im wesentlichen als präkambrisch gelten, und aus variszischen Graniten. Fossilführendes Paläozoikum hat nur geringe Verbreitung. Radiometrische Methoden haben bei der Datierung des Kristallins nicht viel genützt, weil die variszische Überprägung zu stark war. Die inneren Strukturen verlaufen nicht einheitlich herzynisch wie die bruchtektonischen Konturen. So spielen die W–E-Richtung im NW (Lausitzer Massiv, Iser- und Riesengebirge) und die rheinische NNE-Richtung im SE (Glatzer Schneegebirge) die Hauptrolle. Durch die jüngere Bruchtektonik ist das Paläozoikum der West-Sudeten in ein bis heute noch nicht durchschaubares Mosaik einzelner isolierter Schollen aufgelöst worden.

Das *Lausitzer Massiv* baut den NW der Sudeten auf. Es besteht in der Hauptsache aus anatektischen Granodioriten – Graniten und der präkambrischen Lausitzer Grauwackenserie. Dieser Komplex bildete bereits im Paläozoikum ein Hochgebiet, das im NE von einer schmalen Geosynklinale begleitet wurde, zu der das Görlitzer Schiefergebirge gehört. Hier ist neuerdings eine ± lückenlose Sedimentfolge vom oberen Ordovizium bis zum Unter-Karbon einschließlich nachgewiesen worden (*H. Brause*,

1965). Initialer Magmatismus tritt im Unter- und Ober-Devon auf. Das Alter der Orogenese ist mittel- bis jungvariszisch, sie war von granitischem Plutonismus begleitet.

Nach SE bis zur Innersudetischen Mulde folgt ein großer Gneiskomplex, aus dem die Granite des *Iser- und Riesengebirges* auftauchen. Auch diese gelten als variszisch (Ober-Karbon), was durch radiometrische Datierung bestätigt wird *(H. Faul* 1962).

Im *Bober-Katzbach-Gebirge*, etwa in südöstlicher Fortsetzung des Görlitzer Schiefergebirges, tritt wiederum fossilführendes Paläozoikum auf. Während man bisher annahm, daß die Schichtfolge nur bis in das Silur reiche, konnte neuerdings marine Kontinuität vom Silur bis in die Siegen-Stufe des Unter-Devon nachgewiesen werden (*H. Jaeger* 1964). Auch hier scheint S–SW-vergenter Schuppenbau zu herrschen *(H. Teisseyre* 1964).

Das Innersudetische Becken und seine südliche Fortsetzung, der Neiße-Graben, werden fast allseits von Gneismassiven eingerahmt, von denen ganz im SE das Glatzer Schneegebirge in die rheinische Richtung einschwenkt. An der NE-Seite des Innersudetischen Beckens liegt das fossilführende *Warthaer Schiefergebirge*. Auch hier ist der Nachweis gelungen, daß die silurische Schichtfolge sich bis in das Unter-Devon fortsetzt.

Im Zuge der verlängerten Elbtal-Zone (vgl. S. 103) liegt am südwestlichen Sudetenrand der *Jeschken* mit seinem fossilführenden Paläozoikum. Dort soll Ober-Devon auf gefaltetem Silur liegen. Diese Sachlage würde also für eine kaledonische Orogenese sprechen, allerdings scheint das »Ober-Devon« durch neue Fossilfunde eher in das Unter-Karbon zu rücken (*H. Jaeger* 1964).

In der Tat galten die gesamten West-Sudeten bis vor wenigen Jahren als Gebiet kaledonischer Orogenese, während variszische Bewegungen, so auch die »sudetische« Phase, nur geringe Bedeutung haben sollten. Ausschlaggebend hierfür war die Annahme, daß die gefalteten altpaläozoischen Sedimente nur bis in das Silur reichen und über diesen Faltenbau erst das Ober-Devon transgrediere.

In den letzten Jahren konnte nun aber in drei Gebieten (s. oben) nachgewiesen werden, daß die gefalteten Serien bis in das Devon beziehungsweise sogar bis in das Unter-Karbon reichen. Damit ist das variszische Alter der Hauptorogenese zumindest für weite Teile der West-Sudeten gesichert, wozu das Ober-Karbon-Alter der Granite jedenfalls auch besser paßt.

Diese Umdatierung hat eine wichtige Konsequenz insofern, als damit ein scheinbarer Gegensatz zwischen West-Sudeten und Saxothuringikum entfällt. Der Gegensatz schien im kaledonischen Alter der West-Sudeten und im variszischen des Saxothuringikums zu liegen, ein Unterschied, der also nicht existiert. Ohne auf Einzelheiten einzugehen, sei ferner erwähnt, daß durch die neuen Untersuchungen auch bedeutsame fazielle Ähnlichkeiten zwischen saxothuringischem und west-sudetischem Paläozoikum aufgedeckt werden konnten (*H. Jaeger* 1964). Bis zu einem gewissen Grade stellen die West-Sudeten also die Fortsetzung des Saxothuringikums jenseits des Elbe-Lineamentes dar.

4.3.6.2 Die Ost-Sudeten (Moravo-Silesikum)

Die tektonischen Elemente der südöstlichen West-Sudeten schwenken in die rheinische SSW–NNE-Richtung ein. Sie leiten damit in das Orogen der Ost-Sudeten über, das im weiteren Sinne als »Moravo-Silesikum« von der Donau bei Krems bis S' von Breslau zu verfolgen ist. In Mähren und Schlesien handelt es sich um je ein kritallines Hochgebiet im W (Altvater-Gebirge, Brünner Granodiorit) und im E (heute unter Oberschlesischem Kohlenbecken und Karpaten). Dazwischen lag während Devon und Unter-Karbon eine variszische Geosynklinale (Mährisches Gesenke, Mährischer Karst). Das Moravo-Silesikum grenzt also westlich mit seinem Kristallin an das Kristallin der West-Sudeten (im N) beziehungsweise des Moldanubikums (im S). Die Grenze hat sich als eine tektonische Bewegungszone ersten Ranges erwiesen, indem sowohl West-Sudeten als auch Moldanubikum nach E auf das Moravo-Silesikum aufgeschoben sind. Man spricht von der »Moldanubischen Überschiebung« (*F. E. Suess* 1912). Da devonische Schichten in diese Bewegungszone einbezogen sind, ist ihr variszisches Alter oder zumindest ihre Aktivität in variszischer Zeit gesichert.

Der W-Rand der Geosynklinale ist im Altvater-Gebirge und im Brünner Granodiorit-Massiv über Tage der Beobachtung zugänglich. Überall liegen devonische Schichten diskordant auf dem Kristallin, das also zumindest prävariszisches, wenn nicht schon präkambrisches Alter besitzt. Charakteristisch für die Struktur des Metamorphikums sind weite Kuppeln mit Gneiskernen. Der Brünner Granodiorit taucht nach E unter das Devon und unterlagert vermutlich große Teile der Geosynklinale. Oberschlesien erweist sich insofern als östliche Begrenzung der Geosynklinale, als erst das Mittel-Devon auf Kristallin transgredierte, und zwar in erheblich reduzierter Mächtigkeit, ferner ist das Unter-Karbon bei Krakau als geringmächtiger Kohlenkalk ausgebildet, dies im Gegensatz zu der mährischen Kulm-Fazies (s. u.).

Innerhalb der Geosynklinale treten als älteste Sedimente Graptolithenschiefer des Silur auf, deren Kontakt zum Devon unklar ist, so daß über eventuelle kaledonische Bewegungen nichts ausgesagt werden kann. Das eigentliche variszische Geosynklinalstadium begann mit der Transgression der Siegen-Stufe des Unter-Devon, in Randgebieten transgredierte erst das Mittel-Devon. Etwa S' von Brünn endete die Geosynklinale »blind«. Sie hatte also keine Verbindung nach S in den Alpenraum. Entsprechend dieser Sachlage herrschten im S miogeosynklinale Verhältnisse mit vorwiegend kalkigem Devon (Mährischer Karst), im N dagegen eugeosynklinale mit mächtiger klastischer Sedimentation und initialem Magmatismus hauptsächlich im Mittel-Devon (Mährisches Gesenke). Jedenfalls muß die Devon-Transgression von N gekommen sein, genauer wohl von NW aus den West-Sudeten.

Die variszische Orogenese zeigt sehr deutlich die raumzeitliche Entwicklung von einer Innenzone im W über eine Außenzone bis zum Vorland Oberschlesiens im E. Internidische Verhältnisse herrschen in dem westlichen Kristallinbereich (zum Beispiel Altvater-Gebirge) insofern, als es hier zu variszischem Granitplutonismus und Metamorphose des Devon kam. In die kräftigen E-vergenten Faltungen und Überschiebungen ist sowohl das Devon als auch das prävariszische Kristallin einbezogen. Entsprechend der fast allgemeinen E-Vergenz wanderten auch die Sedimenttröge von W nach E (*J. Dvořak* & *G. Freyer* 1965, 1968).

Konform mit dieser Verlagerung stellte sich im Unter-Karbon Flyschfazies (max. 4000 m) ein, die schließlich zum Hangenden und nach E von Molasse-Fazies abgelöst wurde. Diese Molasse erreicht 3000 m Mächtigkeit. Durch derart starke Sedimentschüttung wurde das Meer gegen Ende der Unter-Karbon-Zeit aus der moravo-silesischen Geosynklinale fast ganz verdrängt. Statt dessen legte sich über dem ehemaligen oberschlesischen Hochgebiet eine oberkarbonische Vortiefe an, das oberschlesische Koh-

lenbecken, in dem es wenigstens zeitweise zu marinen Ingressionen kam (vgl. S. 112).
Dem Wandern der Sedimenttröge und der Fazies von W nach E dürfte ein Wandern der Faltung entsprechen. Bei vorwiegender E-Vergenz nimmt die Faltungsintensität mit Annäherung an das oberschlesische Kohlenbecken mehr und mehr ab.
Die Orogenese mag in den westlichen Interniden schon an der Devon-Karbon-Grenze begonnen haben (altvariszische oder bretonische Bewegungen), im mährisch-oberschlesischen Bereich betraf sie ober-karbonische Schichten und endete also mit jungvariszischen Bewegungen. Eine Einteilung in die Stilleschen Phasen erscheint nicht sicher möglich. (*J. Dvořak* & *G. Freyer* 1965, 1968).

4.3.6.3 Das Oberschlesische Kohlenbecken

Aus dem Gesagten geht hervor, daß die geotektonische Entwicklung der Ost-Sudeten konsequent in das Oberschlesische Oberkarbon-Becken hineinführt, indem dieses den Charakter einer Molasse-Vortiefe hat. Insofern scheinen also Verhältnisse vorzuliegen, die denen von Rhenoherzynikum und subvariszischer Saumtiefe ähneln. Tatsächlich ist die geotektonische Position des Oberschlesischen Beckens nicht so einfach (vgl. Geology of the Upper Silesian Coal Basin. Exkursionsführer 23. Intern. Geol. Kongr. Prag 1968).
Da ist zunächst die Form des Beckens, das nicht als ± langgestreckter Saum das ost-sudetische Orogen begleitet. Vielmehr handelt es sich um eine etwa dreieckige Beckenform, deren W-Seite vom gefalteten Unter-Karbon der Ost-Sudeten gebildet wird. Vor-oberkarbonische Schichten umranden das Becken auch im N und E. Die herzynisch streichende NE-Seite des Beckens taucht unter das Mesozoikum der Nida-Mulde ab, jenseits deren mit ebenfalls herzynischem Generalstreichen das Paläozoikum im Polnischen Mittelgebirge wieder auftaucht. Die rheinische W-Seite und die herzynische NE-Seite des Beckens erscheinen schon als unter-karbonische Anlagen, da die Fazieszonen des Unter-Karbon (Wechsel von Kulm und Kohlenkalk) entsprechend angeordnet sind. Der langgestreckte S-Rand des Beckens wird vom Miozän des Karpaten-Vorlandes beziehungsweise den karpatischen Flysch-Decken überlagert (S. 192).

Die ober-karbonische Sedimentation hat große Ähnlichkeit mit der des Ruhrbeckens. Es handelt sich um paralische flözführende Molasse-Bildungen, die im Namur zunächst die jüngst-unterkarbonische Molasse Mährens in Zeit und Raum (d. h. nach E) fortsetzten. So hat das Namur auch noch marine Einschaltungen, während das Westfal dann nur mehr fluviatil-limnisch ist. Die kumulative Mächtigkeit von Namur und Westfal beträgt etwa 6000 m. In Wirklichkeit verlagerte sich auch während des Ober-Karbon der Sedimentationsraum von W nach E, so daß der W von Schichten des Namur–Westfal A–B (3000 bis 4000 m), Mitte und E des Beckens hauptsächlich von Schichten des Westfal C–D (etwa 2000 m) aufgebaut wird.

Zwischen Unter- und Ober-Karbon herrscht Konkordanz.

Die Schüttung der Sedimente erfolgte großenteils von NW nach SE, also aus den inneren Bereichen des ost-sudetischen Orogens, wie es in dem Molasse-Becken zu erwarten ist. Erhebliche Schüttungen sind aber auch von S und SE gekommen, also aus Gebieten, die heute unter den Karpaten liegen. Anscheinend kam nur wenig Sediment von E aus dem Bereich des Polnischen Mittelgebirges.

Die Faltung der Ost-Sudeten wirkte sich noch auf den W-Rand des Oberschlesischen Beckens aus, wo es zur Bildung einiger NNE–SSW streichender Großfalten und mehrerer E-vergenter Überschiebungen kam. Beckenzentrum und E-Teil sind ungefaltet und nur von einfachen Abschiebungen betroffen. Die Grenze zwischen gefalteter und ungefalteter Molasse liegt daher ganz im W des Beckens.

Über das Alter der Deformationen kann man nur aussagen, daß sie vor dem Perm erfolgt sein müssen. Schichten der Stefan-Stufe sind bisher nicht eindeutig nachgewiesen worden.

Das oberschlesische Ober-Karbon enthält vom oberen Namur A bis zum Westfal D mehr als 200 Kohleflöze, deren mächtigstes 26 m dick ist. Bis zur Teufe von 1200 m wird mit über 100 Milliarden t Vorräten gerechnet.

4.4 Das Polnische Mittelgebirge (Lysa Gora)

Aus *Stilles* »terra incognita« taucht im Weichselbogen zwischen Sandomierz und Kielce das Paläozoikum des Polnischen Mittelgebirges auf, in der Literatur auch Heilig-Kreuz-Gebirge oder Lysa Gora genannt. In der Längsrichtung (WNW–ESE) gut 100 km, quer dazu etwa 30 km messend spielt dieses aus Mesozoikum, Tertiär und Quartär aufragende kleine Grundgebirgsmassiv eine entscheidende Rolle für die Frage variszischer Orogenese im Raum zwischen Sudeten und Oberschlesien einerseits, dem fennosarmatischen Außenrand andererseits und dem Karpaten-Rand im S. Zahlreiche Bohrungen in den letzten 20 Jahren haben die Kenntnis darüber bedeutend vertieft. Eine Karte des prätertiären Untergrundes zeigt, daß das Polnische Mittelgebirge der strukturell am höchsten liegende Teil einer schmalen Hebungszone ist, die sich parallel dem SW-Rand Fennosarmatias durch ganz Polen erstreckt und sich sowohl nach NW (Rügen) als auch nach SE weiter verfolgen läßt.

Die Schichtfolge ist bis auf das schwach phyllitische Präkambrium nicht metamorph, relativ vollständig und zum Teil fossilreich, die tektonische Deformation nur mäßig. Es besteht daher die für das rechtselbische Grundgebirge einzigartige Möglichkeit, die geosynklinale Entwicklung vom Kambrium bis zum Ende des Paläozoikums zu rekonstruieren (*J. Znosko* 1965).

Die Gesamtmächtigkeit des Paläozoikums (ohne Perm) erreicht den für Mitteleuropa ungewöhnlichen Betrag von etwa 8000 Meter. Es ist dies ein für den SW-Rand Fennosarmatias charakteristisches Phänomen, auf das wir schon hingewiesen haben – nämlich im Zusammenhang mit den fennosarmatischen »Randtrögen« – wenn auch die Mächtigkeiten sonst geringer sind (vgl. S. 19).

Das Kambrium ist überwiegend sandig-tonig und max. etwa 2500 m mächtig. Besonders im Ober-Kambrium herrschten sehr enge faunistische und damit wohl auch paläogeographische Beziehungen zum Baltikum, Schweden und Norwegen. In den folgenden Formationen machten sich Unterschiede in der geotektonischen Entwicklung zwischen einer S-Zone (Kielciden) und einer N-Zone (Lysagoriden) bemerkbar. In beiden Zonen treten im Ordovizium Diskordanzen und zum Teil beträchtliche Schichtlücken auf. Vom Silur ab erscheinen die Kielciden als rela-

tives Hochgebiet (max. 900 m Silur), die Lysagoriden als Depression (max. 2500 m Silur mit flyschoidem Ludlow). In den Kielciden greift das Unter-Devon (Ems-Stufe in Old Red-Fazies) diskordant über Kambrium–Silur und beweist damit stärkere kaledonische Bewegungen. In der Lysa Gora dagegen herrschte marine Kontinuität vom Silur bis in das Devon, und die Orogenese war erst variszisch.
Das vorwiegend karbonatische Mittel-Devon wurde von einem zum Teil flyschartigen Ober-Devon abgelöst. Die Mächtigkeiten von Mittel- und Ober-Devon belaufen sich in den Kielciden auf etwa 800 m, in der Lysa Gora auf max. 2000 m. Das Unter-Karbon entwickelte sich kontinuierlich aus dem Ober-Devon. Die Fazies entspricht etwa dem »Kulm«, dies im Gegensatz zu der Kohlenkalk-Fazies im Bereich der oberschlesischen Schwelle. Weiter nach NW über Breslau bis nach Glogau haben die Bohrungen ebenfalls durchweg Kulm-Fazies ergeben.
Die generelle paläogeographische Situation während des Unter-Karbon deutet *J. Znosko* (1965) so, daß die variszische Geosynklinale zwischen Sudeten und Fennosarmatia nach SE in Form von »Restrinnen« blind gegen ein prävariszisches (? kaledonisches) Kristallinmassiv im Vorland und Untergrund der Karpaten endete. Zu diesem Massiv würde auch der Untergrund des Oberschlesischen Kohlenbeckens gehören und damit im weiteren Sinne wohl auch das vor-devonische Brünner Granodiorit-Massiv Mährens.
Mächtiges Ober-Karbon in zunächst paralischer und dann limnischer Entwicklung tritt nördlich der Lysa Gora im Raum Lublin–Warschau auf: Auch dies eine Randsenke Fennosarmatias.
Sowohl die »kaledonischen« Faltenelemente der Kielciden als auch die »variszischen« der Lysagoriden sind relativ mäßig und vergieren im wesentlichen nach S. Auch S-vergente Überschiebungen treten auf. Metamorphose, Schieferung und synorogener Plutonismus fehlen, auch der initiale Magmatismus ist nur sehr gering. Alles in allem kann man das Polnische Mittelgebirge kaum als ein alpinotypes Orogen bezeichnen.

4.5 Geotektonische Zusammenhänge im Raum Sudeten – SW-Rand Fennosarmatias

Die Fragen nach den geosynklinalen und orogenen Zusammenhängen zwischen Sudeten, Oberschlesischem Becken und Polnischem Mittelgebirge werden seit langem diskutiert, ohne daß bis jetzt befriedigende Ergebnisse erzielt werden konnten. Zuletzt hat *H. Stille* (1951) den Stand der Diskussion ausführlich erörtert. *Stilles* eigener Synthese ist bis zu einem gewissen Grade der Boden entzogen worden, da die kaledonische Orogenese der West-Sudeten, die für ihn eine sehr wichtige Rolle spielte, heute zugunsten variszischer Orogenese ernstlich in Frage gestellt wird. Wir lassen daher eventuelle Elemente kaledonischer Orogenese außer Betracht und beschränken uns auf das Variszikum.

Wir erkennen dann zunächst zwei bevorzugte Geosynklinalzonen: Die eine begleitete den SW-Rand Fennosarmatias von Schonen über Rügen bis nach SE-Polen und zeichnete sich durch mächtige, zum Teil flyschoide Sedimentfüllung seit dem Altpaläozoikum, im Polnischen Mittelgebirge schon seit dem Präkambrium, aus. Im Kambrium und Ordovizium scheinen ungehinderte Verbindungen nach Schweden und Norwegen bestanden zu haben. Manche Autoren vermuten sogar eine Fortsetzung dieser Geosynklinale unter den Ost-Karpaten bis in die Dobrudscha (Kap. 5.4).

Die andere Geosynklinalzone verlief ± parallel zur erstgenannten im Zuge der West-Sudeten, bog dann nach S in die Ost-Sudeten ein und endete blind über dem prävariszischen Kristallin Süd-Mährens. In den West-Sudeten existierte sie wohl schon seit dem Kambrium, sicher aber seit dem Ordovizium, in den Ost-Sudeten transgredierte sie spätestens seit dem Unter-Devon.

Zwischen der fennosarmatischen Rand-Geosynklinale und der ost-sudetischen Geosynklinale lag die oberschlesische Schwelle, die wohl eine Fortsetzung nach S in den heutigen Karpaten-Raum hatte. Auf dem Kristallin dieser Schwelle transgredierte erst das Mittel-Devon, vielleicht schon jüngstes Unter-Devon. Das Unter-Karbon ist zum Teil als Kohlenkalk entwickelt, während sich zu den Geosynklinalen im W (Mähren) und E (Polnisches Mittelgebirge) Kulm- beziehungsweise Flysch-Fazies einstellt.

Über eine Fortsetzung der oberschlesischen Schwelle nach N beziehungsweise NW zwischen west-sudetischer und fennosarmatischer Rand-Geosynklinale wissen wir wegen der mächtigen jüngeren Verhüllung nichts. Wir erinnern uns aber in diesem Zusammenhang daran, daß die Mitteldeutsche Kristallin-Zone aus Sachsen über die Lausitz anscheinend bogenförmig in südöstlicher Richtung nach Niederschlesien verfolgt werden kann (vgl. S. 106). Mit diesem niederschlesischen Abschnitt läge dann wiederum eine Kristallin-Schwelle zwischen der sudetischen und der (fennosarmatischen) Rand-Geosynklinale. Hinzu kommt, daß sich diese hypothetische Kristallin-Schwelle nach Lage und Richtung weitgehend mit einem Schwerehoch deckt, das die gravimetrische Karte von Polen 1:2 Mill. (Warschau 1956) aufzeigt. Mehr noch: Nach dieser Karte verbindet sich das niederschlesische Schwerehoch mit einem noch ausgeprägteren in Oberschlesien. Auf Grund der Schwereverhältnisse kommt man also zu der Annahme, daß die oberschlesische Kristallin-Schwelle sich nach Niederschlesien fortsetzt.

Aus faunistischen Gründen werden für die Devon-Zeit marine Verbindungen von der Lysa Gora nach Mittel- und West-Deutschland angenommen. Diese müßten über die fragliche kristalline Schwellenzone hinweggegangen sein. Mit anderen Worten: Hier wäre für die Devon-Zeit eine marine Verbindung zwischen dem Polnischen Mittelgebirge und den West-Sudeten zu fordern. In diesem Sinne spricht auch, daß in dem Raum zwischen Oder und Warthe das Unter-Karbon durchweg in der geosynklinalen Kulm- und nicht in der Kohlenkalk-Fazies erbohrt worden ist.

Die orogenen Elemente wie Falten, Überschiebungen und dergleichen halten sich nach Auftreten und Richtungen ± streng an die geosynklinalen Vorzeichnungen. Von den West-Sudeten kennen wir zwar fast nur die kristalline Innenzone, aber die Ost-Sudeten sind ein modellartig entwickeltes, komplettes alpinotypes Orogen von der kristallinen Innenzone bis zur flözführenden Molasse-Vortiefe. Dies ist typisch mittel-europäisches Variszikum.

Einen anderen Baustil hat das Polnische Mittelgebirge. Schon *F. Kossmat* (1927) schrieb darüber: »Die nordwestlich streichenden Faltenzüge ... von Kielce müssen wir bereits als eine außerhalb des eigentlichen variszischen Systems liegende Zone von Grenzfalten der russischen Region betrachten.« Dem ist nach heutigem Wissensstand zuzustimmen. Denn schon die Geosynklinale, aus der das Polnische Mittelgebirge entstanden ist, hat nichts mit der Tethys zu tun, sondern sie ist ein Randphänomen Fennosarmatias, so wie die Dänisch-Polnische Furche des Mesozoikums, speziell der Kreidezeit. Was die variszischen – aber ebenso die kaledonischen – Deformationen anbelangt, so ist auf ihre geringe Intensität sowie das weitgehende Fehlen von Metamorphose und Magmatismus hingewiesen worden. Hinzu kommt, daß die Generalvergenz nach SW, das Wandern der Faltung aber, wenn überhaupt, dann nach NE gerichtet war. Unter dieser Sachlage taucht der Gedanke auf, ob die starke Absenkung der Randgeosynklinale während fast des ganzen Altpaläozoikums (im Bereich des Polnischen Mittelgebirges) nicht schließlich während des Ober-Karbon in einen isostatisch erzwungenen Aufstieg umschlug. Diese Bewegungsinversion hätte dann im wesentlichen die strukturellen Deformationen verursacht. Dies wäre ein ähnlicher Mechanismus wie ihn *H. Boigk* (1968) für das Niedersächsische Tektogen des jüngeren Mesozoikums in Betracht zieht.

Die eigentliche variszische Geosynklinale rechts der Elbe war also anscheinend diejenige der West- und Ost-Sudeten, und diese endete offenbar blind im Raum Süd-Mähren–Oberschlesien (*J. Znosko* 1965). Eine Verbindung dürfte in Devon und Unter-Karbon von den West-Sudeten nach ESE zum Polnischen Mittelgebirge bestanden haben und weiter vielleicht nach SE unter den heutigen Außenzonen der Karpaten bis in die Dobrudscha. Dort taucht jedenfalls geosynklinales Paläozoikum mit variszischer Orogenese auf.

Nicht zuletzt aus wirtschaftlichen Gründen wurde die Frage der Verbindung zwischen Oberschlesien und dem Ruhrkohlenbecken lange Zeit lebhaft diskutiert. Die faunistischen Beziehungen legten es nahe, solche Verbindung zumindest für die paralischen Schichtfolgen anzunehmen. Die eigentliche Subvariszische Saumsenke West-Deutschlands endet aber anscheinend etwa an der Elbe (s. S. 105). Und N' bis NW' des Oberschlesischen Beckens haben die Bohrungen unter dem permisch-mesozoischen Deckgebirge kein Ober-Karbon, sondern gleich das Unter-Karbon angetroffen. – Was die geotektonische Position des Oberschlesischen Beckens anbelangt, so ist sie vergleichbar der Subvariszischen Saumsenke und damit dem Ruhrbecken. Denn nach den

obigen Ausführungen liegt das Oberschlesische Becken am Außenrand des Ost-Sudeten-Orogens gegen das prävariszische Vorland im E. Im Rahmen des variszischen Gesamtorogens in Mitteleuropa entspricht dieses Vorland lagemäßig dem Old Red-Vorland des westdeutschen Subvariszikums.
Wenn wir uns aber an der Mitteldeutschen Kristallin-Zone und ihrer schlesischen Fortsetzung orientieren, dann liegt das westdeutsche Subvariszikum weit »außerhalb« (das heißt nördlich), das oberschlesische dagegen »innerhalb« (das heißt westlich) jener Leitzone, beziehungsweise in ihrem Bereich.

4.6 Die Ardennen

Auf dem europäischen Festland ist nur in den belgischen Ardennen der N-Rand des variszischen Orogens mit dem Übergang zum Vorland (Old Red-Kontinent) der Beobachtung zugänglich. Die Maas und ihre Nebenflüsse sowie der Kohlenbergbau haben hervorragende Aufschlüsse geschaffen, so daß Belgien zum klassischen Lande der Devon- und Karbon-Stratigraphie wurde: Stratigraphische Begriffe wie »Gedinne«, »Couvin«, »Givet«, »Frasne«, »Famenne«, »Dinant«, »Tournai«, »Visé«, »Namur« sind belgische Ortsnamen. Darüber hinaus hat die geologische Erforschung der Ardennen zu grundlegenden Erkenntnissen über die geosynklinale Entwicklung, die Verlagerung von Sedimenttrögen, die strukturelle Ausgestaltung des Orogens und die Beziehungen zwischen geosynklinalen und orogenetischen Elementen beigetragen. In Form eines synoptischen Schemas sind diese Erkenntnisse in Abbildung 18 zusammengestellt. Die Angaben entstammen dem »Prodrome d'une description géologique de la Belgique« (1954) und der Arbeit von *M. Lecompte* (1967): »Le Dévonien de la Belgique et le Nord de la France« (vgl. auch *A. Beugnies* 1964).
Wir gehen aus von dem Strukturprofil (c) in Abbildung 18. Im N erkennen wir das *Brabanter Massiv*, das kaledonisch konsolidiert ist und somit zum Old Red-Kontinent gehört. Die jüngsten gefalteten Schichten sind silurisch (Ludlow), diskordant und ungefaltet liegt darüber oberes Mittel-Devon (Givet) beziehungsweise unteres Ober-Devon (Frasne). Während das Massiv an der

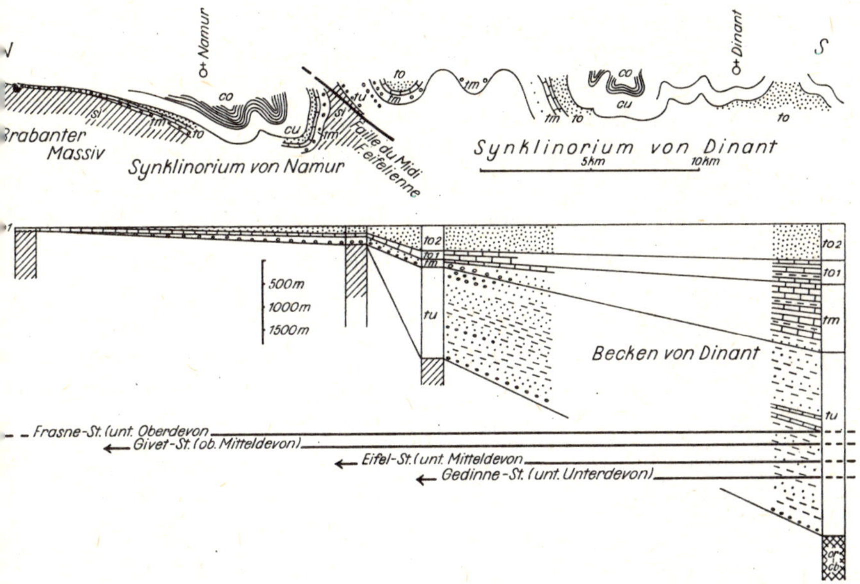

Abb. 18: Der N-Rand der devonischen Geosynklinale und des variszischen Orogens in den Ardennen (zusammengestellt nach *P. Fourmarier* 1954 und *M. Lecompte* 1967).
a) Die Transgression des Devon-Meeres auf das Brabanter Massiv (Orientierung wie b).
b) Die Flexur am N-Rand des Beckens von Dinant während des Devon.
c) Jungvariszische Faltungen und die Überschiebung des Beckens von Dinant auf das Becken von Namur.
cb-or: Kambro-Ordoviz, si: Silur, tu – tm – to: Unter-, Mittel-, Ober-Devon, to_1: Frasne-Stufe, to_2: Famenne-Stufe, cu – co: Unter-, Ober-Karbon.

Oberfläche von Kreide- und Tertiärschichten verhüllt wird, schließen die Flüsse vielfach den paläozoischen Sockel auf.
Nach S taucht das Brabanter Massiv allmählich unter das *Synklinorium (Becken) von Namur*. Dessen N-Flanke fällt dementsprechend flach nach S ein, die Schichten der S-Flanke dagegen sind steil bis überkippt aufgebogen, so daß das Silur des kaledonischen Grundgebirges wieder hochkommt. Der Kern des Synklinoriums ist mit flözführendem Ober-Karbon gefüllt und bildet das klassische belgische Steinkohlengebiet. Das Synklinorium setzt sich – immer südlich entlang dem Brabanter Massiv – nach W bis an die französische Kanalküste (Boulonnais) fort, nach E vermutlich bis in das Aachener Gebiet.

Die aufgebogene S-Flanke des Synklinoriums von Namur liegt unter einer großen Überschiebung, an der das südlich angrenzende Synklinorium von Dinant nach N aufgeschoben ist. Immer an der Grenze der beiden Synklinorien läßt sich die Überschiebung – besser: Überschiebungszone – von der französischen Kanalküste bei Boulogne durch ganz Belgien bis nach Aachen verfolgen. In Frankreich wird sie als *»Faille du Midi«*, in Belgien als *»Faille du Condroz«* oder *»Faille eifelienne«* bezeichnet. Während Abbildung 18 nur eine einfache mittelsteile Überschiebung darstellt, sind lokal auch deckenartige Komplexe beschrieben worden, in denen zum Beispiel devonische Schichten auf Ober-Karbon liegen. Hier ist die Idee des tektonischen Deckentransportes geboren und dann auf die Alpen übertragen worden (*M. Bertrand* 1883).

Das *Synklinorium von Dinant* wird im N von der Faille eifelienne und im S von der Antiklinalzone der kambro-ordovizischen Massive von Rocroi-Serpont-Stavelot (Hohes Venn) begrenzt. In der Längsrichtung beginnt es an der französischen Kanalküste, zieht durch ganz Belgien und mag das Aachener Gebiet noch erreichen. In Abbildung 18, Profil c, ist nur die N-Hälfte dargestellt, die zum großen Teil von Unter-Karbon in Kohlenkalk-Fazies aufgebaut wird. Eine deutliche N-Vergenz der Faltung wie im Synklinorium von Namur ist hier nicht mehr zu beobachten, vielmehr zeigen die flözleeres Namur enthaltenden Muldenkerne mitunter antivergenten Bau.

Südlich der Antiklinalzone von Rocroi-Serpont-Stavelot schließt sich das Synklinorium von Neufchâteau (= Eifel-Synklinorium) an, das im S wiederum von dem kambro-ordovizischen Massiv von Givonne begrenzt wird. Dann taucht das Paläozoikum unter das mesozoische Deckgebirge Luxemburgs beziehungsweise des nordöstlichen Pariser Beckens.

Alle genannten tektonischen Großelemente bilden einen weiten nach N konkaven Bogen parallel zum S-Rand des Brabanter Massivs (vgl. auch Abb. 20).

Profil b in Abbildung 18 gibt einen schematisierten Überblick der Fazies und Mächtigkeiten des Devon vom Brabanter Massiv bis zum Becken von Dinant. Die allgemeine Mächtigkeitsabnahme von S, also aus dem Kernbereich des devonischen Nordtroges, nach N hin zum kaledonisch konsolidierten Brabanter Massiv ist deutlich. Besonders aber springt ins Auge, daß zwischen dem N-

Rand des Beckens von Dinant und dem S-Rand des Beckens von Namur das gesamte Unter-Devon in einer Mächtigkeit von etwa 2500 m auskeilt. Das Mittel-Devon zeigt in beiden Gebieten ungefähr gleiche Ausbildung, aber im Ober-Devon ist wiederum eine deutliche Mächtigkeitsschwankung zu erkennen. (*P. Fourmarier* glaubt, daß die Schieferung des Silur im Brabanter Massiv eine Überlagerung durch 4000 bis 5000 m unter-devonischer Schichten erfordere, die also vor Ablagerung des Mittel-Devon denudiert worden sein müßten. Diese Annahme impliziert ein völlig anderes paläogeographisches Bild des Unter-Devon als das in Abbildung 18 b dargestellte. Wir können aber *Fourmarier* weder in seiner quantitativen Voraussetzung folgen, noch erscheint die paläogeographische Konsequenz glaubhaft.)
Während des Devon gab es offenbar noch kein Becken von Namur, vielmehr reichte das Brabanter Massiv als flach überfluteter Schelf weiter nach S und bog dann an einer relativ steilen Flexur zum Becken von Dinant ab. Immer wieder kam es an dieser Flexur während des Unter-Devon zu starken Grobschüttungen, die auch noch im Mittel-Devon andauerten. Der Old Red-Kontinent als Liefergebiet bedingte vielfach rote Einschwemmungen. Gleichzeitig wurden im Beckeninnern vorwiegend feinklastische beziehungsweise karbonatische Sedimente abgelagert.
Im Becken von Namur kam es erst während des Karbon zu mächtigeren Ablagerungen. Im Ober-Karbon bildete es die eigentliche Fortsetzung der subvariszischen Saumsenke des Ruhrbeckens. Insofern demonstrieren die Ardennen das Wandern der geosynklinalen Senkung von »innen« nach »außen« gegen das Vorland. Sowohl im Namur- als auch im Dinant-Becken liegt Ober-Karbon konkordant auf Unter-Karbon, die Faltung ist also jungvariszisch, und daher gehören beide Becken zum Subvariszikum. Ob dies auch für die südlich anschließenden Teile der Ardennen gilt, läßt sich wegen des Fehlens karbonischer Sedimente nicht entscheiden.
In Diagramm a (Abb. 18) soll noch einmal die Transgression des Devonmeeres aus dem Nordtrog gegen den Old Red-Kontinent in Raum und Zeit verdeutlicht werden. Danach scheint die Transgression nicht kontinuierlich, sondern eher »ruckweise« vor sich gegangen zu sein. Der erste große Vorstoß erreichte schon im Gedinne die »Flexur« an der N-Seite des Beckens von Dinant,

und diese tektonische Grenze wurde während des ganzen Unter-Devon nicht überschritten. Der zweite Vorstoß erfolgte in der Eifel-Stufe (unteres Mittel-Devon). Er überwand zwar die »Flexur«, kam aber nicht weit über den Rand hinaus. Erst beim dritten Vorstoß, in der Givet-Stufe (oberes Mittel-Devon), wurde das gesamte spätere Becken von Namur überflutet. Noch weiter über das Brabanter Massiv transgredierte die Frasne-Stufe (unteres Ober-Devon).

Profil b und c zeigen eine wichtige Beziehung zwischen geosynklinaler und orogener Tektonik auf: Liegt doch die Faille eifelienne genau dort, wo während des Devon die synsedimentäre Flexur am N-Rand des Dinant-Beckens lag. Tatsächlich finden sich die sehr unterschiedlichen Verhältnisse beiderseits der Flexur, also am N-Rand des Dinant- beziehungsweise am S-Rand des Namur-Beckens, stets beiderseits der Faille eifelienne wieder. Die Überschiebung des Beckens von Dinant ist also ± entlang der devonischen synsedimentären Flexur erfolgt. Anders ausgedrückt: Die geosynklinale Tiefscholle wurde zur orogenen Hochscholle. Derartige »Inversionen« des Bewegungssinnes sind in den letzten Jahren vielfach bekanntgeworden, und zwar sowohl aus ortho- als auch parageosynklinalen Räumen (*H. Boigk* 1968, *R. Schönenberg* 1969).

Das Brabanter Massiv taucht im S unter das Namur-Becken, im E nahe der belgisch-holländischen Grenze unter das subvariszische Karbon und im N unter das Kohlenbecken der Campine beziehungsweise Süd-Limburgs. Das Massiv scheint sich aber nach E bis nahe an den Niederrhein auszuwirken, klingen doch im Bereich des »Krefelder Gewölbes« die von NE heranstreichenden Falten des Ruhrbeckens aus (*P. Hoyer* 1962). Das Krefelder Gewölbe könnte also gewissermaßen ein äußerster östlicher Vorposten des Brabanter Massivs sein. – Bedeckt von Tertiär und Oberkreide liegt nördlich des Massivs das ober-karbonische Steinkohlen-Becken der Campine. Dieses Becken hat nach S und E Verbindung zum Subvariszikum, ist aber selbst bereits nicht mehr gefaltet. Nach N taucht es unter immer mächtigere Deckschichten ab.

4.7 Das Variszikum in Süd-England und Süd-Irland

Das Subvariszikum Belgiens und Nord-Frankreichs zieht über den Kanal, wo es zunächst in Kent (SE-England) unter einigen 100 m Tertiär und Mesozoikum durch den Kohlenbergbau bekanntgeworden ist. Unter der Hülle des permisch-mesozoischen Deckgebirges tritt es dann in Devonshire und Cornwall wieder zutage und baut schließlich den Süden Irlands auf (Abb. 9).

Die Zuordnung zum Subvariszikum gründet sich auf folgende Fakten:

1. Wie in Belgien und Nord-Frankreich handelt es sich um die nördlichste Zone des variszischen Orogens am Rande des kaledonisch konsoldierten Vorlandes (Old Red-Kontinent).
2. Das paralische flözführende Ober-Karbon (Coal Measures) entspricht dem der subvariszischen Saumsenke auf dem Kontinent.
3. Die Orogenese beziehungsweise ihr Abschluß ist jungvariszisch.
4. Die Vergenzen sind eindeutig nach N gegen das Vorland gerichtet.
5. Die Faltung klingt in derselben Richtung aus.

SW-England (Devonshire und Cornwall) ist das klassische Gebiet des britischen Variszikums (in der englischen Literatur heißt es meist »hercynian orogeny«). Wichtig für die geosynklinale Vorgeschichte ist zunächst, daß die kaledonische Orogenese hier nicht oder nur noch ganz schwach gewirkt hat, das heißt, daß ± Konkordanz zwischen Silur und Devon herrscht. Von der Kanalküste im S bis zum Bristol-Kanal im N läßt sich im Devon der interessante Fazieswechsel von der Tethys-Geosynklinale zu den Old Red-Deltas verfolgen (s. Tab. 2).

Die Fronten der Old Red-Deltas an der S-Seite des kaledonischen Faltengebirges pendelten also im Bereich des heutigen Bristol-Kanals hin und her (Profile Pembroke, N-Devon), weiter nach S waren sie nur einmal im Unter-Devon vorgestoßen (S-Devon und Cornwall). Die Geosynklinalfazies des Devon hat große Ähnlichkeit mit der des Rheinischen Schiefergebirges, auch der initiale Magmatismus im Mittel-Devon fehlt nicht.

Das Unter-Karbon ist im Geosynklinalbereich typischerweise in Kulm-Fazies ausgebildet: Dunkle Tonschiefer, Radiolarite, untergeordnete Quarzite und Kalke; eingeschaltet sind spiliti-

Tab. 2: Der Grenzbereich von devonischer Tethys und Old-Red-Kontinent in SW-England.

Punkte: Old Red-Sedimente;
Striche: marine Sedimente (Tonschiefer, Siltsteine, Kalke);
Sterne: geosynklinale Magmatite.

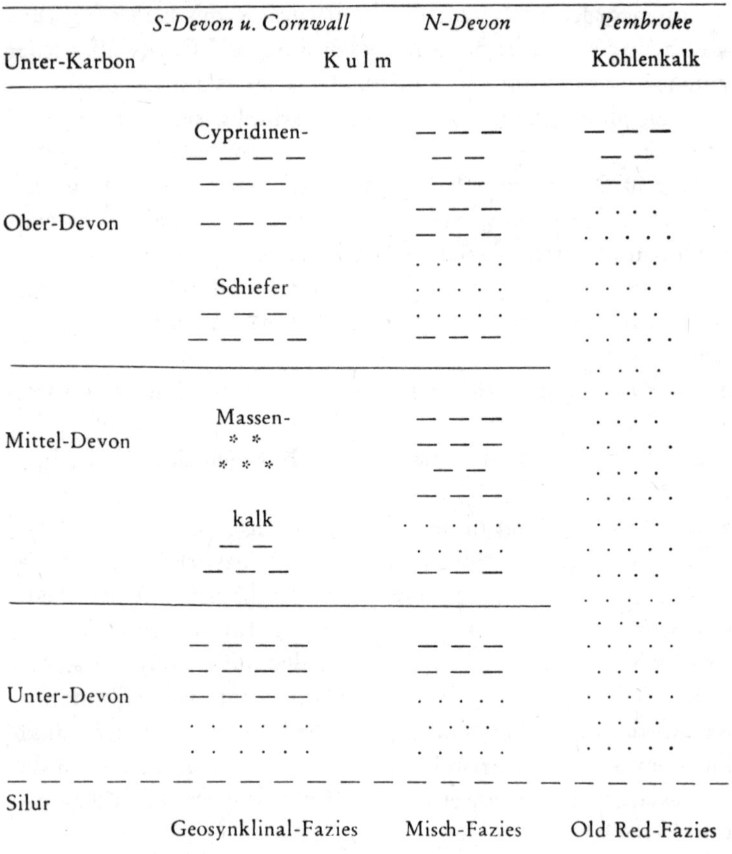

sche Laven und Tuffe, was wiederum an den unter-karbonischen »Deckdiabas« des Rheinischen Schiefergebirges erinnert. Im Old Red-Bereich dagegen lagerte das transgredierende Unter-Karbon-Meer den Kohlenkalk ab. Turbiditische Grauwacken (Namur) und Coal Measures bauen das Ober-Karbon auf (vgl. S. 69).

Bei der Darstellung der orogenen Deformation halten wir uns im wesentlichen an *J. G. C. Anderson* & *T. R. Owen* (1968) (Abb. 19).

Die südlichsten Landspitzen SW-Englands werden von einer N-vergenten metamorphen Überschiebungszone gebildet (Lizard-Dodman-Start-Thrust). Glimmer- und Hornblendeschiefer, basische und saure Magmatite, »exotische« Blöcke ordovizischen und silurischen Alters gehören zu der Einheit, die anscheinend die Front einer weit von S gekommenen Decke darstellt. Gewisse Ähnlichkeiten mit der Normandie führten *H. Stille* (1951) zu der Vorstellung, daß die metamorphe Überschiebungszone die nördliche Randzone der »saxothuringischen« Entwicklung der normannisch-bretonischen Masse Frankreichs bilde. Andere Autoren sehen in dem Metamorphikum SW-Englands die Fortsetzung der Mitteldeutschen Kristallin-Zone (Abb. 13). Das Alter der letzten großen Bewegungen an der Überschiebungsfront dürfte nach radiometrischer Datierung altvariszisch sein.

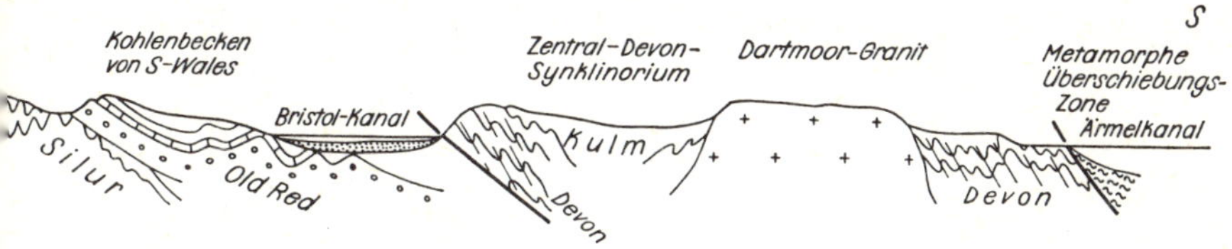

Abb. 19: Schematisches Strukturprofil des variszischen SW-England (umgezeichnet nach *Anderson* & *Owen* 1968, Fig. 30).

Im großen Bilde stellt SW-England ein Synklinorium dar, dessen Kern eine weite Kulmmulde bildet, im S und N von Devon begleitet. Intensive Faltung, zum Teil mit liegenden Falten und Überschiebungen beherrschen den Deformationsstil. Bei E–W oder WNW–ESE streichenden Achsen war der tektonische Transport überwiegend nach N gerichtet. Auch nördlich des Bristol-Kanals, also im südlichsten Wales, ist die Faltung noch kräftig. Dies, obwohl hier bereits der Old Red-Kontinent beginnt, wie wir an der praktisch reinen Old Red-Fazies des Devon und an der kaledonischen Diskordanz zwischen Silur und Old Red ablesen können. Erst auf der N-Flanke des großen südwalisischen Kohlenbeckens klingt die variszische Faltung dann aus.
Vom östlichen Bristol-Kanal ab schwenken die auf vorländischem Gebiet gelegenen variszischen und jüngeren tektonischen

Elemente in die N–S-Richtung ein, die in Zentral-England eine große Rolle spielt (S. 71). Hier handelt es sich aber nicht mehr um alpinotype Tektonik.
Im üblichen Sinne muß die Orogenese in SW-England als jungvariszisch bezeichnet werden, da die jüngsten Coal Measures noch einbezogen sind, das Perm aber nicht mehr. Andererseits ist aber – ähnlich wie im Rheinischen Schiefergebirge – mit einem Wandern der Sedimenttröge und der Faltung während des Ober-Karbon von S (»innen«) nach N (»außen«) zu rechnen. Gehen wir aus von der Datierung der metamorphen Überschiebungszone als altvariszisch, so spricht im Sinne eines solchen Faltungswanderns, daß die turbiditischen Namur-Grauwacken von S nach N jünger werden sollen, und schließlich ist nachgewiesen, daß das Senkungszentrum im süd-walisischen Coal Measures-Becken sich schrittweise von S nach N verlagert hat. Die Diskordanz zwischen jüngstem Ober-Karbon und Perm dürfte demnach als Schluß- und eventuell auch als Höhepunkt einer während des Ober-Karbon ablaufenden orogenetischen Entwicklung aufzufassen sein.
Fünf große und mehrere kleine Granitplutone sind Zeugen des synorogenen variszischen Plutonismus. Der größte und östlichste ist der Granit von Dartmoor, der westlichste bildet die W-Spitze von Cornwall, ihr noch westlich vorgelagert sind die granitischen Scilly-Inseln. Die radiometrischen Datierungen liegen bei 280 m.y. Mit diesen Graniten werden die berühmten Zinnstein- und Wolframit-Lagerstätten von Cornwall in Zusammenhang gebracht.
Auch *Süd-Irland* ist variszisches Faltenland, dessen Achsen wie in SW-England und Süd-Wales etwa E–W streichen. Es dürfte sich speziell um die Fortsetzung der walisischen Verhältnisse handeln, da das Devon fast in seiner Gesamtheit als Old Red ausgebildet ist und diskordant auf dem Silur lagert. Demnach liegen die süd-irischen Falten schon außerhalb der eigentlichen variszischen Geosynklinale und gehören zum äußersten N-Saum des Orogens. Es besteht hier insofern eine interessante Beziehung zum kaledonischen Orogen, als in Süd-Irland ja eine kaledonische Molassevortiefe mit sehr mächtiger Old Red-Füllung ausgebildet war (S. 61). Bis in diese Vortiefe wiederum konnten von S her die äußersten variszischen Faltungen vordringen. Der Old
 Red-Molassetrog wurde anscheinend im äußersten S Irlands von

einer Schwelle begrenzt, über die dann erstmals im Ober-Devon die Tethys transgredierte. Die Schichtfolge ist im wesentlichen schiefrig (Kulm) und reicht bis ins Namur, höheres Ober-Karbon fehlt im Faltungsbereich. Im ungefalteten Vorland dagegen herrscht die gewohnte Kohlenkalk-Fazies, und darüber folgen die Coal Measures-Becken.
Durch die variszische Orogenese wurde ein verhältnismäßig einfacher E–W bis WSW–ENE streichender Faltenbau geschaffen, dessen Sättel aus Old Red und dessen Mulden aus unterkarbonischen Schiefern bestehen. Überschiebungen und Schieferung sind ganz vorwiegend N-vergent. Wo dieser Faltenbau in den Atlantik ausstreicht, verursacht er die stark gegliederte »Ria-Küste« SW-Irlands. Die wiederstandsfähigen Old Red-Sättel bedingen weit ins Meer vorstoßende Halbinseln, die leicht auszuräumenden Kulm-Mulden tief ins Land greifende Buchten.

4.8 Das französische Variszikum (Zentralmassiv und Armorikanisches Massiv Abb. 20)

Das geologische Kartenbild des außeralpinen Frankreich wirkt ausgesprochen harmonisch: Im SE und NW je ein paläozoisches bis präkambrisches Massiv nur durch ein relativ schmales Juravorkommen voneinander getrennt, im NE und SW je ein mesozoisch-tertiäres Becken, deren Randschichten als diskordante Deckgebirge den altgefalteten Massiven auflagern. Diese sehr klare geologische Gliederung entspricht in großen Zügen der paläogeographischen Entwicklung seit dem Mesozoikum – genauer: seit der Jurazeit – mit dem Pariser Becken und dem Aquitanischen Becken, die voneinander getrennt wurden durch das Französische Zentralmassiv im SE und das Armorikanische im NW des Landes. So klar die postvariszischen Verhältnisse Frankreichs sind, um so mehr Probleme enthalten die beiden großen alten Massive.
Es besteht kein Zweifel, daß sie ihre endgültige Prägung durch die variszische Orogenese erfahren haben, wobei ältere, und zwar hauptsächlich wohl assyntische Bestandteile umgeformt wurden. Aber eine befriedigende Synthese auf Grund der neueren Forschungsergebnisse konnte noch nicht erarbeitet werden.

Hierfür ist einmal die weitgehende Metamorphose der paläozoischen Gesteine verantwortlich, zum anderen aber die Isolierung sowohl vom mitteleuropäischen als auch vom englischen Variszikum durch das mesozoisch-tertiäre Pariser Becken beziehungsweise den Ärmelkanal. Eindeutig erscheint lediglich die Verbindung von den Vogesen zum Morvan an der NE-Ecke des Zentralmassivs. Sicher ist auch, daß einige der großen Strukturzüge des Armorikanischen Massivs sich nach SE unter dem Jura des Poitou in das Zentralmassiv fortsetzen. Im Rahmen des gesamteuropäischen Variszikums nimmt das französische insofern eine zentrale Position ein, als es den großen Bogen bildet, der die erzgebirgischen (NE–SW) Strukturelemente Mittel-Europas mit den armorikanischen (NW–SE) verbindet (Abb. 13).

Nichtmetamorphes und fossilführendes Paläozoikum gibt es in den Synklinalzonen des Armorikanischen Massivs, ferner im Morvan (NE des Zentralmassivs) und in der Montagne Noire (S des Zentralmassivs).

Wenn man auf das französische Variszikum die mitteleuropäische Zonengliederung anwenden will, so zeigt das Zentralmassiv – vom äußersten S (Montagne Noire) abgesehen – moldanubische Züge. Der größte Teil des Armorikanischen Massivs wäre wohl dem Saxothuringikum vergleichbar.

In den zentralen Bereichen des Armorikanischen Massivs lag eine Tiefenlinie der nördlichen Tethys-Geosynklinale während der Devonzeit, von hier aus erfolgten Schritt für Schritt die Transgressionen nach N und nach S auf die Europäische Zentralschwelle. Zu dieser gehörten die südliche Bretagne und die Vendée sowie das Zentralmassiv.

4.8.1 Das Armorikanische Massiv

Das Massiv umfaßt die Halbinsel Cotentin, die westliche Normandie, die Bretagne und die Vendée. Es taucht ganz flach nach E unter das mesozoische Deckgebirge zum Pariser Becken und nach S zum Aquitanischen Becken.

Die nach NW in die bretonische Halbinsel auslaufende Form des Armorikanischen Massivs ist durch die Richtung der tektonischen
 Großelemente bestimmt, die an der Kanalküste etwa NE–SW

und an der Atlantikküste SE–NW streichen, so daß sie etwa auf Brest zu konvergieren. Im geologischen Kartenbild besteht das Massiv überwiegend aus einem präkambrischen beziehungsweise kristallinen Sockel, in den lange, schmale Mulden aus paläozoischen Schichten bis einschließlich Unter-Karbon eingefaltet sind. Am bedeutendsten ist in verschiedener Hinsicht das »zentrale Synklinorium«, das in etwa W–E-Richtung S' von Brest über Laval hinaus bis an den Rand des Pariser Beckens zu verfolgen ist.

Der präkambrische Sockel besteht aus dem höher metamorphen Pentévrien und dem schwächer metamorphen Briovérien. Beide werden durch eine Diskordanz getrennt. Das Briovérien gilt als jüngstes Präkambrium und hat die ältesten Fossilien Frankreichs in Form von Radiolarien aus Kieselschiefern geliefert. Es ist weithin von assyntischer Orogenese betroffen worden (in Frankreich als »cadomische« Orogenese bezeichnet), so daß das Kambrium vielfach diskordant aufliegt. Wo sich diese Diskordanz nicht eindeutig fixieren läßt, bereitet die Abgrenzung von Briovérien und Paläozoikum große Schwierigkeiten.

Stratigraphisch gesicherten Boden betritt man mit dem Armorikanischen Sandstein, der das Ordovizium (? Arenig) einleitet und in der Regel eine Schichtstufe bildet. Oolithische Eisenerz-Flöze, zum Teil fossilreiche Dachschiefer und Sandsteine repräsentieren das Ordovizium, Graptolithenschiefer und dunkle Orthoceren- und Cardiolakalke das Silur.

Nur im »zentralen Synklinorium« herrschte marine Kontinuität vom Silur zum Devon, während nördlich und südlich davon höheres Unter- oder gar Mittel-Devon transgredierte. So greift an der unteren Loire erst die Ems-Stufe und noch etwas weiter südlich erst die Eifel-Stufe auf Kambro-Silur über. Wir bringen diese Verhältnisse mit der N-Abdachung der Europäischen Zentralschwelle in Zusammenhang. Auf der Halbinsel Cotentin wiederum kann man das schrittweise Übergreifen des Unter-Devon nach N auf tieferes Silur beobachten.

Das »zentrale Synklinorium« des Armorikanischen Massivs gehörte zum N-Trog der Tethys während der Devon-Zeit. Es existierte seit dem Kambrium, wenn nicht schon seit dem Briovérien, durch Ordovizium und Silur. »Es stellt also in West-Europa eine Bewegungszone von bemerkenswerter Konstanz dar.« (*M. Lecompte* 1967).

Gegen Ende des Devon erfolgten fast überall im Armorikanischen Massiv Bewegungen, die zur Gliederung in Becken und Schwellen führten (»bretonische Phase« *H. Stilles*). Die Becken nahmen die unter-karbonischen Sedimente auf, die von saurem Vulkanismus begleitet wurden. Das Unter-Karbon liegt im allgemeinen diskordant auf dem älteren Paläozoikum. Es ist in Kulm-Fazies ausgebildet, mit ihm endete die geosynklinale Sedimentation. Das festländische Ober-Karbon (Westfal und Stefan) gehört bereits zum postorogenen Deckgebirge, ist aber zum Teil noch von starker Bruchtektonik betroffen.

»Die armorikanische Halbinsel ist ein Faltenland. Kleine parallele Faltenelemente, vergleichbar dem Faltenjura oder den Appalachen, sind charakteristisch, und zumal durch deren Vielzahl unterscheidet es sich von anderen variszischen Massiven.« So etwa beschrieb *Ch. Barrois* (1930) den tektonischen Stil des Armorikanischen Massivs, soweit er variszischen Alters ist. Diese Orogenese ist in ihren Auswirkungen in den paläozoischen Mulden zu beobachten. Im allgemeinen handelt es sich um aufrechte Falten, einheitliche Vergenz-Zonen sind anscheinend nicht entwickelt. Nördlich des »zentralen Synklinoriums« streichen die Falten zunächst wie dieses selbst um W–E, dann drehen sie in SW–NE-Richtung ein. In der südlichen Bretagne und in der Vendée herrscht dagegen die NW–SE-Richtung, die eigentliche »armorikanische« Richtung, vor. Hier tauchen tiefe kristalline Stockwerke des variszischen Orogens auf, deren Baustil *J. Cogné* (1960) beschrieben hat. Danach kann man eine assyntische (cadomische) und eine variszische Metamorphose und Granitisierung erkennen. Der Aufstieg langgestreckter Migmatit-Dome wird in Zusammenhang mit der Becken- und Schwellenbildung an der Wende Devon/Karbon gebracht. Die großartigste dieser Migmatit-Antiklinalen (Cornouaille) erstreckt sich parallel der Küste über mehr als 300 km von Süd-Finistère im NW bis über die Loire bei Nantes nach SE. Das bedeutendste tektonische Element ist eine ± vertikale Bewegungszone, die nordöstlich parallel zur Cornouaille-Antiklinale verläuft (»zone broyée sud-armoricaine«). An dieser Bewegungszone ist Granitmagma aus den Bereichen der Anatexis aufgestiegen, und zwar anscheinend vorzugsweise an der Wende Unter-/Ober-Karbon. Dieses Alter dürfte für die meisten variszischen Granitplutone des Armorikanischen Massivs gelten. Auch im und nach dem Ober-Karbon

ist das südarmorikanische Lineament aktiv geblieben. Zunächst bildeten sich in seinem Bereich mit Westfal- und Stefan-Schichten gefüllte Gräben, ein »Sillon houiller«, der sich offenbar nach SE bis in das Zentralmassiv fortsetzte (s. S. 136).
Saurer subsequenter Vulkanismus begleitete die Grabenbildung. Später wurde die Grabenzone durch intensive Horizontalbewegungen in eine Mylonitzone deformiert. Anscheinend handelt es sich um eine Rechtsseitenverschiebung, das heißt Relativbewegung der N-Scholle nach SE, der S-Scholle nach NW.

4.8.2 Das Französische Zentralmassiv

Das Zentralmassiv besteht ganz überwiegend aus kristallinen Gesteinskomplexen. Es hat grob gesehen die Kontur eines Dreiecks, dessen »Basis« nach N unter das Pariser Becken taucht und dessen »Spitze« im S von der Montagne Noire gebildet wird. Dieser Kontur entspricht wiederum in groben Zügen die innere Struktur. Insofern nämlich, als die tektonischen Strukturelemente an der östlichen »Dreieckseite« etwa NNE–NE streichen, nach S bogenförmig in die E–W-Richtung und zur westlichen Dreieckseite in die SE–NW-Richtung einschwenken.
Im Zentralmassiv vollzieht sich mithin das Einschwenken von der erzgebirgischen Hauptrichtung des mitteleuropäischen Variszikums in die armorikanische Richtung. Entlang der N-Seite herrscht W–E-Streichen vor. Zwischen Struktur und Kontur besteht aber noch eine weitere Übereinstimmung: Es läßt sich nämlich ein Kernbereich ausscheiden (Auvergne, Lyonnais, Morvan), der nur aus hochkristallinen Gesteinskomplexen besteht. Dieser aber wird im E (Cevennen), S (Montagne Noire) und im Westen (Limousin) von schwächer bis schwach metamorphen oder sogar nicht metamorphen (Montagne Noire) Serien umrahmt (*J. Jung* 1953). Der hochkristalline Kernbereich gilt – von variszischen Mobilisationen abgesehen – als tief abgetragener präkambrischer Block, auf dem im Morvan Ober-Devon als ältestes Deckgebirge liegt. In den Randbereichen dagegen geht das Kristallin stellenweise ± allmählich in das Paläozoikum über, so daß hier die metamorphe Entwicklung jedenfalls erst mit der variszischen Orogenese beendet war. Auf der Grundlage ver-

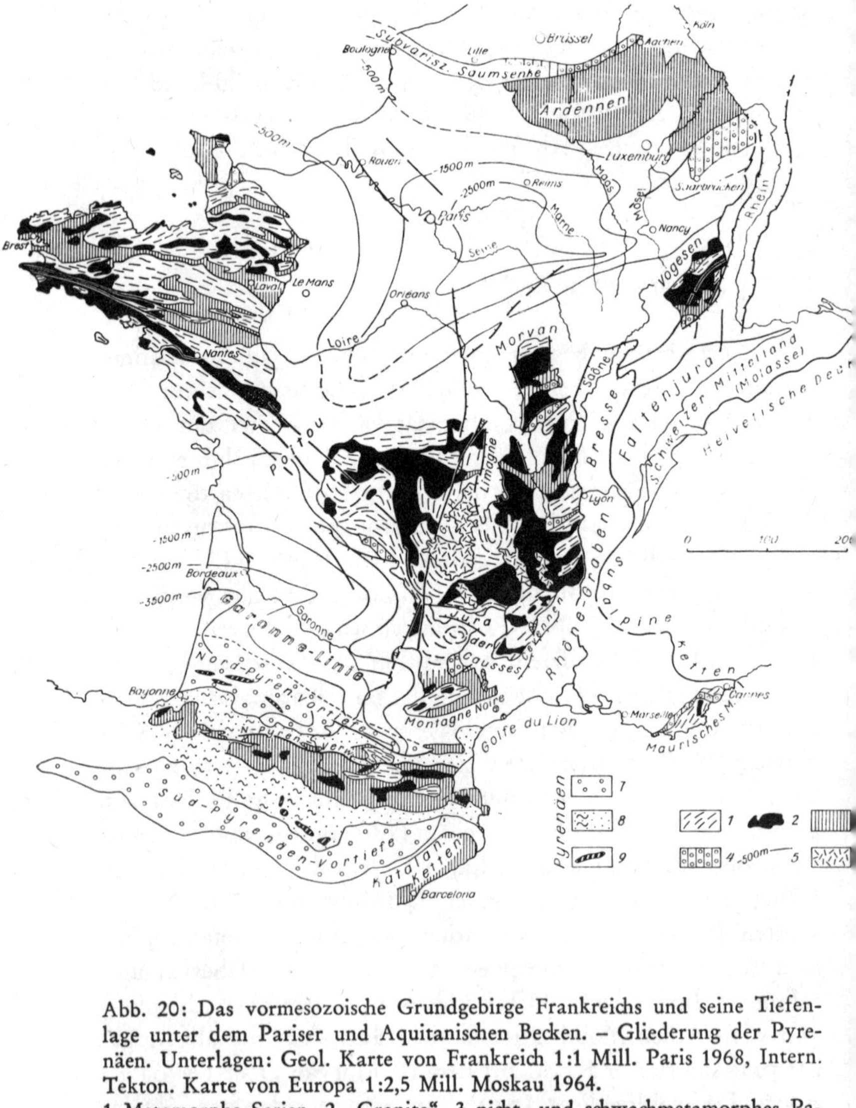

Abb. 20: Das vormesozoische Grundgebirge Frankreichs und seine Tiefenlage unter dem Pariser und Aquitanischen Becken. – Gliederung der Pyrenäen. Unterlagen: Geol. Karte von Frankreich 1:1 Mill. Paris 1968, Intern. Tekton. Karte von Europa 1:2,5 Mill. Moskau 1964.

1 Metamorphe Serien, 2 „Granite“, 3 nicht- und schwachmetamorphes Paläozoikum, 4 Ober-Karbon und Perm, 5 Tiefenlage des vormesozoischen Grundgebirges, 6 tertiäre-quartäre Vulkanite, G. S. H. Grand Sillon Houiller. – Pyrenäen: 7 Tertiär der Vortiefen, 8 vorwiegend Kreide-Alttertiär (Wellenlinien: Flysch), 9 Salzstrukturen.

schiedengradiger Metamorphose haben *M. Roques* und *J. Jung* ein Kartenbild metamorpher Zonen (»Zonéographie«) entworfen, das in seinem bogenförmigen Verlauf dem hier gegebenen, stark vereinfachten Bild entspricht. Kontur und geologisches Kartenbild des Zentralmassivs werden aber ganz auffällig von tertiären Elementen beeinflußt, die an dieser Stelle wenigstens genannt seien. So wird der fast geradlinige Verlauf des E-Randes von Valence über Lyon bis Chalon sur Saône vom Randbruch des Rhône- und Bresse-Grabens gebildet. Etwa parallel dazu greifen die beiden Oligozän-Gräben der Limagnes vom Pariser Becken her tief in das Kristallinmassiv hinein. Im wesentlichen wohl an diese meridionalen Störungszonen ist der ausgedehnte tertiäre bis quartäre Vulkanismus der Auvergne gebunden, dessen südlichste Ausläufer bis an die Mittelmeerküste reichen.
Der Kernbereich des Zentralmassivs besteht aus einigen sehr großen Granitkomplexen innerhalb von Glimmerschiefern und Gneisen. Anatektische Gneise und Migmatite nehmen weite Flächen ein. Das Streichen der s-Flächen ist unregelmäßig und unübersichtlich, anscheinend liegt eine Art Kuppelbau vor.
Zum Kernbereich wird auch der nach N vorstoßende Sporn des Morvan gerechnet. Über dem von Graniten und Gneisen aufgebauten Grundgebirge liegt dort in mehreren Mulden Ober-Devon und Unter-Karbon. Beide sind stark durchsetzt mit basischen, intermediären und sauren Vulkaniten. Innerhalb des Visé und unmittelbar danach kam es zu Faltungen und Granitintrusionen, womit bewiesen ist, daß es auch im Kernbereich des Zentralmassivs variszische Granite gibt. Nach Aufbau und tektonischem Streichen setzt sich der Morvan in die Vogesen fort. An den Morvan schließt sich im S die Lyonnais-Zone an, ein vorwiegend aus Gneisen und Glimmerschiefern, weniger aus Graniten aufgebauter Bereich. Hier herrschen isoklinale Schuppen und Falten vor, deren s-Flächen nun in der Regel nach N–NW einfallen. Diese Strukturen gelten als »Wurzelzone« für die S-vergenten Decken der Cevennen. Hierbei handelt es sich um flach eingefaltete kristalline Schubmassen, die auf ± steilstehendem Untergrund liegen. Die Gneise dieser Schubmassen überlagern in den südlichen Cevennen schwächer bis schwach metamorphe Serien, die nach SW auf die N-Flanke der Montagne Noire fortsetzen und dort zum Teil als paläozoisch gelten. Diese Serien ziehen in weitem Bogen bis an die SW-Seite des Zentralmassivs (Rouer-

gue, Limousin). Die breiten Syn- und Antiklinalen des Limousin streichen SE–NW und verbinden sich unter dem Mesozoikum der Straße des Poitou mit denen der Vendée.

Ohne Zweifel spielen vorvariszische, wahrscheinlich schon präkambrische Orogenesen, Metamorphosen und Intrusionen im Zentralmassiv eine große Rolle. Der Abschluß der orogenen Entwicklung fällt aber ebenso sicher in die variszische Ära, und zwar in das Unter-Karbon und dessen Wende zum Ober-Karbon.

Innerhalb der Tethysgeosynklinale gehörte das Zentralmassiv zur Europäischen Zentralschwelle. So transgredierte auf den Morvan erst das Ober-Devon, während das fast vollständige Altpaläozoikum der Montagne Noire bereits mitten im S-Trog lag.

Der große Vergenzscheitel verläuft vom Morvan am N-Rand des Zentralmassivs entlang: Im N herrscht N-Vergenz, im S S-Vergenz.

4.8.3 Die Montagne Noire

Die *Montagne Noire* im weiteren Sinn besteht aus einer in WSW–ENE etwa 90 km langen und etwa 20 km breiten kristallinen Aufwölbung mit paläozoischer Ummantelung. Es ist der südlichste Teil des Zentralmassivs, von dem es aber weithin durch die Juraplateaus der Causses getrennt wird.

Die besondere Bedeutung der Montagne Noire liegt zunächst in der ± vollständigen und zum Teil fossilreichen Entwicklung des Paläozoikums vom Unter-Kambrium bis zum Unter-Karbon entlang der S-Flanke.

Mehrere 1000 m sandig-schiefriges Kambrium enthält als charakteristisches Element bis zu 1000 m Archäocyathuskalke. In kontinuierlichem Übergang folgt das > 1500 m mächtige Ordovizium mit Sandsteinen im tieferen Teil (»Armorikanischer Sandstein«), die dann in tonige Sedimente mit Kalkgeoden übergehen. Hier finden sich die berühmten riesigen Trilobiten von max. 50 cm Länge. Oberes Ordovizium und Silur bestehen im wesentlichen aus geringmächtigen Graptolithenschiefern. Das Devon, insgesamt etwa 700 m mächtig, beginnt mit Quarziten und wird dann hauptsächlich von Kalken aufgebaut, wobei im Ober-Devon die rötlichen Knollenkalke der »marbres griottes« auftreten. Die geosynklinale Sedimentation endete mit Unter-Karbon in Kulm-Fazies. Dann erfolgten die variszischen Faltungen und Deckenbewegungen. Die festländischen Ablagerungen des höheren Ober-Karbon (Stefan) sind postorogen in bezug auf diese Orogenese.

Die Montagne Noire liegt eindeutig an der S-Flanke der Europäischen Zentralschwelle und gehört damit zum S-Trog der Tethys. Auf Grund dieser Position sind an sich keine kaledonischen Bewegungen zu erwarten (s. S. 79). Solche werden aber von *B. Gèze* (1960) beschrieben, und zwar aus dem Zeitraum zwischen Arenig und Caradoc (mittleres Ordovizium), in dem zumindest stärkere Vertikalbewegungen sowohl aus Norwegen als auch von den Britischen Inseln bekanntgeworden sind.

Gewisse Schichtlücken und geringe Diskordanzen sprechen für derartige Vertikalbewegungen auch in der Montagne Noire. Im Hinblick auf die zum Teil außerordentlich starken variszischen Deformationen erscheint es aber fraglich, ob man auch eine echte Faltung im mittleren Ordovizium rekonstruieren kann.

Was die variszischen Deformationen anbelangt, so ist die kambrische bis unter-karbonische Hülle des Kristallingewölbes unter Abscherung nach S geglitten und bildet liegende bis tauchende Deckenfalten. Hauptsächlich die inversen Liegendschenkel sind erhalten geblieben. Die Ansicht von *L. U. de Sitter* und *R. Trümpy* (in *B. Gèze, L. U. de Sitter* & *R. Trümpy* 1952), daß es sich um nach S gerichtete Deckentransporte handelt, hat sich auch nach neueren Bearbeitungen im wesentlichen bestätigt. Der Deckenbau ist post-Visé und prä-Stefan.

4.8.4 Grand Sillon Houiller und Faille d'Argentat

Das Zentralmassiv wird von zwei langgestreckten schmalen Störungszonen durchschnitten: in rheinischer Richtung vom »Grand Sillon Houiller«, dem »Kohlenkanal«, und in NNW- bis armorikanischer Richtung von der Faille d'Argentat.

Der Grand Sillon (G. S. H.) hat vom N- bis zum S-Rand des Zentralmassivs eine Länge von fast 300 km und dabei nur selten eine Breite von mehr als 1 km. Er ist eine ausgesprochene Mylonitzone im Kristallin. In seinem Verlauf tritt eine Reihe von schmalen, langen ober-karbonischen (hauptsächlich stefanischen) Kohlenbecken auf, die auch von den starken Deformationen betroffen sind. Anscheinend sind bereits die Kohlenbecken als tektonische Gräben im Zuge des G. S. H. angelegt worden. Altersmäßig datiert dieses Strukturelement daher wohl schon seit dem Westfal, es dürfte seine stärkste Aktivität während und nach dem Stefan gehabt haben, die letzten Bewegungen endeten im Oligozän. Die jungtertiären Vulkanite der Auvergne überlagern den G. S. H. aber anscheinend ungestört.

J. Grolier & *J. Letourneur* (1968) glauben, daß sich am G. S. H. außer vertikalen auch erhebliche horizontale Verschiebungen abgespielt haben und kommen dabei auf Beträge von 70 km im Sinne von Linksseitenverschiebungen (das heißt W-Scholle nach S, E-Scholle nach N). Sie nehmen ferner an, daß der G. S. H. sich nach S unter dem Tertiär des Aquitanischen Beckens bis in die Pyrenäen und unter dem Pariser Becken in zunächst nördlicher, dann nordöstlicher Richtung bis in die Metzer Störung und weiter bis in den N-Rand des Saarbeckens fortsetzt. Das entspräche einer Länge von etwa 1000 km.

Die Störungszone der Faille d'Argentat tritt als Fortsetzung des armorikanischen Sillon Houiller (s. S. 131) von NW in das Zentralmassiv ein. Sie zeichnet sich durch ganz ähnliche tektonische Deformationserscheinungen aus wie im Armorikanischen Massiv oder wie der G. S. H. des Zentralmassivs. Im südwestlichen Zentralmassiv mündet sie in den letztgenannten ein. Die Faille d'Argentat dürfte – wie ihre armorikanische Verlängerung – eine Rechtsseitenverschiebung sein.

4.9 Das Variszikum Iberiens

Südlich des Aquitanischen Beckens taucht in den Pyrenäen wieder ein variszisches Orogen auf, und zwar als »Unterbau« der alpidisch gefalteten Pyrenäen. Da in den Pyrenäen variszische und alpidische Strukturen eine Einheit bilden, werden wir uns mit diesem Gebirge erst im Rahmen der alpidischen Orogenese beschäftigen.

Wenn auch manche Züge der Montagne Noire, also des südlichsten Französischen Zentralmassivs, über das kleine paläozoische Massiv von Mouthoumet (SW' Narbonne) in die Pyrenäen hinüberleiten, so ist das iberische Variszikum doch praktisch von dem des übrigen West-Europa isoliert. Die variszischen Gebirgszusammenhänge im westlichen Europa konnten bis heute nicht aufgeklärt werden. Eine Synthese auf Grund der neueren Forschungen hat *F. Lotze* (1963) gegeben (Abb. 21). Wir folgen zunächst seinen Darlegungen, um eine Übersicht zu gewinnen.

Das vormesozoische Grundgebirge ist in der Hauptsache in der sogenannten spanisch-portugiesischen »Meseta« enthalten, jenem gebirgigen Hochlande, das zwischen Biskaya im N und Guadalquivir-Becken im S gelegen, einen großen Teil der Iberischen Halbinsel einnimmt (Abb. 33). Variszische Orogene sind auch die Pyrenäen und das Kantabrische Gebirge im N, die Betische Kordillere im S der Halbinsel. Soweit unsere Kenntnisse heute reichen, spricht alles dafür, daß in der geotektonischen Entwicklung ganz Iberiens die variszische Orogenese die entscheidende Rolle gespielt hat. Nur in den Pyrenäen und in der Betischen Kordillere ist es nochmals zu starken alpidischen Orogenesen gekommen. Wohl sind aus dem vor-variszischen Paläozoikum Diskordanzen, Schichtlücken und »synorogene« Sedimente bekanntgeworden, aber von alpinotyper Orogenese kann anscheinend in keinem Falle die Rede sein.

Nach geosynklinaler, magmatischer und orogener Entwicklung läßt sich das iberische Variszikum in 6 Zonen gliedern, die im großen Bilde in NW–SE-Richtung verlaufen (Abb. 22). Die Gliederungskriterien entsprechen denen für die Zonen des mitteleuropäischen Variszikums. Die iberischen Verhältnisse lassen ein symmetrisches, zweiseitiges Orogen erkennen: In der Mitte liegt die großenteils kristalline Galizisch-Kastilische Zone, jeweils nach NE beziehungsweise SW folgen unter abnehmender Metamorphose und Zurücktreten plutonischer Gesteine altpaläozoische Zonen. Diesem breiten »Innenvariszikum« schließen sich im NE und SW zwei »außenvariszische« Zonen an, nämlich die Asturisch-Kantabrische und die Südportugiesische. Die letztgenannte ist mit dem Subvariszikum Mitteleuropas vergleichbar. Die Symmetrie kommt ferner dadurch zum Ausdruck, daß in der zentralen Zone ein Vergenzscheitel liegt, und daß anscheinend auch die Orogenesen jeweils von innen nach außen

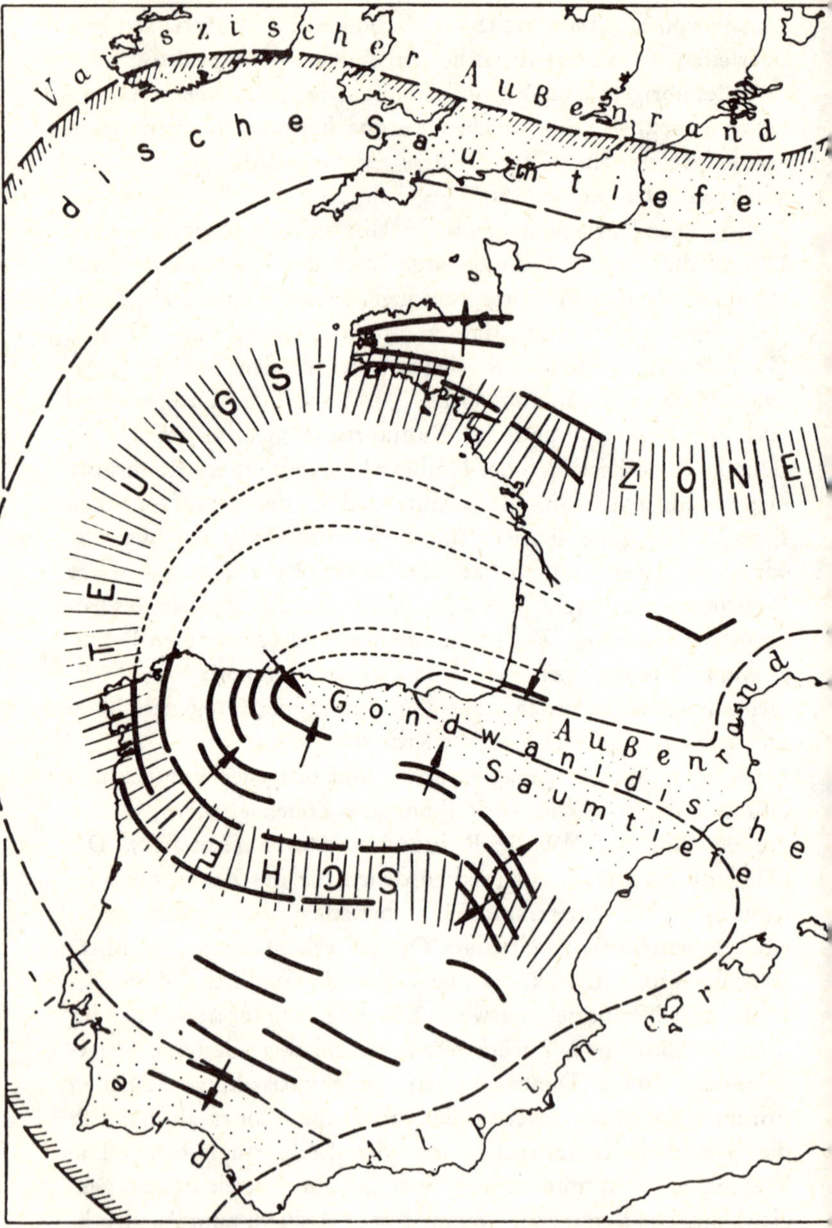

Abb. 21: Die variszischen Gebirgszusammenhänge West-Europas (aus *F. Lotze* 1963, Abb. 9).

wanderten. So ist in der Galizisch-Kastilischen Zone mit altvariszischer Orogenese zu rechnen, während sie in den Außenzonen jungvariszisch endete. Der Bereich des heutigen Ebro-Beckens bildete im Altpaläozoikum eine Sediment liefernde Schwelle. Diese wurde im Devon und Karbon in die Asturisch-Kantabrische Außenzone einverleibt.

Abb. 22: Zonengliederung des iberischen Variszikums (aus *F. Lotze* 1963, Abb. 4).

Die geschilderte Sachlage – verdeutlicht durch die Abbildungen 21 und 22 – und die Tatsache, daß sowohl die geosynklinalen als auch die orogenen Elemente ohne Abschwächung an die Biskayaküste herantreten, führen zu dem Bilde, daß das spanische Variszikum bogenförmig über das Meer mit dem Variszikum der Bretagne und der südlichen Britischen Inseln zu verbinden ist. Das letzte Wort über diese ebenso einfache wie einleuchtende Synthese ist sicher nicht gesprochen. So rechnet neuerdings *M. Mattauer* (1968) damit, daß die Iberische Halbinsel entlang einer großen Rechtsseitenverschiebung im Zuge der Pyrenäen in postvariszischer Zeit weit nach W bewegt worden sei, wodurch die Lagebeziehungen der variszischen Elemente naturgemäß einschneidend verändert worden wären. Mag das Bild also auch noch manche Veränderung erfahren, so spricht für seine prinzipielle Richtigkeit der überraschend einheitliche subvariszische Rahmen in Nord-Frankreich, Süd-England und Süd-Irland einerseits, in Süd-Portugal und Südwest-Spanien andererseits: Schon *F. Roemer* hatte vor 100 Jahren die fazielle Ähnlichkeit des rheinischen, englischen und portugiesisch-spanischen Unter-Karbon in Kulm-Fazies erkannt. Diese Ähnlichkeit ist durch neue sedimentologische Arbeiten nur erhärtet worden (*E. Frischmuth* 1968). Ganz anders dagegen ist das Karbon im Inneren des variszischen Bogens, in Pyrenäen und Kantabrischem Gebirge, ausgebildet.

4.9.1 Die variszischen Zonen Nord-Spaniens

Zur Veranschaulichung der iberischen Zonengliederung wählen wir ein Profil von der Galizisch-Kastilischen über die Westasturisch-Leonesische bis zur Asturisch-Kantabrischen Zone (Abb. 23). Es ist recht gut untersucht, relativ übersichtlich und stützt sich großenteils auf die hervorragenden Aufschlüsse an der Atlantik-Küste.

Die *Galizisch-Kastilische Zone* hält *F. Lotze* (1945) für das tiefe Stockwerk des variszischen Orogens, »das nur infolge stärkerer Heraushebung und tieferer Denudation sichtbar geworden ist«. *P. Matte* (1968) kann aber auf Grund langjähriger Forschungen wahrscheinlich machen, daß dieses Stockwerk einen präkambri-

schen Kern enthält, der schon seit dem obersten Präkambrium eine Schwellenregion darstellte. Danach ist also im Galizischen Kristallin sowohl mit variszischen als auch präkambrischen Anteilen zu rechnen, wobei letzte zum Teil variszisch remobilisiert sein dürften – eine Situation, wie sie uns bereits aus dem Moldanubikum und dem Französischen Zentralmassiv bekannt ist.
Galizien wird weithin von Zweiglimmer-Graniten aufgebaut (*W. Carlé* 1948, *J. v. Raumer* 1963). Großenteils sind die Dachgesteine noch erhalten, und zwar in Form von Glimmerschiefern, Amphiboliten, Biotit- und Augen-Gneisen. »Granitisierung« der Nebengesteine ist in allen Formen zu beobachten. Bei dem Kristallin dürfte es sich sowohl um metamorphes Altpaläozoikum als auch Präkambrium handeln. Die Intrusion der Zweiglimmer-Granite erfolgte etwa gleichzeitig mit einer Orogenese, deren Strukturen im S etwa NW–SE verlaufen und im N nach NNE umbiegen. Posttektonische Intrusionen mit grobkörnigen bis porphyrischen Granitplutonen beendeten die magmatische Tätigkeit. Die Strukturen bestehen im großen aus relativ flachen Aufwölbungen und Einbiegungen, im speziellen sind aber die kristallinen Schiefer vielfach in liegende Falten gelegt, deren Vergenz anscheinend vorwiegend nach E gerichtet ist. Dieser hochkristalline Bereich hat eine Breite von etwa 100 km, dann taucht er nach E unter schwächer metamorphe präkambrische und altpaläozoische Serien ab, die aber auch noch von großen Granitplutonen durchbrochen werden.
Von diesem östlichen Bereich der Galizisch-Kastilischen Zone ab entlang der Küste nach E lassen sich die geosynklinale Entwicklung und die orogene Ausgestaltung des Variszikums bis in die Asturisch-Kantabrische Vortiefe zumindest in wesentlichen Zügen verfolgen. Während des Altpaläozoikums gehörte das heutige Kantabrische Gebirge zu einem Sediment liefernden Hochgebiet. Daran grenzte im W und S ein rasch sinkendes Geosynklinal-System, das mehrere 1000 m, max. sogar etwa 10 000 m, hauptsächlich klastischer Sedimente aufnahm (Westasturisch-Leonesische Zone). Dabei gehen schließlich mit zunehmender Entfernung vom Hochgebiet nach W und S sowohl die Mächtigkeiten als auch die klastischen Einflüsse wieder zurück. Im Bereich der Galizisch-Kastilischen Zone sind die Mächtigkeiten besonders gering, was nach *P. Matte* (1968) auf ihren Schwellencharakter zurückzuführen ist. Das Ordovizium transgredierte

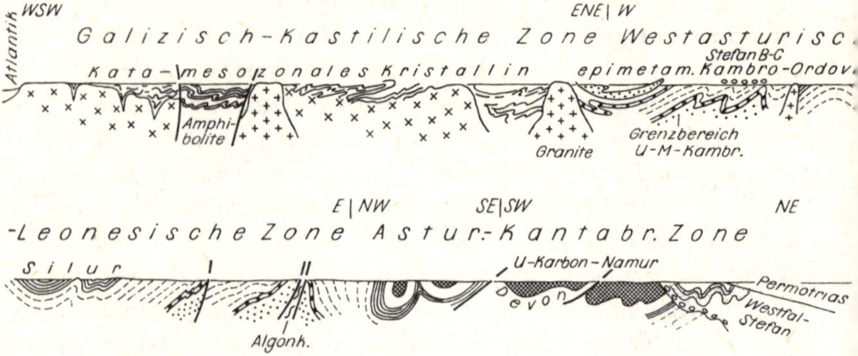

Abb. 23: Schematische Strukturprofile des Variszikums in Nord-Spanien (*W. Carlé* 1948, *A. Färber* & *W. Jaritz* 1964, *P. Matte* 1968, *F. Radig* 1961, 1962, *v. Raumer* 1963, *L. U. De Sitter* 1962, *R. Walter* 1968).

hier zum Beispiel unter Ausfall des Kambrium auf Präkambrium. Die geschilderten Verhältnisse betreffen zwar vorwiegend das Kambrium und untere Ordovizium, aber diese haben einen besonders großen Anteil am Aufbau des NW-spanischen Variszikums. Strukturell herrscht im ganzen Küstenbereich ein relativ übersichtlicher Faltenbau mit genereller E-Vergenz. Die Faltenachsen streichen SW–NE bis SSW–NNE.

Die Verhältnisse im *Übergangsgebiet von Galizisch-Kastilischer zu Westasturisch-Leonesischer* Zone hat *R. Walter* (1968) beschrieben. Danach kommen die Fazies- und Mächtigkeitsunterschiede in E–W-Richtung in diesem Raum sehr deutlich zum Ausdruck: Im W sind Kambrium und unteres Ordovizium etwa 1800 m mächtig, Psammite treten zurück. Im E sind allein Mittel-Kambrium bis Unter-Ordovizium etwa 4000 m mächtig und vorwiegend psammitisch. (Der unterordovizische Quarzit entspricht dem »Armorikanischen Quarzit«.) Höheres Ordovizium und Silur werden durch pelitische Stillwasser-Fazies (Graptolithen-Schiefer) in gleichmäßiger geringer Mächtigkeit vertreten. Weite Verbreitung haben im mittleren Ordovizium oolithische Eisenerz-Flöze.

Die Gesteine sind von einer Metamorphose unter den Bedingungen der oberen Grünschiefer-Fazies betroffen worden. Im W stecken in ihnen große diskordante spätorogene Granitplutone. Strukturell herrschen im W liegende bis nach E tauchende Großfalten, nach E gehen sie in einfache E-vergente Falten über.

Über den Bereich der *Westasturisch-Leonesischen Zone* entlang der Biskaya-Küste haben *A. Färber* & *W. Jaritz* (1964) berichtet. Hier erreichen Kambrium und Ordovizium ihre maximalen Mächtigkeiten von etwa 12 000 m. Die Schichten sind nicht mehr metamorph. Der Plutonismus beschränkt sich auf einige kleine Vorkommen von Graniten, Dioriten und Gabbros. Die Faltung ist mäßig mit großwelligen, meist E-vergenten Elementen.

Über das Alter der Orogenese kann nur ausgesagt werden, daß pflanzenführendes Stefan B/C diskordant auf gefaltetem Ober-Kambrium liegt. Devon und Karbon treten erst in der Asturisch-Kantabrischen Zone in den Faltenbau ein.

Die *Asturisch-Kantabrische Zone* senkt sich trogförmig nach E und N in das Altpaläozoikum und taucht nach E unter das baskische Mesozoikum. Das Innere des Troges ist von großen Ober-Karbon-Becken erfüllt. Wie bereits gesagt, war dieses Gebiet während des Altpaläozoikums ein Sediment lieferndes Hochgebiet. Dieser Zustand endete etwa im Grenzbereich Devon/Karbon, und das Unter-Karbon ist im ganzen asturisch-kantabrischen Gebiet mit einer sehr charakteristischen marinen Fazies vertreten, die völlig von der typischen Kulm-Fazies (Flysch) des südportugiesischen und mittel- bis nordwest-europäischen Subvariszikums abweicht. Meist nur wenige 10 m mächtig, besteht das Unter-Karbon nämlich aus dunklen, hellen und rötlichen Knollenkalken (»marbre griotte«), tonig-sandigen Schiefern, Mergeln und Lyditen. Das Namur wird von dunklen bituminösen Kalken aufgebaut, dem sogenannten »Cañonkalk«, der eine große Rolle in der Morphologie des Kantabrischen Gebirges spielt. Seine mehrere 100 m erreichenden Mächtigkeiten im Troginnern – zum Beispiel den 2600 m hohen Picos de Europa – zeichnen eine starke Absenkung im Vergleich zu den Randgebieten mit viel geringeren Mächtigkeiten ab.

Nach dem Namur kam es zu raschen und tiefen Einbrüchen großer Becken, die dabei zum Teil auch gefaltet wurden (*L. U. de Sitter* & *D. Boschma* 1966). Bei teils marinem, teils festländischem Milieu spiegeln die Westfal-Sedimente die außerordentlich unruhigen tektonischen Verhältnisse wider: Bis zu 500 m mächtige, grobe Konglomerate, chaotische Brekzien, turbiditische Grauwacken, andererseits aber auch Fusulinenkalke und Kohleflöze erfüllen die Becken in zum Teil weit über 1000 m

Mächtigkeit. Im Prinzip setzte sich dieser Sedimentationstyp als Auswirkung an- und abschwellender tektonischer Aktivität in das Stefan fort. Dieses ist insgesamt auch noch in enge Falten gelegt, erst die Permotrias liegt flach darüber. Eine gewisse Wanderung der Ober-Karbon-Tröge von »innen« nach »außen«, hier also von S nach N, deutet sich an, ein Phänomen, das uns aus dem Ruhrbecken, dem Oberschlesischen und Walisischen Becken vertraut ist.

Nach *L. U. de Sitter* (1962) und *M. Julivert* (1965) herrscht im Kantabrischen Gebirge Deckenbau mit Transportrichtungen nach N bis NE, also in die Karbon-Becken hinein. Die Schubweiten belaufen sich mit Sicherheit auf einige km, wahrscheinlich auf mehrere 10 km.

4.9.2 Der Südstamm des iberischen Variszikums

Was den »Südstamm« des iberischen Variszikums anbelangt, so mögen hier einige Hinweise genügen.

Wohl am besten bekannt sind die Verhältnisse in dem Bereich von den Montes de Toledo (Übergang Galizisch-Kastilische Zone und Ostlusitanisch-Alcudische Zone) nach S in die Sierra Morena (Ossa-Morena-Zone). In weitem Bogen ziehen die Faltenzüge aus Portugal in diesen Bereich hinein. Im Vergleich zum iberischen »Nordstamm« ist hier ein zum Teil kräftiger geosynklinaler Magmatismus im Ober-Kambrium und Ordovizium zu beachten. Schichtlücken und Diskordanzen in diesem Zeitbereich zeigen tektonische Bewegungen an, die mit den Magmenbewegungen zusammenhängen dürften, wie dies ja eine Regel ist. Die Orogenese scheint von N (altvariszisch) nach S (jungvariszisch) gewandert zu sein. Hierfür spricht auch die Anlage eines unterkarbonischen Troges mit zumindest flyschähnlichen Sedimenten ganz im S der Sierra Morena, der wohl die Fortsetzung des Südportugiesischen Subvariszikums bildet. In dieses Bild gehört auch die generelle S-Vergenz. Westfal und Stefan sind in postorogenen festländischen Becken abgelagert.

Das *Südportugiesische Subvariszikum* erstreckt sich von der atlantischen Küste Süd-Portugals durch Huelva bis in die Provinz Sevilla. Sie legt sich südlich an das Altpaläozoikum der Ossa-

Morena-Zone an. Die ältesten biostratigraphisch datierbaren Schichten im Hangenden des Kristallins gehören in das Ober-Devon. Im Grenzbereich von Ober-Devon zu Unter-Karbon tritt ein typisch geosynklinaler Magmatismus mit sauren bis basischen Förderungen auf, ein Magmatismus also, der nach seiner Zeitlichkeit an den »Deckdiabas« des Rhenoherzynikums in Mitteleuropa erinnert. Mit dem Magmatismus dürften die großen Schwefelkieslagerstätten des Gebietes in Verbindung stehen, unter denen das Revier von Rio Tinto in Spanien am bekanntesten ist.

Jünger als der Magmatismus, und zwar von Visé-Alter, ist eine unter-karbonische Flyschfolge, bestehend aus einer etwa 1500 m mächtigen Grauwacken-Tonschiefer-Serie (*E. Frischmuth* 1968). Sie ist die Füllung der subvariszischen Saumsenke im südwestlichen Iberien. Die Sedimente dürften in der Hauptsache aus dem nördlichen kristallinen Randgebiet geliefert worden sein. Die marine Sedimentation bricht erst im Westfal im Zusammenhang mit der jung-variszischen Orogenese ab. Die Falten streichen trogparallel NW–SE bis W–E und sind SW–S-vergent. Das Stefan ist stets festländisch und postorogen.

4.10 Das Variszikum der Ost-Alpen

Der Raum der Alpen hat seine heutigen tektonischen Strukturen im wesentlichen durch die mittel-kretazischen bis jung-tertiären (»alpidischen«) Orogenesen erhalten. In ihrem Gefolge wurde er zu einem (»jungen«) Hochgebirge herausgehoben. Andererseits ist schon lange bekannt, daß der alpine Raum bereits zum variszischen Orogen gehört hat. So gibt es vielfältige Beispiele diskordanter Auflager von Ober-Karbon, Perm oder Unter-Trias auf deformiertem älterem Paläozoikum. Die Metamorphose weiter Teile des alpinen Kristallins hat sich als variszisch erwiesen (*E. Clar* et al. 1963), auch ein variszischer Granitplutonismus ist durch radiometrische Datierungen nachgewiesen (*H. Faul* 1962). Der Alpenraum ist also nach der variszischen Orogenese von einer »Regeneration« im Sinne *H. Stilles* betroffen worden, die zu einer nochmaligen (alpidischen) Orogenese führte (vgl. S. 158).

Die alpidischen Orogenesen haben naturgemäß die variszischen Strukturen weitgehend unkenntlich gemacht. Dies betrifft in besonderem Maße die West-Alpen, wo überdies das gesamte voroberkarbonische Paläozoikum metamorph ist. Dagegen gibt es in den Ost-Alpen nicht-metamorphes fossilführendes Altpaläozoikum, dessen älteste datierte Anteile ordovizisch sind. Die Hauptverbreitungsgebiete sind die Nördliche Grauwackenzone in Steiermark und Salzburg, das Grazer Paläozoikum, die Karnischen Alpen und die Karawanken.

Alle bisherigen kartenmäßigen Darstellungen des mitteleuropäischen Variszikums bleiben insofern fragmentarisch, als sie den Alpenraum aussparen. Die ursprünglichen variszischen Zusammenhänge sind eben durch die alpidische Orogenese, insbesondere die Deckentransporte, tiefgreifend zerstört worden. Die Forschungsergebnisse der letzten 20 Jahre im ostalpinen Paläozoikum erlauben aber jetzt den Versuch, wenigstens das Variszikum der Ost-Alpen baugeschichtlich zu deuten und mit dem des außeralpinen Mitteleuropas in Zusammenhang zu bringen (*R. Schönenberg* 1970).

Die entscheidende Frage ist dafür zunächst die nach der Existenz des Tauernfensters, dem Grundproblem des ostalpinen Deckenbaues überhaupt (vgl. S. 176 u. Abb. 29). Abgesehen vom Grazer Gebiet bilden die Hauptvorkommen des ostalpinen Paläozoikums zwei West–Ost-Streifen einerseits an der Basis der Nördlichen Kalkalpen (Nördliche Grauwackenzone in Salzburg–Steiermark) und andererseits an der Basis der Süd-Alpen (Karnische Alpen und Karawanken). Die Konzeption des Tauernfensters impliziert die Rückführung der Nördlichen Kalkalpen mitsamt ihrer »Trägerdecke« in Form der Nördlichen Grauwackenzone über die Tauern hinweg nach S. Aus Gründen, die an anderer Stelle zu erörtern sind (vgl. S. 178), muß die Nördliche Grauwackenzone dann etwa am N-Rand der Karawanken und Karnischen Alpen »eingewurzelt« werden.

Unter diesen Voraussetzungen bietet das ostalpine Variszikum folgendes Bild: Abgesehen von den heutigen Süd-Alpen besteht es durchwegs aus kristallinen Serien (sog. »Altkristallin«), die von karbonischem, permischem oder weithin erst von unter-triadischem Deckgebirge überlagert werden. Prinzipiell handelt es sich also um eine ähnliche Situation wie etwa im Schwarzwald oder im Französischen Zentralmassiv. Ebenso wie in diesen variszischen Kristallingebieten ist auch im ostalpinen Kristallin der Anteil vor-variszischer, eventuell präkambrischer Metamorphose unsicher. Auf alle Fälle sind weite Bereiche variszisch metamorphosierten Paläozoikums vorhanden. In Kärnten enthalten sie als jüngste Anteile Schichten des Ober-Devon.

Nach S schließt sich in den Karnischen Alpen und Karawanken eine Zone nichtmetamorphen, fossilführenden Alt- und Jungpaläozoikums an. Das Unter-Karbon ist in Flysch-Fazies ausgebildet. Diese Sachlage, nämlich intra- bis post-oberdevonische Metamorphose im N und unter-karbonischer Flyschtrog im S, spricht wohl stark für altvariszische Orogenese im Bereich der ostalpinen Kristallinmassive in Kärnten und Steiermark. Der Flyschtrog wiederum hat seine Faltung vor dem oberen Westfal erfahren. Denn dieses liegt in Form der sogenannten »Auernig-Schichten« diskordant auf dem Flysch. Sedimentologisch stellen die Auernig-Schichten eine paralische Molasse, also eine typisch postorogene Bildung in bezug auf die variszische Orogenese der Süd-Alpen dar. Dieses Molasse-Becken hatte nach S Verbindung zu der persistierenden Tethys-Geosynklinale der heutigen Mediterrangebiete. Hier liegt also eine ähnliche Situation vor, wie wir sie in SW-England kennengelernt haben: Die devonische Old Red-Molasse verzahnte sich nach S mit dem marinen Devon der variszischen Tethys (vgl. Abb. 10).

Soweit sich die Verhältnisse heute übersehen lassen, spricht manches dafür, daß die variszische Orogenese nicht weit über die Karawanken hinaus nach S gereicht hat (*B. Ćirić* & *H. R. v. Gaertner* 1962, *J. H. Brunn* 1967).

Aus dieser Darstellung leitet sich ein Wandern der Sedimentationströge und der Orogenese von N nach S ab: Von der altvariszischen metamorphen »Innenzone« im kärntnerisch-steirischen Kristallin über die Zone schwach- bis nichtmetamorphen Altpaläozoikums, den unter-karbonischen Flyschtrog bis in das ober-karbonische Molasse-Becken, das bereits an das südliche »Vorland« (Slowenien) grenzt.

Versuchen wir nun, das eben geschilderte Variszikum aus den SE-Alpen nach N weiter zu verfolgen und es dann an das außeralpine Variszikum Mitteleuropas anzuschließen. Zunächst ist festzustellen, daß das kärntnerisch-steirische Kristallin zu dem in den Ost-Alpen weit verbreiteten Komplex des sogenannten »Altkristallins« gehört (s. o.). Das älteste nichtmetamorphe

Deckgebirge über dem Altkristallin ist das Unter-Karbon von Nötsch (Gailtal), meist aber wird es erst von permisch-untertriadischen Schichten überlagert. Mit anderen Worten: Nördlich von Karnischen Alpen und Karawanken ist in den Ost-Alpen alles der Beobachtung zugängliche vor-karbonische Grundgebirge kristallin. (Dies gilt freilich nur unter der Annahme, daß die Nördliche Grauwackenzone ursprünglich südlich des Tauernfensters gelegen war!) Dabei sind variszische und ältere Anteile noch keineswegs sicher gegeneinander abzuschätzen.

Auch das an die Alpen angrenzende Moldanubikum besteht weit vorwiegend aus kristallinen Komplexen, so im Schwarzwald, der Böhmischen Masse und im Grundgebirge Süd-Deutschlands. Das vorherrschend kristalline Variszikum reicht aber weiter bis in das Saxothuringikum des Odenwaldes und des Erzgebirges.

Im Sinne dieser Ausführungen besteht das variszische Gesamtorogen Mitteleuropas aus einer sehr breiten (800 bis 1000 km) vorwiegend kristallinen Kernzone vom N-Rand der Karnischen Alpen und Karawanken bis etwa Vogesen-Odenwald-Erzgebirge. Paläogeographisch hatte diese Zone bis in die Trias-Zeit hinein die Bedeutung einer Schwellenregion. Sie wurde im N und S begleitet von schwach oder nicht metamorphem eugeosynklinalem Altpaläozoikum, im N: Saxothuringikum und Rhenoherzynikum, im S: Karnische Alpen und Karawanken einschließlich der Nördlichen Grauwackenzone. Auf beiden Flanken entwickelten sich im Unter-Karbon die Flyschtröge und im Ober-Karbon die Molasse-Becken. Die Vorstellung *J. Aubouins* (1965) einer 2seitigen Symmetrie des mitteleuropäischen Variszikums fände also eine prinzipielle Bestätigung, wenn man die SE-Alpen einbezieht.

Auch in den jungen Hochgebirgen, die die Alpen nach W und E fortsetzen, hat bereits die variszische Orogenese gewirkt. Für die Pyrenäen werden wir dies im Zusammenhang mit ihrer alpidischen Orogenese etwas näher erörtern (vgl. S. 218). Vollständiges Variszikum findet sich auch in den Karpaten und im Balkan-Gebirge. Dies gilt nicht nur für die eigentliche Orogenese, sondern auch für die Vorgänge des subsequenten Stadiums während Ober-Karbon und Perm (vgl. Kap. 4.11).

4.11 Das variszische Subsequenzstadium (Karbon-Perm)

Ähnlich wie nach der kaledonischen Orogenese kam es auch nach der variszischen zu umfangreichen Verlandungen der betroffenen Geosynklinalgebiete. Die tektonischen und magmatischen Vorgänge dieses variszischen Subsequenzstadiums spielten sich also wiederum vorwiegend in Festlandsbereichen ab. Wie schon gesagt (s. S. 83), bildeten sich in Europa im Gefolge der variszischen Orogenese drei festländische Kernbereiche, nämlich:
Iberien, das Festlandsdreieck Bretagne–Sardinien–Böhmen und der Komplex Fennoskandien–Schwarzes Meer–Kaspi.
Der Beginn des subsequenten Stadiums, soweit er sich am Einsetzen festländischer Sedimentation und subsequenten Vulkanismus' ablesen läßt, hing im wesentlichen vom Alter der Hauptorogenese ab. Er fiel demnach frühestens ins Unter-Karbon (zum Beispiel Schwarzwald, West-Sudeten), großenteils ins Ober-Karbon (zum Beispiel Saar-Becken) und vielfach erst ins Perm (Rotliegend-Becken). Daraus folgt, daß während des Ober-Karbon zum Beispiel im Saar-Becken bereits subsequente Tektonik herrschen konnte, im Ruhr-Becken aber noch echte Orogenese wirkte.
Die sedimentäre Abfolge in den Becken wurde in hohem Maße durch den Wechsel von humidem Klima im Karbon zu trockenerem im Perm beeinflußt. Vorwiegend graue Sedimente mit Kohleflözen wurden so von vorwiegend roten flözfreien abgelöst. Dieser Übergang vollzog sich sehr allmählich und sicher nicht in allen Becken gleichzeitig. Hinzu kommt die Ungunst der Fossilerhaltung in festländischen Sedimenten, so daß die Fixierung der Karbon-Perm-Grenze in den subsequenten Becken recht problematisch ist.
Die permischen Rotsedimente werden als »Rotliegend« bezeichnet. Wo sie, wie in Deutschland, Holland, England, Dänemark und Polen vom Zechstein überlagert werden, dort entspricht das Rotliegend dem Unter-Perm. Wo sie dagegen zum Hangenden in Buntsandstein übergehen, können die Rotsedimente ± das ganze Perm vertreten. Sowohl die stratigraphische Abgrenzung der permischen Rotsedimente zum Liegenden und Hangenden als auch ihre interne Untergliederung ist daher naturgemäß mit großen Unsicherheiten behaftet (*H. Falke* 1966). Entsprechend dem kaledonischen Old Red Sandstone bezeichnet man die postvariszischen Rotsedimente auch als »New Red Sandstone«.

Die subsequente Tektonik bestand wiederum hauptsächlich aus rupturellen Deformationen, die vor allem zur Bildung grabenartiger Depressionen führten, den innerorogenen Sammelbecken des festländischen Abtragungsschuttes. Man spricht daher von »Innen-Molassen«. Innerhalb der Grabenzonen kam es lokal zu starken Einengungsbewegungen mit Faltungen und Überschiebungen oder zu Horizontalverschiebungen, wie wir sie bereits am Beispiel des Grand Sillon Houiller (Französisches Zentralmassiv) besprochen haben. Extreme Ausmaße hatte die subsequente Tektonik im Becken von Alès an der SE-Seite des Französischen Zentralmassivs, wo es zu deckenartigen Überschiebungen von Westfal auf Stefan kam. Der Höhepunkt der tektonischen Aktivität fiel in die Mitte des Unter-Perm, es ist die »saalische Phase« zwischen Unter- und Ober-Rotliegend (vgl. *P. Pruvost* 1956). Vor allem diese tektonischen Bewegungen wurden von kräftigem, subsequentem Vulkanismus begleitet, der teils saure (Quarzporphyre), teils basische (Melaphyre) Produkte lieferte.

In mancher Hinsicht stand die permo-karbonische subsequente Entwicklung noch deutlich unter dem Einfluß der variszischen Orogenese. So deckt sich die Richtung der Grabenzonen weitgehend mit der der geosynklinalen und orogenen Elemente, wie der Vergleich der Abbildungen 14 und 24 für Mitteleuropa zeigt. Die Bedeutung solcher »posthumen« Richtungen wird dadurch unterstrichen, daß die subsequenten Gräben dazu neigen, sich in diesen Richtungen im Laufe der Zeit fortzubauen. Das großartigste Beispiel hierfür ist der Saar–Saale-Trog, dessen Einsenkung in Lothringen wohl schon im Unter-Karbon begann, und der sich dann in Ober-Karbon und Perm über etwa 500 km nach NE bis Mittel-Deutschland fortbaute.

Die wichtigsten permo-karbonischen Becken und Schwellen zeigt Abbildung 24. Sie befinden sich hauptsächlich im moldanubischen und saxothuringischen Bereich. In der ehemaligen Subvariszischen Saumtiefe und den angrenzenden Gebieten Nord-Deutschlands dagegen existierte im Unter-Perm ein weites Sedimentbecken mit roten tonig-sandigen Schichten, das bis in die heutige Nordsee, das südliche Dänemark, Hinterpommern und Ostpreußen reichte. Auch fast das ganze heutige Polen gehörte dazu. Es bestand aber offensichtlich keine Verbindung nach N zum Rotliegend-Graben des Oslogebietes. Den Kern des Nord-

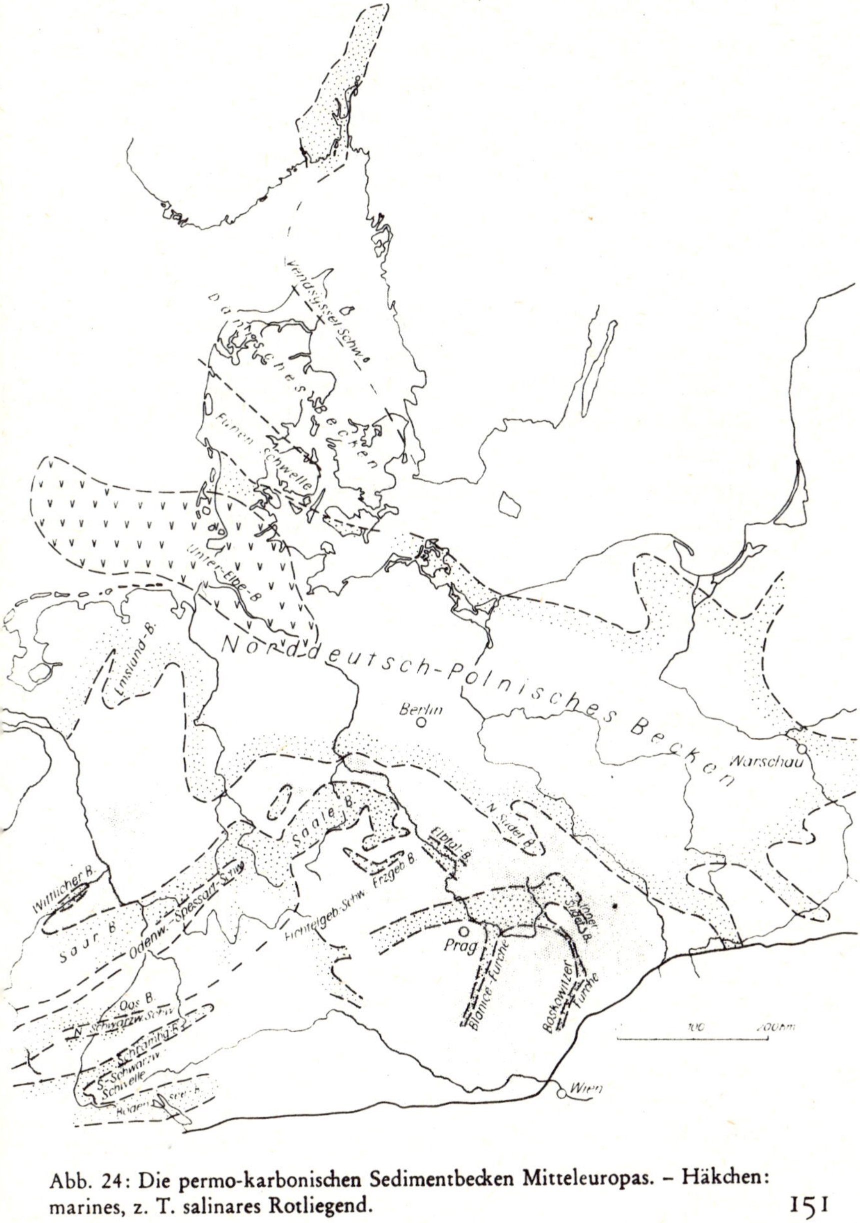

Abb. 24: Die permo-karbonischen Sedimentbecken Mitteleuropas. – Häkchen: marines, z. T. salinares Rotliegend.

deutsch-Polnischen Beckens bildete das herzynisch streichende Unterelbe-Becken mit mehr als 1000 m überwiegend roten Peliten und Steinsalzbänken. Hier deuten sich durch marine Faunen die ersten von N kommenden Ingressionen des Zechstein-Meeres an (*E. Backhaus* 1964, *F. Plumhoff* 1966). In gewisser Weise stellte das nord-deutsche Rotliegend-Becken die Verbindung zwischen der Subvariszischen Saumtiefe des Ober-Karbon zum Zechstein-Becken und damit zum Saxonischen Becken des Mesozoikums her. Hatten wir doch gesehen, daß die Saumtiefe schließlich in das rheinische Stefan-Becken des Emslandes überging (vgl. S. 103 und Abb. 17). Dort aber bestand ± kontinuierliche Entwicklung ins Rotliegend und von diesem in den Zechstein und die Trias.

Auch im nord-deutschen Rotliegend-Becken gibt es Vulkanite, und zwar in Form von effusiven und intrusiven Spiliten.

In Böhmen und im Schwarzwald (Moldanubikum) bleiben die permokarbonischen Beckenfüllungen im allgemeinen unter 1000 m Mächtigkeit, während sie im Saxothuringikum mehrere 1000 m mächtig werden können. Auch hierin drückt sich eine gewisse »Subsequenz« aus, hatte doch das Moldanubikum den Kernbereich der Europäischen Zentralschwelle innerhalb der variszischen Tethys-Geosynklinale gebildet.

Der subsequente Vulkanismus erlebte seinen Höhepunkt etwa in der Mitte der Rotliegend-Zeit. Er verteilte sich aber im übrigen auf das ganze Ober-Karbon und Rotliegend. Die frühesten vulkanischen Förderungen überlagerten sich in manchen Gebieten zeitlich und räumlich mit dem ausklingenden orogenen Plutonismus. So intrudierten im Ost-Erzgebirge die Zinngranite in Porphyre, die ihrerseits jünger als Westfal B/C sind.

In Sachsen–Thüringen ist nach *H. Gallwitz* (1959) ein Wandern des Effusionsbeginnes von SE nach NW zu beobachten, was wiederum mit dem allgemeinen Wandern der Orogenese im außeralpinen Variszikum übereinstimmt.

Die Phänomene der variszischen Subsequenz finden sich auch in den gesamten Alpen. Ober-karbonische und permische Innenmolasse-Becken sowie permischer Vulkanismus sind weit verbreitet und bestätigen die gemeinsame variszische Orogenese Mitteleuropas innerhalb und außerhalb der heutigen Alpen. Flözführendes Ober-Karbon gibt es besonders in den West-Alpen (»Briançonnais«), aber seine Bauwürdigkeit leidet darunter, daß über diese Kohlebecken die alpidische Orogenese hinweggegangen ist. Das Rotliegend ist in dem sogenannten »Verrucano« enthalten (*R. Trümpy* 1966). Es handelt sich um meist rote, detritische, kontinentale Ablagerungen, deren Alter von Stefan bis Unter-Trias reichen kann. Eines der bedeutendsten Verrucano-Becken liegt in den Glarner Alpen. Dort erreicht die Füllung 1600 m Mächtigkeit, eingeschaltet sind Laven und Tuffe von Quarzporphyren, Daziten und Spiliten.

Die Bozener »Porphyrplatte« ist eines der bekanntesten Beispiele für den permischen subsequenten Vulkanismus im Alpenraum. Nach *H. Pichler* (1959) beträgt ihre Mächtigkeit zwischen 1200 m und 1800 m. Auch im Gebiet von Lugano sind permische Porphyre weit verbreitet. Etwa gleichalterig ist ausweislich radiometrischer Altersbestimmungen der Granit von Baveno (W' Lago Maggiore).

Größere Bedeutung, auch in wirtschaftlicher Hinsicht, haben die flözführenden Ober-Karbon-Becken im Französischen Zentralmassiv, unter denen dasjenige von St. Etienne der Stefan-Stufe den Namen gegeben hat. Posthum zu den variszischen orogenen Elementen verlaufen die Becken im östlichen Zentralmassiv vorwiegend NE–SW, im westlichen dagegen NW–SE (armorikanische Richtung). Auf die ungewöhnliche Intensität der subsequenten Tektonik im Grand Sillon Houiller und im Becken von Alès ist bereits hingewiesen worden.

Daß die subsequenten Innenbecken auch in der Bretagne und im Iberischen Variszikum nicht fehlen, sei nur erwähnt.

Etwas näher soll aber das *Saar-Becken* beleuchtet werden, ist es doch das größte, wirtschaftlich wichtigste und ein in den letzten Jahren besonders intensiv untersuchtes Vorkommen (*G. Kneuper* 1964).

Das Saar-Becken erstreckt sich in SW–NE-Richtung und hat sich ebenso wie seine Fortsetzungen in Mittel-Deutschland (Saale-Becken) über der Mitteldeutschen Kristallin-Zone eingesenkt.

Nach SW reicht es bis über die Mosel südlich Metz hinaus. Für das Rotliegend ist es sogar möglich, die Strukturen des Saar-Beckens im Untergrund des Pariser Beckens bis in die Gegend S' von Paris zu verfolgen (s. S. 278). Die Annahme, daß der Untergrund des Saar-Beckens im wesentlichen aus Kristallin mit einer relativ dünnen Decke von marinem Mittel- und Ober-Devon und Unter-Karbon besteht, ist durch die Tiefbohrung

Saar 1 bestätigt worden (*L. Schröder* 1967). Die Bildung des festländischen Saar-Beckens begann anscheinend im tiefen Ober-Karbon. Die ältesten durch den Bergbau erschlossenen flözführenden Schichten gehören in das Westfal C. Tieferes Westfal und (?) Namur hat im Saarland nur die Bohrung Saar 1 angetroffen. Limnisch-fluviatile Sedimente wie Konglomerate, Sandsteine, Schiefertone und Kohleflöze, bauen in rhythmischer Folge das Westfal auf. Die Sedimente wurden sowohl vom nördlichen Randgebiet (Rheinisches Schiefergebirge) als auch von S angeliefert. Schwankungen der Mächtigkeiten, der Fazies und der Flözverteilung führen zu der Vorstellung, daß die wichtigsten heutigen tektonischen Elemente des Beckens bereits während des Westfal angelegt wurden. So ist die Anlage des Saarbrücker Hauptsattels in Gestalt einer zentralen Schwelle zu erkennen (Abb. 25), desgleichen die der Sättel und Mulden Lothringens (*P. Niesluchowski* 1969).

Die maximalen Mächtigkeiten des Westfal C/D belaufen sich auf etwa 2500 m, in denen über 500 Flöze mit insgesamt etwa 190 m Kohle enthalten sind. Zur feineren stratigraphischen Gliederung dienen neben den Flözen die sogenannten »Tonsteine«, horizontal weit verbreitete, geringmächtige Schichten, die heute als Tuffe gelten (*D. Stöffler* 1963).

Prinzipiell setzten sich die Sedimentationsverhältnisse des Westfal in das Stefan fort. Aber in zunehmendem Maße bildeten sich rote Sedimente, während die Kohlebildung abnahm. So enthält das max. 700 m mächtige Stefan A noch 4 bauwürdige Flöze, das etwa 1500 m mächtige Stefan B/C allenfalls noch 2–3. Die synsedimentäre Tektonik des Westfal ging anscheinend ± kontinuierlich in das Stefan über.

Die kumulative Maximalmächtigkeit des aufgeschlossenen Ober-Karbon (Westfal C/D, Stefan) beträgt etwa 4700 m. Nach NE dürfte das Becken während des Ober-Karbon etwa bis an den Rhein gereicht haben.

Die Karbon-Perm-Grenze läßt sich im Saar-Becken weder sedimentologisch noch paläontologisch festlegen, vielmehr geht das Stefan kontinuierlich in das Rotliegend über, in dem auch noch einige Flöze vorkommen. Der Fortbau des Beckens nach NE wird vor allem dadurch deutlich, daß es sich im Unter-Rotliegend in den Raum Saarbrücken–Frankfurt verlagerte. Die Mächtigkeit des Unter-Rotliegend beträgt zwischen 2000 m bis 2500 m.

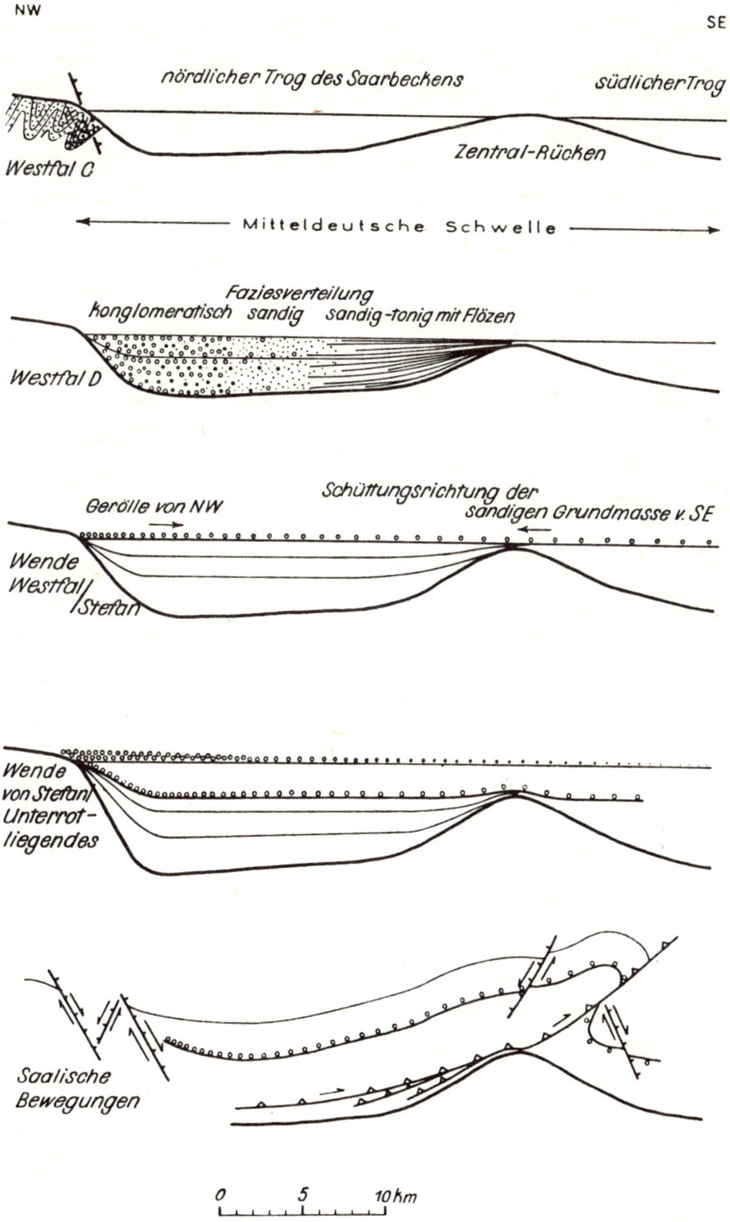

Abb. 25: Schema der Entwicklung des Saarbrücker Hauptsattels (aus G. *Kneuper* 1964, Abb. 32).

Nach *G. Kneuper* (1964) erfolgte die endgültige tektonische Ausgestaltung des Saar-Beckens während des Unter-Rotliegend. Sie bestand vor allem darin, daß die Schichten von der NW-Flanke der Zentralschwelle (s. o.) nach SE aufgeschoben wurden und den »Saarbrücker Hauptsattel« bildeten. In Zusammenhang damit kam es auch zu bedeutenden Blattverschiebungen und sonstigen Bruchstörungen. Das Ober-Rotliegend ist im eigentlichen Saarland bereits jünger als die Hauptbewegungen. Weiter NE – in der Pfalz – wurde es noch mit einbezogen. Erst während des Buntsandsteins liefen diese Bewegungen endgültig aus.

Im Rotliegend verbreitete sich das Saar-Becken nach NW in das Nahe-Gebiet, so daß nunmehr vom »Saar-Nahe-Becken« gesprochen werden kann. Hier ist das Rotliegend max. 4000 m mächtig (2000 m bis 2500 m Unter-Rotliegend, 1500 m Ober-Rotliegend, vgl. *H. Habicht* 1966).

5 Neo-Europa (Alpiden)

Als »Neo-Europa« im Sinne *H. Stilles* gelten diejenigen Gebiete, die ihre heutigen alpinotypen Strukturen den kretazisch-tertiären (»alpidischen«) Orogenesen verdanken. Es sind die »jungen« europäischen Hochgebirge samt den von ihnen umschlossenen Beckenlandschaften wie dem Pannonischen Becken. Gegenüber den variszischen und kaledonischen Gebirgszügen fällt die vielfach gewundene Bogenform der alpidischen Gebirge auf (Abb. 26). Dies dürfte großenteils daran liegen, daß schon der Verlauf der alpidischen Tethys-Geosynklinale, dann aber auch die alpidische Orogenese in hohem Maße von variszischen und noch älteren Strukturelementen beeinflußt wurden.

Es war bereits in verschiedenen Zusammenhängen davon die Rede, daß zumindest ein großer Teil der alpidischen Gebirge Europas einen variszischen Unterbau besitzt, so zum Beispiel die Pyrenäen, die Betische Kordillere Süd-Spaniens, die Alpen, Kar-

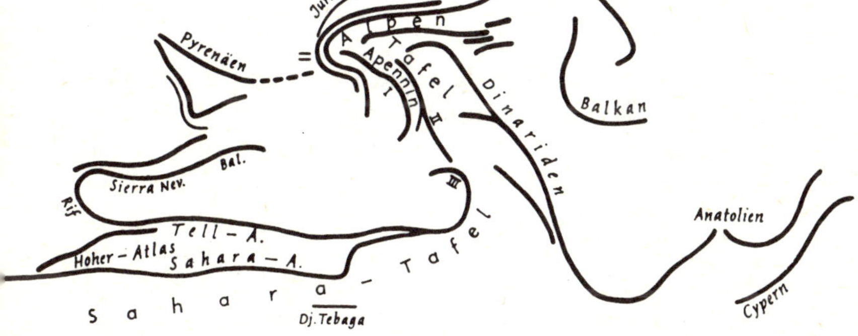

Abb. 26: Leitlinien der alpidischen Gebirge im Mittelmeer-Gebiet (aus *M. Richter* 1962).

paten und das Balkangebirge. Dies gilt auch für Korsika und den Süd-Apennin. Alle diese Gebiete waren also im Verlaufe des variszischen Subseqüenz-Stadiums (Karbon-Perm) für kürzere oder längere Zeit festländisch beziehungsweise nur epikontinental überflutet. In manchen Fällen dauerte dieser Zustand aber bis weit in das Mesozoikum hinein, und in Sardinien hat er sich überhaupt nicht geändert, so daß diese Insel bis heute eine mesoeuropäische »Enklave« mitten in Neo-Europa darstellt. Sonst aber ist das, was wir als Neo-Europa bezeichnen, seit Ober-Karbon und Perm und dann im Laufe des Mesozoikums aus dem konsolidierten Zustand Schritt für Schritt wieder in den geosynklinalen überführt worden. Durch solche »Regeneration« entstand die alpidische Tethys-Geosynklinale, das Muttermeer der jungen alpidischen Hochgebirge.

Wenn wir uns fragen, wo denn die »Keimzelle« dieser Regeneration gelegen haben mag, so kommen hierfür nach heutigem Wissen die Dinariden in Betracht, wo variszische Orogenese anscheinend fehlt oder sich nur sehr schwach ausgewirkt hat (s. S. 147). Dort gibt es marines Ober-Karbon mit russischen Fauneneinschlägen und Fusulinenkalken, wie sie für die geosynklinalen Meere der Karbon-Zeit charakteristisch sind. Von dort erfolgten marine Vorstöße nach N in die Karawanken und Karnischen Alpen (Auernig-Schichten), nach Ungarn (Bükk-Gebirge) und in die West-Karpaten (Dobschau). Außerhalb dieses Meeresbeckens war der Alpen-Karpaten-Bereich im Ober-Karbon festländisch, so wie fast das ganze europäische Variszikum mit Ausnahme der paralischen Subvariszischen Saumsenke. Von jenem oberkarbonischen Meeresbecken gingen also anscheinend die nachvariszischen Regenerationsimpulse aus, es war die Keimzelle der mesozoischen (alpidischen) Tethys-Geosynklinale.

Es leuchtet ein, daß die alpidische Tethys als regenerierte Geosynklinale sehr heterogene variszische Bestandteile »verdauen« mußte. Manche Elemente ihrer internen Gliederung, aber auch ihr stark gewundener Verlauf lassen sich darauf zurückführen. Für die viel großzügigere Linienführung des variszischen Orogens in Mittel-, West- und SW-Europa kann sinngemäß geltend gemacht werden, daß in diesen Gebieten keine nennenswerte kaledonische Orogenese vorangegangen war.

Von der Trias ab gewann die Regeneration kräftig an Raum und erfaßte weite Teile der Ost-Alpen, der Karpaten und des Apen-

nin, in Jura und Kreide griff sie auf die West-Alpen und die Pyrenäen über, als äußerste Regenerationsfront schließlich kann man den Rand der jungtertiären Molassebecken betrachten, der in Süd-Deutschland zum Beispiel durch die »Klifflinie« des miozänen Molasse-Meeres auf der Schwäbischen Alb markiert wird.
Im westlichen Mittelmeer-Gebiet ragt eine resistente variszische Barriere vom Französischen Zentralmassiv her über das Maurische Massiv (zwischen Toulon und Cannes) und die »Korsardinische Masse« weit nach S in die Tethys hinein. Dieser »mesoeuropäische Pfahl im Fleische Neo-Europas« hat naturgemäß eine große Rolle in der geosynklinalen und orogenen Entwicklung gespielt. Am augenfälligsten ist ja das südwärtige Umbiegen der West-Alpen an der Ostseite des Zentralmassivs.
Auch im nicht regenerierten Meso-Europa bildeten sich während des Mesozoikums Sedimentationsbecken, deren Mächtigkeiten denen in der Tethys kaum nachstehen. Wir nennen die Saxonischen Becken Mittel-Europas, die englisch-irischen Becken, das Pariser und das Aquitanische Becken. Aber in ihnen kam es zu festländischer oder epikontinentaler Sedimentation, die sich von der geosynklinalen in der Tethys im allgemeinen grundsätzlich unterscheidet. Besonders hinsichtlich der Trias besteht der offenkundige Gegensatz zwischen der »germanischen« Entwicklung in den mesoeuropäischen Becken und der »alpinen« in der Tethys. In Süd-Deutschland werden diese beiden Bereiche in sehr deutlicher Weise durch die »Vindelizische Schwelle« voneinander getrennt (Abb. 36).

5.1 Die Alpen (Abb. 31 = Faltblatt S. 184/185)

Obwohl die Alpen ein ganz besonders kompliziert gebauter Teil Neo-Europas sind, stellen wir sie an den Anfang der regionalen Betrachtungen. Sind doch in ihnen die für das ganze alpidische Europa gültigen Begriffe geprägt worden. Dies gilt für die charakteristischen Sedimentationstypen (z. B. »alpine Trias«, »Gosau-Kreide«, »Flysch«, »Molasse«), für die Gliederung der Geosynklinale durch Schwellen in Spezialgeosynklinalen unterschiedlicher Sedimentation und ebenso für die »alpinotype« Deckentektonik und ihre Mechanismen.

Wenn wir die gewaltigen alpidischen Deformationen auf die vororogene Ausgangslage transformieren, was nur mit Hilfe schwerwiegender und zum Teil umstrittener Hypothesen möglich ist, dann ergibt sich eine Längsgliederung der Gesamtgeosynklinale in vier große Faziesbereiche (Abb. 29). Von S nach N beziehungsweise von E nach W sind es: der südalpine, der ostalpine, der penninische und der helvetische Bereich. Jeder hat seine individuelle Entwicklung, seine typische Sedimentation und seinen eigenen Deformationsstil. Darüber hinaus kam es in jedem Bereich in Kreide und Alttertiär zur Ausbildung von Flysch-Becken, und als Abschluß legte sich im N beziehungsweise W und im S je ein tertiäres Molasse-Becken an.
Ausgehend von dem jungpaläozoischen Tethys-Becken in SE-Alpen – Ungarn – West-Karpaten (s. S. 158) erfaßte die geosynklinale Regeneration in der Trias den süd- und ostalpinen, in Jura-Kreide den penninischen und in Kreide-Alttertiär den helvetischen Bereich.
Während in den Süd-Alpen die alpidischen Deformationen vergleichsweise mäßig blieben, kam es in den anderen Teil-Geosynklinalen zu riesigen Horizontaltransporten, wobei ihre Gesteinsfüllungen nach N beziehungsweise W übereinander gestapelt wurden (Abb. 28, 29, 30, 31).

5.1.1 Der ostalpine Faziesbereich (Ostalpin)

Die Transgression der Tethys erfolgte in der Unter-Trias, und zwar über teils metamorphes, teils nichtmetamorphes Variszikum. Die skythische Stufe besteht aus bunten Sandsteinen und Schiefertonen (Werfener Schichten). Die Mittel-Trias (anisische und ladinische Stufe) ist karbonatisch, zu ihr gehört zum Beispiel der bis 1000 m mächtige Wetterstein-Kalk. Nach einer lokalen Regressionsphase in der Karnischen Stufe (sandige-salinare Raibler-Schichten) setzte sich in der Ober-Trias (norische und rhätische Stufe) die vorwiegend karbonatische Sedimentation zum Beispiel als Hauptdolomit oder Dachstein-Kalk fort, wobei wiederum die größten Mächtigkeiten bei 1000 m liegen. Die Gesamtmächtigkeit der ostalpinen Trias beträgt etwa 2000 m, sie hat überwiegend flachmeerischen miogeo-

synklinalen Charakter, und dem entspricht auch, daß basischer Vulkanismus (in der Mittel-Trias) nur eine ganz geringe Rolle spielt. Die mächtigen Karbonatgesteine der Trias bauen die österreichischen und bayerischen Kalkalpen auf.
Während Jura und Unter-Kreide herrschten ununterbrochen marine Verhältnisse bei sehr starker Gliederung der Geosynklinale in Becken und Schwellen mit lebhaftem Fazieswechsel. Grobschüttungen in der Unter-Kreide deuten den Beginn der alpidischen Orogenese in der mittleren Kreide-Zeit an. Durch die »vorgosauischen«, das heißt vorsenonen, Bewegungen wurde die Sedimentfüllung der ostalpinen Geosynklinale bereits weit nach N auf den penninischen Bereich geschoben: Dies waren die ersten großen alpidischen Deckenbewegungen. Postorogen in bezug auf diese bildeten sich vom Senon ab bis ins Alttertiär die »Gosau-Becken« mit einer teils marinen, teils terrestrischen Molasse-Sedimentation.
Abgesehen von vielfältigen Abwandlungen der Schichtfolge sowohl im Streichen als auch quer dazu hat es sich als notwendig erwiesen, mindestens zwei ostalpine Teilbereiche zu unterscheiden. Der oben geschilderte wird als der »oberostalpine« bezeichnet. Generell nördlich von ihm ist der »unterostalpine« beheimatet, das heißt in der Nachbarschaft des penninischen Faziesbereiches. Als charakteristisch für das Unterostalpin gilt die quarzitische Unter-Trias, die Häufigkeit sedimentärer Brekzien in Trias und Jura sowie das Fehlen des triadischen Vulkanismus (*A. Tollmann* 1965). (In Abb. 29 ist noch ein »mittelostalpiner« Bereich ausgeschieden.)

5.1.2 Der penninische Faziesbereich (Penninikum)

Die Gesteinsserien bauen vor allem die inneren Bereiche der West-Alpen auf, während sie in den Ost-Alpen vorwiegend in tektonischen Fenstern unter dem Ostalpin vorkommen.
Die Transgression des Trias-Meeres erfolgte zum Teil über variszisches Kristallin, zum Teil über eine flözführende oberkarbonisch-permische Innensenke, deren mehr als 1000 m mächtige Sedimentfüllung schon im Namur begann (Briançonnais-Zone). In den inneren Bereichen des Penninikums ist die Trias in ähn-

licher Fazies ausgebildet wie im Ostalpin, in den äußeren aber hat sie starke Anklänge an die germanische Trias. Die geosynklinale Regeneration hatte zu dieser Zeit also noch nicht den gesamten penninischen Raum erfaßt. Dies erfolgte erst im Jura. Unter anscheinend kräftiger Absenkung kam es vorwiegend zu kalkig-siltig-pelitischer Sedimentation in tieferem Wasser. Sie wurde von starkem basischem Magmatismus begleitet, der bis in die Unter-Kreide anhielt. An den steilen Flexuren oder Abbrüchen von Schwellen zu Becken bildeten sich submarine Brekzien. Die pelitische Sedimentation dauerte bis in die Ober-Kreide an. Sie bekam zunehmend flyschartige Züge, und sehr mächtige Flysch-Serien bildeten sich dann bis in das Eozän.
Im Gegensatz zum miogeosynklinalen Ostalpin ist das Penninikum nach Fazies und Magmatismus typisch »eugeosynklinal«. Ferner hat die Gesteinsserien eine Regionalmetamorphose betroffen. Die metamorphen Pelite werden als »schistes lustrés« (Glanzschiefer), die metamorphen basischen Magmatite als »Ophiolithe« bezeichnet. Sogar das variszische kristalline Grundgebirge ist alpidisch remobilisiert worden. Die alpidische Tektonik und Metamorphose haben im Penninikum die ursprünglichen Diskordanzen zwischen Grund- und Deckgebirge weitgehend »ausgebügelt«, ein entscheidender Unterschied zum Ostalpin und Helvetikum.

5.1.3 Der helvetische Faziesbereich (Helvetikum)

Die helvetischen Gesteinsserien bauen die äußeren Bereiche der französischen und schweizerischen Alpen auf, am Außenrand der Ost-Alpen sind sie nur in verkümmerter Form vorhanden. Der ursprüngliche Sedimentationsraum war beiderseits der heutigen Kristallinzone Aar-Massiv – Mont Blanc – Belledonne – Pelvoux – Mercantour gelegen, in den französischen Alpen hauptsächlich westlich, in den Schweizer Alpen hauptsächlich südlich davon. In der Trias gehörte der helvetische Raum noch ganz zum Vorland, wie die geringmächtige germanische Entwicklung beweist. Immerhin treten in der Ober-Trias des französischen Helvetikums, das als Dauphiné-Zone bezeichnet wird, basaltische Magmatite auf, die es in der germanischen Trias Mitteleuropas nicht gibt. Charakteristisch für das ostschweizer Helvetikum ist es, daß sich zwischen das kristalline Grundgebirge und die Trias ein über 1000 m mächtiger Verrucano (»Rotliegend«) mit Vulkaniten einschaltet (s. S. 153).

Erst mit dem Jura begann die miogeosynklinale Entwicklung, die aber noch deutliche fazielle Beziehungen zum Vorland in Süd-Deutschland beziehungsweise in SE-Frankreich hatte. Für Jura und Kreide gilt die Regel, daß im nördlichen Helvetikum neritische und lückenhafte, im südlichen mehr bathyale und vollständige Schichtfolgen ausgebildet wurden.

Starke Absenkungen mit großen Sedimentmächtigkeiten setzten erst mit der Unter-Kreide ein. Sehr deutlich kam dabei wieder der Unterschied zwischen den äußeren, vorlandnäheren und den inneren, vorlandfernen Bereichen zum Ausdruck. So nimmt in der Schweiz die Unter-Kreide von 100 m im N auf 1500 m im S zu, vorwiegend organogene flachmeerische Kalke im N vermergeln nach S. Dabei wird der morphologisch so wichtige »Schrattenkalk« durch die Drusbergmergel ersetzt. Im »ultrahelvetischen« Übergangsbereich zum Penninikum herrschen schließlich geringmächtige pelagische Cephalopodenkalke und -mergel.

Für die Mittel-Kreide sind dunkle, Glaukonit führende kalkig-sandige Sedimente bezeichnend. In der Ober-Kreide kamen pelagische Kalke und Mergel zum Absatz, die an der Kreide-Tertiär-Grenze von Flysch abgelöst wurden. Diese Sedimentation endete im Unter-Oligozän mit dem Einsetzen der ersten Deckenbewegungen.

5.1.4 Die Flysch-Tröge

Flysch-Sedimente im Sinne der von *Ph. H. Kuenen* (1958), *W. Zeil* (1960), *A. Seilacher* (1967) und anderen gegebenen Definitionen stellen sich in den Alpen etwa seit der Unter-Kreide ein. In der Regel sind es 1000 bis mehrere 1000 m mächtige rhythmische Wechsellagerungen von Psammiten (Sandsteine, Grauwacken, Kalkarenite) und Peliten. Für die Zufuhr der Sedimente, insbesondere der Psammite, werden Trübeströme (Turbidity currents) angenommen. Dieser Transport- und Sedimentationsmechanismus verursacht spezifische Sedimentstrukturen, die durch spezifische Lebensspuren ergänzt werden. Sonst ist der Flysch ausgesprochen fossilarm. Er ist stets marin, seine Bildungstiefe dürfte mindestens einige 100 m, eher wohl um 1000 m betragen. Gelegentlich treten innerhalb des Flysches »chaotische« Gleitmassen auf, deren Komponenten Tausende von m^3 groß sein können. In den Alpen spricht man von »Wildflysch«, im Apennin ist dafür der Begriff »olistostromi« geprägt worden.

Das Gesamtbild des Flysches spricht dafür, daß diese Sedimentation durch eine kräftige Reliefbelebung in der Geosynklinale bedingt ist, wobei von den Hochgebieten das Material in die rasch und tief sinkenden Flyschtröge transportiert wird. In der Regel stehen diese Vorgänge in Zusammenhang mit der Orogenese. Die kausale Verknüpfung der Flysch-Sedimentation mit der Orogenese drückt sich auch darin aus, daß sie räumlich und zeitlich gleichsinnig mit der Orogenese von »innen« nach »außen« wandert. Hiervon ist bereits im Zusammenhang mit dem Kulm-Flysch des Rhenoherzynikums und Subvariszikums die Rede gewesen (s. S. 100 und Abb. 16).

In den Alpen haben sich Flyschtröge in allen Teilbereichen einerseits vom Ostalpin bis an den Außenrand des Helvetikums, andererseits im Südalpin gebildet. Große Schwierigkeiten bereitet zum Teil ihre richtige Einwurzelung, da manche Flysch-Komplexe bei den Deckentransporten völlig von ihrer Unterlage getrennt worden sind.

Entsprechend der Sachlage, daß im Ostalpin die ersten orogenen Bewegungen während der Mittel-Kreide eintraten (s. S. 161), begann hier die Flysch-Sedimentation im Laufe der Unter-Kreide. Im Penninikum setzte sie im wesentlichen in der Ober-Kreide ein und verschob sich zu den äußeren Bereichen bis in das Eozän. Der helvetische Flysch bildete sich in der Hauptsache während des Eozän und endete im Unter-Oligozän – etwa mit den beginnenden helvetischen Deckenbewegungen. Anschließend senkte sich der Molasse-Trog ein, und zwar zunächst noch mit flyschartiger Sedimentation.

5.1.5 Das Molasse-Becken

Mit der beginnenden Orogenese im helvetischen Bereich, nämlich im tieferen Oligozän, begann der Alpenkörper aufzusteigen. Etwa gleichzeitig sank entlang seinem Außenrande im Rhône-Tal, Schweizer Mittelland, im süddeutschen und österreichischen Alpenvorland das Molasse-Becken ein. Dasselbe ereignete sich am S-Rand der Alpen und in der heutigen Po-Ebene. Die eigentliche Molasse-Sedimentation erfolgte im Oligozän und Miozän und bestand ganz überwiegend aus dem Abtragungsmaterial des aufsteigenden Alpenkörpers. Im weiteren Sinne dauert dieser Zustand aber heute noch an.

Wenn wir speziell das nordalpine Molasse-Becken ins Auge fassen, so ist zunächst typisch, daß die größten Mächtigkeiten mit etwa 5000 m am Alpenrande liegen, zum Vorland hin nehmen sie rasch ab. Es ist also ein ausgesprochen asymmetrisches Becken. Seine innersten Teile liegen etwa 10 km südlich des Alpenrandes unter Flysch-Decken und sind daher noch kaum näher bekannt. Die Senkung wurde im allgemeinen von der Sedimentlieferung ausgeglichen oder überholt, so daß vorwiegend kontinentale Verhältnisse herrschten, andernfalls handelte es sich um brackische Meeresräume. Fluviatile Geröllschichten (»Nagelfluh«), Delta-Sedimente in Form von Sandsteinen und sandigen Schiefertonen bauen in der Hauptsache die Molasse auf. Ihre vertikale Gliederung in Großzyklen dürfte die tektonischen Bewegungen des Alpenkörpers sedimentär abbilden (*H. Füchtbauer* 1967).

Den Untergrund des nordalpinen Molasse-Beckens bildet das allmählich nach S abtauchende Moldanubikum mit seinem terrestrischen bis epikontinental-marinen mesozoischen und eozänen Deckgebirge. Die Senkungsachse des Beckens wanderte – entsprechend der generellen Tendenz in der alpinen Geosynklinale – von S nach N. Die älteste, das heißt südlichste, Beckenanlage erfolgte im tieferen Oligozän, und zwar noch unter sedimentologischen Übergangsverhältnissen von Flysch zu Molasse. Der N-Rand des Beckens lag auf der Schwäbischen Alb (Kliff-Linie). Der S-Rand der Molasse wurde noch von jungtertiären Bewegungen des Alpenkörpers betroffen und zum Teil sogar 10 km und mehr von ihm überfahren. Man spricht von der »subalpinen« oder »gefalteten« Molasse. Nördlich davon liegt die »ungefaltete« oder »Vorland«-Molasse.

Der französische und der österreichische Anteil des Molasse-Beckens waren überwiegend marin bis brackisch, der schweizerisch-süddeutsche dagegen überwiegend festländisch. Hier kam es ausgehend von den marinen Zentren im SW und E zu Transgressionen im Miozän (Burdigal- und Helvet-Stufe). In Süd-Deutschland unterscheidet man daher folgende Einheiten *(P. Schmidt-Thomé* 1960):

<table>
<tr><td>Obere Süßwasser-Molasse</td><td rowspan="2">Miozän</td></tr>
<tr><td>Obere Meeres-Molasse</td></tr>
<tr><td>Untere Süßwasser-Molasse</td><td rowspan="2">Oligozän</td></tr>
<tr><td>Untere Meeres-Molasse
(Übergang Flysch-Molasse)</td></tr>
</table>

epikontinentales Eozän

5.1.6 Die Süd-Alpen und ihre Tektonik (Abb. 27)

Geosynklinale und orogene Entwicklung rechtfertigen es, die bisher besprochenen Faziesbereiche als den »Nordstamm« der Alpen den Süd-Alpen gegenüberzustellen. Die Grenze zwischen beiden bilden tiefgreifende Störungszonen, die sich etwa N' von Turin an den N-Enden von Lago Maggiore und Comer See (»Insubrische Linie«) nach E bis an das Adamello-Massiv (»Tonale-Linie«), dann als »Judicarien-Linie« in NNE-Richtung bis ins Pustertal, von dort in ESE-Richtung als »Pustertal-Linie« und dann durch das Gailtal bis in die Karawanken verfolgen lassen.

Vom E der Süd-Alpen, nämlich von Karawanken und Karnischen Alpen, ging die geosynklinale Regeneration des Alpenraumes aus. Nach der letzten dort wirksamen variszischen Orogenese transgredierte bereits wieder das Meer des höheren Ober-Karbon (marine Anteile der Auernig-Schichten, s. S. 158). Es persistierte in diesem Raum bis in die Sosio-Stufe des Mittel-Perm *(F. Kahler* 1963). Westlich dieses Meeresraumes baute sich während Unter- und Mittel-Perm in Südtirol die > 1000 m mächtige Porphyrplatte auf. Nach einer durch die Grödener Schichten repräsentierten Festlandsperiode ingredierte die Tethys erneut im Ober-Perm mit den Bellerophon-Schichten, nun aber weit über den ober-karbonisch bis mittel-permischen Meeresraum hinaus. Damit wurde die marine Sedimentationsfolge des Mesozoikums in den Alpen eingeleitet.

In der Trias herrschen zwar wie im Ostalpin (Nördliche Kalkalpen) die Karbonatgesteine vor, die ja durchweg die Gipfelregionen der »Dolomiten« aufbauen. Aber sonst gibt es wesentliche Unterschiede: So entwickelte sich aus den Bellerophon-Schichten eine marine Unter-Trias; in der Mittel-Trias bildeten sich zwischen Riffkomplexen Spezialbecken mit mergeligen Sedimenten, und gleichzeitig kam es zu mächtigem basischem Vulkanismus.

In Ober-Trias und Lias ereigneten sich ungewöhnlich starke synsedimentäre Krustenbewegungen, die zu großen Fazies- und Mächtigkeitschwankungen führten. So liegen auf der N–S verlaufenden Luganer Schwelle einige 10 m Rhät und Lias in neritischer Fazies. Im östlich anschließenden Generoso-Becken bildeten sich aber etwa 1000 m schwarze euxinische Rhät-Pelite und etwa 3000 m Lias-Kieselkalke. Radiolarite und pelagische Foraminiferenkalke und -mergel setzten die Sedimentation in den tiefen Becken bis in die Mittel-Kreide fort.

Die Ober-Kreide ist zum Teil als Flysch ausgebildet. Darüber transgredierte die oligo-miozäne Molasse, die nach S unter die pliozänen und pleistozänen Ablagerungen der Po-Ebene taucht.

In tektonischer Hinsicht unterscheiden sich die Süd-Alpen von den übrigen Alpen dadurch, daß ihnen die eigentlichen »alpinotypen« Strukturen weitgehend fehlen. Vor allen Dingen gibt es keinen großräumigen Deckenbau, wie wir ihn aus dem Ostalpin, dem Penninikum und dem Helvetikum zu besprechen haben werden. Das permisch-mesozoische Deckgebirge der Süd-Alpen liegt vielmehr autochthon beziehungsweise parautochthon auf dem kristallinen Grundgebirge (Abb. 27). Dabei treten die relativ stärkeren Deformationen mit weiteren und ganz überwiegend nach S gerichteten Überschiebungen W' der Judicarien-Linie, in den Lombardischen Alpen, auf. Die E' der Judicarien-Linie gelegenen Dolomiten dagegen machen nach den neuerdings veröffentlichten Profilen großenteils den Eindruck eines »Bruchfalten-Gebirges« (vgl. z. B. *P. Leonardi* 1968). Das kristalline Grundgebirge ist von Rupturen betroffen, die sich in den faltbaren Anteilen des Deckgebirges als Verbiegungen ausgewirkt

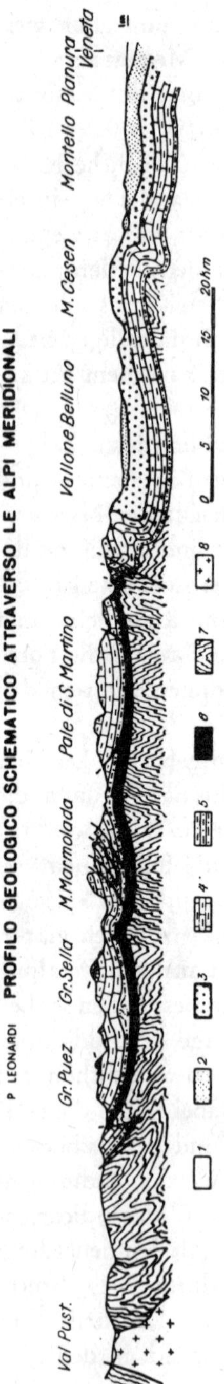

Abb. 27: Schematisches Profil durch die Süd-Alpen (aus *P. Leonardi* 1968, Fig. 223). – 1 Quartär, 2 Tertiär, 3 Kreide und Jura, 4 Trias, 5 Perm, 6 permische Quarzporphyre, 7 kristallines Grundgebirge, 8 Intrusivmasse von Brixen (Bressanone).

haben. Ohne Zweifel spielt die über 1000 m mächtige, relativ starre Bozener »Porphyr-Platte« eine gewichtige Rolle für die geringe Deformation des Mesozoikums.
Die auftretenden Dislokationen konzentrieren sich in der Regel auf SW–NE und W–E streichende relativ schmale Streifen mit SE- beziehungsweise S-vergenten Aufschiebungen. Diese werden flacher und bekommen größere Ausmaße dort, wo Jura- und Kreide-Schichten vorhanden sind und die Porphyr-Platte also in größerer Tiefe liegt.
Dieses einfache tektonische Bild wird durch eine Reihe von besonderen Komplikationen modifiziert. Hier sind zunächst gewisse chaotische Strukturen zu nennen, die mit dem explosiven mittel-triadischen Vulkanismus zusammenhängen. Zu diapirartigen Strukturen neigen offenbar die zum Teil salinaren Bellerophon-Schichten, zu stärkeren seitlichen Materialwanderungen auch die überwiegend pelitischen Trias-Schichten unter der Last der triadisch-jurassischen Kalkmassen. Diese Sachlage wie auch der scharfe Wechsel zwischen Riff-Fazies und klastisch-vulkanischer Fazies der Mittel-Trias hat ohne Zweifel zu Schwerkraft-Gleitungen geführt, über deren Ausmaß allerdings die Meinungen auseinandergehen.
Mit Schwerkraft-Gleitung wird auch ein Kuriosum der Dolomiten erklärt, das unter der Bezeichnung »Gipfelfaltung« seit langem bekannt ist. Es handelt sich darum, daß in den Gipfelpartien ± ruhig gelagerter Schollen starke Faltungen oder gar enge Verschuppungen etwa von Jura-, Kreide- und Trias-Fetzen auftreten. Die Faltungen in den wohlgeschichteten Gipfelpartien werden mit der Kippung der Schollen erklärt, die Verschuppungen mögen zum Teil die Basalbildungen größerer Gleiteinheiten sein, die inzwischen abgetragen worden sind.
Über die Tektonik der Süd-Alpen haben sich im Lichte geophysikalischer Befunde in letzter Zeit ganz neue Aspekte ergeben: Das Kristallin der Süd-Alpen enthält an seiner N-Seite, unmittelbar S' der Insubrischen Linie, eine Gesteinsformation besonderer Art, nämlich die »Zone von Ivrea« (Abb. 28). Es handelt sich um einen bei steiler Lagerung etwa 10 km mächtigen Komplex basischer und ultrabasischer Gesteine, die von hochmetamorphen (»katazonalen«) Gneisen begleitet werden.
Gravimetrische Untersuchungen ergaben, daß die Ivrea-Zone ein ausgesprochenes Schwerehoch darstellt, in dem Gesteine mit

einer Dichte von > 3 aus der Tiefe bis an die Oberfläche reichen. Material von einer solchen Dichte wird aber für den Übergangsbereich Erdkruste-Erdmantel angenommen. Nach geophysikalischen Messungen erstreckt sich die Ivrea-Zone weit über ihre geologisch-petrographische Abgrenzung nach S hinaus, indem sie nämlich entlang dem Innenrand der Alpen W' von Turin bis Cuneo zu verfolgen ist.

Durch seismische Untersuchungen der Ivrea-Zone wurde bestätigt, daß es sich um einen nahe der Oberfläche liegenden dichten beziehungsweise schallschnellen Körper handelt. Die seismischen Laufzeit-Diagramme brachten darüber hinaus aber insofern eine große Überraschung, als unter dem Ivrea-Körper (Laufzeiten von etwa 7,2 km/sec) im Tiefenbereich zwischen 20 bis 40 km Laufzeiten von nur 4 bis 5 km/sec auftreten. Darunter steigen die Laufzeiten wieder auf 7 km/sec und mehr an *(P. Giese* 1968).

Diese Befunde werden zunächst petrographisch folgendermaßen gedeutet: Der Ivrea-Körper selbst besteht, wie gesagt, aus basischem bis ultrabasischem Material, das seinem physikalischen Verhalten nach der Übergangszone Kruste–Mantel entspricht. Die Zone der Geschwindigkeits-Inversion (20–40 km) läßt sich mit einem Materialwechsel erklären, und zwar im Sinne partiell geschmolzenen Sials (partielle Anatexis). Darunter folgen der Übergang Kruste–Mantel und der Obere Mantel.

Die geologische Interpretation nach *Günther, Giese* und *Reutter* (in: *P. Giese* 1968) besagt folgendes: In Form des Ivrea-Körpers haben Teile des Übergangsbereiches Kruste–Mantel die sialische Oberkruste in nördlicher beziehungsweise nordwestlicher Richtung überfahren. Auf dem Ivrea-Körper liegen ± normal die Gneise der Sialkruste einschließlich des variszischen Kristallins und darauf das permisch-mesozoisch-tertiäre Deckgebirge der Süd-Alpen.

Sollte sich diese Interpretation bestätigen, dann würden also die Süd-Alpen eine riesige »Decke« darstellen, deren Bewegungsbahn bis in die Nähe des Erdmantels reichte.

5.1.7 Die helvetischen Decken (Abb. 28)

Hinsichtlich der orogenen Ausgestaltung unterscheidet sich der schweizer Anteil des Helvetikums grundsätzlich vom französischen. In der Schweiz etwa bis zum Quertal der Rhône oberhalb des Genfer Sees ist der helvetische Sedimentstapel ganz überwiegend allochthon und bildet die helvetischen Decken. SW' des Rhône-Quertales liegen die helvetischen Sedimente dagegen in zunehmendem Maße autochthon bis parautochthon auf dem Grundgebirge. Insofern ist es durchaus sinnvoll, daß der französische Anteil des Helvetikums als »Dauphiné-Zone« bezeichnet wird. Strukturell handelt es sich dabei um die »Subalpinen Ketten«, mit denen wir uns im Zusammenhang des West-Alpen-Bogens beschäftigen werden.
In diesem Kapitel geht es um die Tektonik der helvetischen Decken der Schweiz. Im Gegensatz zum Penninikum ist das Grundgebirge nicht in den helvetischen Deckenbau einbezogen, wir haben es also mit Abscherungsdecken zu tun. Davon abgesehen haben die Deformationen aber sehr wohl auch das Grundgebirge betroffen. Die »Zerschlitzung« von Grund- und Deckgebirge ist zum Beispiel in sehr eindrücklicher Weise im Jungfrau-Gebiet des Aar-Massivs zu beobachten. Im Gegensatz dazu scheint das Grundgebirge des Molasse-Beckens alpidisch kaum deformiert worden zu sein.
Der Ablagerungsraum des Helvetikums reichte vom nördlichen Vorland des Aar-Massivs bis an den Rand des Gotthard-Massivs. Die mesozoische Sedimenthülle des Aar-Massivs ist zum größten Teil vom Grundgebirge abgeschert und in Form einer großen liegenden Sattelfalte nach N bewegt worden. Prinzipiell ähnliche Verhältnisse gelten für das Mont-Blanc-Massiv, das die südwestliche Verlängerung des Aar-Massivs ist.
Im tektonischen Hangenden, das heißt nördlich dieser parautochthonen Einheiten, liegen die höheren helvetischen Decken. Ihr Grundgebirge von etwa 30 km Breite müßte zwischen Aar- und Gotthard-Massiv gelegen haben. Dieser heute nur noch rudimentär vorhandene Krustenstreifen ist nach *R. Trümpy* (1969) in einer Narbenzone »verschluckt« worden (Tavetscher Massiv). Daraus ergibt sich eine Transportweite der höheren helvetischen Decken von 30 bis 40 km nach N.
Über die Kinematik der helvetischen Decken macht man sich

heute etwa folgendes Bild (*R. Trümpy* 1969): Die Aktivität begann im S des Helvetikums, wo die relativ mobilen »ultrahelvetischen« Flyschmassen (Ober-Kreide bis Alttertiär) unter dem Andrang der penninischen Decken in Bewegung gerieten. Unter Mitwirkung gravitativer Gleitvorgänge wanderten die etwa 1000 m mächtigen Flysch-Serien auf das Helvetikum, bildeten gewissermaßen sein Hangendes und wurden als solches in die weiteren Deckenbewegungen einbezogen. Diese Vorgänge haben sich im Anschluß an die ultrahelvetische Flysch-Sedimentation, also im Mittel- bis Ober-Oligozän abgespielt. Infolge der »Verschluckung« seines Grundgebirges und unter der Einwirkung der weiterhin von S anbrandenden penninischen und ostalpinen Einheiten wurde der mesozoisch-alttertiäre Sedimentstapel des Helvetikums (+ ultrahelvetischer Flysch) von seinem Untergrunde abgelöst und nach N über das Aar-Massiv und die oben erwähnten parautochthonen tektonischen Elemente geschoben. Die Hauptbewegungen der helvetischen Decken erfolgten im Miozän.

Diese riesige Abscherungseinheit setzte sich aus 2 bis 3 km helvetischem Deckgebirge, etwa 1 km ultrahelvetischem Flysch und 1 bis 2 km penninischen-ostalpinen Deckenanteilen zusammen, so daß ihre Dicke im Durchschnitt 5 km betrug. An ihrer Basis kam es naturgemäß zu dynamo-metamorphen Umwandlungen, wofür der »Lochseitenkalk« der Glarner Alpen ein klassisches Beispiel ist. Es handelt sich um einen marmorisierten, ausgewalzten und verfalteten Kalkmylonit aus Jura- und Kreidegesteinen.

Die Abscherungseinheit des Helvetikums wurde bei ihrem Transport in charakteristischer Weise deformiert. Hierbei spielten ihr wechselvoller Aufbau aus kompetenten und inkompetenten, faltbaren und nicht faltbaren Gesteinen, ferner fazielle Änderungen von N nach S, aber auch von W nach E und schließlich die Möglichkeit gravitativer Gleitungen in verschiedenen Stadien des Transportweges wichtige Rollen. Folgende tektonische Vorgänge sind besonders charakteristisch:

1. Abscherungen entlang mergeligen oder salinaren Schichten führten zur Auflösung der helvetischen Gesamteinheit in tektonisch selbständige Teileinheiten größeren oder kleineren stratigraphischen Umfanges.

2. Eine besonders große Rolle spielten bei diesen Abscherungsvorgängen die bis zu mehreren 100 m mächtigen Mergel der tie-

feren Unter-Kreide. Sie sind vor allem dafür verantwortlich, daß zwischen tektonischen Jura-Einheiten und tektonischen Kreide-Alttertiär-Einheiten zu unterscheiden ist. Dabei können sich die Verhältnisse im Streichen ändern: So bilden Jura und Kreide in der West-Schweiz eine tektonische Einheit (»Wildhorn-Decke«), in der Ost-Schweiz aber lösen sie sich voneinander ab, so daß es dort einerseits eine »Axen-Decke« mit mächtigem Jura ohne Kreide-Anteil, andererseits eine »Säntis-Decke« aus Kreide-Alttertiär und ohne Jura gibt.

3. Bei der N-Bewegung des Helvetikums wurden die tektonischen Einheiten in Falten gelegt. Überkippte bis liegende Falten oft mit ausgewalzten Liegendschenkeln und »Einwickelung« hangender Komplexe, zum Beispiel des Flysches, sind die Regel.

4. Infolge Hebung des Aar-Massivs wurden diejenigen helvetischen Deckenteile, die bereits auf der N-Flanke des Massivs lagen, von Schwerkraft-Gleitung erfaßt. Hierauf dürften die häufigen nach N tauchenden Faltenumbiegungen zurückzuführen sein.

5.1.8 Die penninischen Decken (Abb. 28)

Der Baustil des Penninikums weicht von dem des Ostalpins und Helvetikums insofern grundsätzlich ab, als das variszische Grundgebirge voll und ganz in den Deckenbau einbezogen ist und die Kerne großer liegender Falten bildet, umhüllt von den Sedimenten des Mesozoikums. Voraussetzung für einen solchen Baustil war naturgemäß eine alpidische Remobilisierung des Variszikums. Diese erfolgte in Zusammenhang mit einer allgemeinen Regionalmetamorphose des Penninikums. Grund- und Deckgebirge wurden durch alpidische Deformation und Metamorphose zu einer Einheit verschmolzen, die variszischen Strukturen und die Diskordanz zwischen Grund- und Deckgebirge großenteils ausgelöscht.

Der Raum der penninischen Decken der Schweiz wird im S begrenzt von der großen Störungszone (Insubrischen Linie) gegen den kristallinen Sockel der Süd-Alpen, im N liegen sie auf dem Mesozoikum des Gotthard-Massivs.

Im S, also N' von Lago Maggiore und Comer See, bilden die

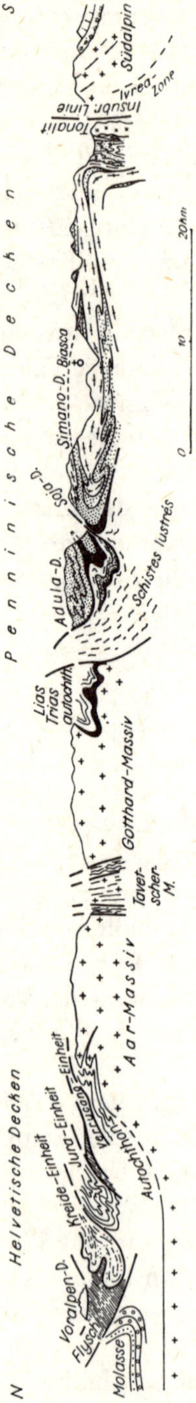

Abb. 28: Penninische und helvetische Decken in den Schweizer Alpen (nach Unterlagen von *H. Badoux, W. K. Nabholz, E. Niggli, E. Wenk* in: Geologischer Führer der Schweiz, Basel 1967). – Kreuze: variszisches Kristallin, schwarz: Trias. Penninische Decken: gekreuzte Striche: Granit- und Augengneise, punktiert: Gneise, Glimmerschiefer, Amphibolite; gewellte Striche: schistes lustrés (Jura bis U-Kreide).

Decken eine relativ schmale, hochmetamorphe »Wurzelzone« aus ± senkrechten engen Falten. Von hier aus nach N legen sich die Einheiten allmählich flach, ordnen sich zu liegenden Falten mit Gneiskernen und metamorphen Sedimenthüllen, bilden sehr stark »fließende« Formen und nach N tauchende Sättel und Mulden. Die penninischen Sedimentmassen, hauptsächlich die jurassischen bis unter-kretazischen schistes lustrés, haben sich großenteils tektonisch selbständig gemacht und am N-Rand des Penninikums angehäuft. Hier »branden« sie teils mit steilen Kontakten gegen die Gotthard-massivische Sedimenthülle, teils überschieben sie diese.

Das »Gekröse« der penninischen Tiefentektonik ist an sich sehr schwer auflösbar. Dank hervorragender Hochgebirgsaufschlüsse und Tunnelbauten (zum Beispiel Simplon) konnte die Tektonik aber doch bis in viele Einzelheiten hinein geklärt werden. Das Profil der Abbildung 28 soll davon eine Vorstellung geben.

Insgesamt besteht das Penninikum aus einem Stapel von jeweils mehreren tief-, mittel- und hochpenninischen Decken. Sie bilden eine Kulmination im Simplon-Tessin-Gebiet, wo die tiefpenninischen Decken aufgeschlossen sind. Die Kulmination taucht nach W und E ab, so daß einerseits im Wallis, andererseits in Graubünden die mittleren und höheren Decken auftreten. In Graubünden setzt sich das östliche Achsenfallen in dem Maße fort, daß das gesamte Penninikum östlich vom Rhein und Bergell unter die ostalpinen Decken abtaucht. In zwei tektonischen Fenstern tritt es dank der Erosion unter ostalpinem Rahmen wieder zutage, nämlich im Engadiner Fenster und im Fenster von Gargellen. Auch in den Hohen Tauern, also mitten in den Ost-Alpen, kommen penninische Gesteinsserien vor. Die Frage, ob sie die Fortsetzung des bündnerischen Penninikums sind, gehört zu dem fundamentalen Probleme des »Tauern-Fensters« (s. S. 177).

Ein wesentliches Element des Penninikums ist die alles überprägende alpidische Regionalmetamorphose. Von anatektischen Formen, besonders im Bereich der Wurzelzone, nimmt sie nach N allmählich ab, um im Bereich des Gotthard-Massivs aufzuhören. Scharf dagegen ist die Grenze der hochgradigen alpidischen Metamorphose gegen das Südalpin, wo sie völlig fehlt.

In der Wurzelzone wechseln Granite, Granodiorite, Migmatite und verschiedenste Gneise mit sedimentogenen Bändern von Amphiboliten, Hornblendegneisen, Glimmerschiefern und Marmoren. Das alpidische Alter der Metamorphose dieser Gesteine ist durch radiometrische Datierungen gesichert. Noch im Grenzbereich von Penninikum und gotthard-massivischem Mesozoikum treten grobkristalline Glimmerschiefer und Marmore auf, die nicht selten Fossilien enthalten. Das Kristallin des Gotthard-Massivs liefert bereits radiometrische Werte, die der variszischen Orogenese entsprechen, aber seine Biotite ergeben Datierungen tertiären Alters. Die alpidische Aufheizung hat sich also noch so weit ausgewirkt, daß die Biotite kristallisierten oder rekristallisierten. Im nördlichen Aar-Massiv schließlich haben auch die Biotite in der Regel ihr variszisches Alter behalten (*E. Jäger, E. Niggli* & *E. Wenk* 1967).

Die eben genannten Autoren konnten zeigen, daß der heißeste Kernbereich der Metamorphose als eine relativ schmale Zone mit steiler N- und S-Flanke vom mittleren Tessin im W bis zum Bergeller Granit im E reicht. Sie durchschneidet dabei viele tektonische Einheiten, verläuft aber stets nördlich parallel der »Insubrischen Linie«, also nördlich der tektonischen Fuge zwischen penninischer Wurzelzone und südalpinem Kristallin. Geologische und radiometrische Datierungen stimmen darin überein, daß die wesentlichen alpidischen tektonischen Gefügeprägungen und die alpidische Metamorphose des Penninikums zu einem einheitlichen Großvorgang gehören. Dieser hat sich zwischen unterem und mittlerem Oligozän abgespielt.

5.1.9 Der Deckenbau der Ost-Alpen (Abb. 29)

Während im Penninikum und Helvetikum der West-Alpen die Grundzüge des Deckenbaues geklärt und allgemein anerkannt sind, ist die Diskussion über das Bewegungsbild der Ost-Alpen noch im Gange. »Sind die nördlichen Kalkalpen, wie die Deckentheorie lehrt, über die Zentralalpen hinweggefahren, oder waren sie primär nördlich der Tauern beheimatet? An der Beantwortung dieser Frage scheiden sich noch heute die Geister« (*H. G. Wunderlich* 1964). Es ist im Rahmen dieses Buches unmöglich, auf die Diskussion der Frage einzugehen. Im Sinne der meisten heutigen Ostalpen-Geologen glauben wir, daß die

 Grundlinien des ostalpinen Deckenbaues, wie sie *H. P. Corne-*

lius (1940) formuliert hat, am besten dem gegenwärtigen Stande der Kenntnisse entsprechen.

Wir gehen aus vom Westende der Ost-Alpen im Rhätikon und in Liechtenstein (Abb. 31): Hier tauchen die West-Alpen mit dem Penninikum nach E unter das Ostalpin, hier »schwimmen« die Ost-Alpen mit ihrem kristallinen Grundgebirge allseitig auf dem Mesozoikum der West-Alpen, hier also hat ein ostalpiner Deckenkomplex das Penninikum von S nach N überfahren und unter sich begraben. Da penninische Gesteinsserien als kuppelartige Fenster im Engadin, in den Hohen Tauern und vielleicht sogar im Wechselgebirge am E-Rand der Alpen unter ostalpinen Einheiten auftauchen, scheint der penninische Trog ursprünglich bis an das Ende der Ost-Alpen gereicht zu haben. Konsequenterweise muß angenommen werden, daß der ursprüngliche ostalpine mesozoische Faziesbereich mitsamt seinem paläozoischen Grundgebirge als eine riesige Deckeneinheit auf dem Penninikum schwimmt. Vorderste Teile dieser ostalpinen Großeinheit, nämlich die Nördlichen Kalkalpen, sind darüber hinaus weit nach N über Flysch, Helvetikum und Molasse gewandert. Zum Verständnis der heutigen Vorstellungen über den ostalpinen Deckenbau ist es notwendig, nochmals auf die Disposition der mesozoischen, zum Teil auch der tertiären Faziesbereiche und auch ihres Grundgebirges vom nördlichen Vorland bis an die Grenze zu den Süd-Alpen einzugehen, wobei wir uns vor allem auf die Arbeiten von *E. Clar* (1965), *H. Flügel* (1964) und *A. Tollmann* (1963, 1965) stützen (Abb. 29).

Bezüglich des vor-mesozoischen – genauer gesagt: des vor-oberkarbonischen – Grundgebirges gilt, daß es vom Vorland im N, also im Untergrund des Molasse-Beckens, unter dem Helvetikum, unter dem Penninikum und bis unter den nördlichen Teil des Ostalpins aus Kristallin besteht. Nur im südlichen Ostalpin handelt es sich um nicht-metamorphes Altpaläozoikum. Dieses Altpaläozoikum liegt aber nirgends normal auf jenem Kristallin, vielmehr verzahnen sich beide, so daß zumindest höhere Kristallinteile metamorphes Altpaläozoikum sind. Innerhalb des ostalpinen Faziesbereiches scheint die Grenze zwischen kristallinem und nichtkristallinem Grundgebirge eine große Rolle für den Deckenbau gespielt zu haben, wie wir gleich sehen werden. Zunächst aber unterscheidet sich bereits das Mesozoikum der beiden Grundgebirgsbereiche deutlich voneinander: Auf dem kristallinen liegt das »zentralalpine«, auf dem nichtmetamorphen liegt das »oberostalpine« Mesozoikum.

Bei der alpidischen Orogenese wurde der ostalpine Gesamtbereich in 3 große Deckeneinheiten zerlegt, die nach N auf das Penninikum wanderten: Die »unterostalpine« Einheit, bestehend aus Kristallinfetzen und einem charakteristischen Mesozoikum, entstammt dem Raum unmittelbar südlich des Penninikums, aus dem südlichen Anschlußraum die »mittelostalpine« Einheit, bestehend aus dem zentralalpinen »Altkristallin« und schwach metamorphem zentralalpinem Perm-Mesozoikum. Dem S des ostalpinen Raumes entstammt die »oberostalpine« Einheit mit nicht metamorphem Paläozoikum und dem mächtigen oberostalpinen Mesozoikum.

Diese ostalpinen Deckeneinheiten liegen heute also übereinander und insgesamt über dem Penninikum, wobei das »Unterostalpin« in den penninischen Fenstern den unmittelbaren Rahmen bildet. Das »Oberostalpin« ist mit seinem Hauptanteil weit über das »Mittelostalpin« gewandert und baut die heutigen Nord-Alpen zum Beispiel N' des Salzach- oder des Enns-Tales auf. Hier bildet das oberostalpine Grundgebirge die »Nördliche Grauwackenzone« und das oberostalpine Mesozoikum die »Nördlichen Kalkalpen«.

Die Nördlichen Kalkalpen – in sich in eine Reihe von Teildecken gegliedert – haben sich darüber hinaus von ihrem Grundgebirge abgeschert und sind über penninischen Flysch und Helvetikum hinweg gewandert. Diese 3 Einheiten haben schließlich auch noch die subalpine Molasse weithin überschoben. Mit der Bohrung Urmannsau in Niederösterreich, etwa 8 km S' des Kalkalpen-Nordrandes abgeteuft, ist diese Sachlage eindeutig nachgewiesen.

Wenn man als Herkunftsgebiet der Nördlichen Kalkalpen etwa den Drauzug beziehungsweise die Karawanken annimmt, so beträgt ihre gesamte Transportweite etwa 150 km.

Den Ablauf dieses ostalpinen Bewegungsbildes stellt sich *E. Clar* (1965) folgendermaßen vor: Bereits in der Mittel- und frühen Ober-Kreide (»vorgosauisch«) wurde der ostalpine Raum in seine 3 Einheiten zerlegt und diese als Decken dem südlichen Penninikum aufgeschoben. Im Alttertiär erreichte die Überschiebung auch die nördlichen Pennin-Gebiete. Im Oligozän kam es zu einer kuppelartigen Aufwölbung des Penninikums, wobei insbe-

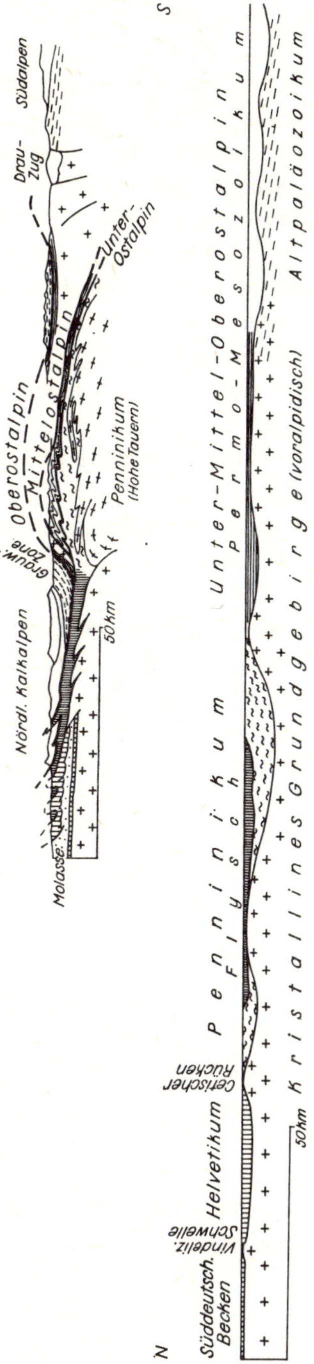

Abb. 29 unten: Die Großgliederung der mesozoischen Geosynklinale in den Ost-Alpen.
oben: Der Deckenbau der Ost-Alpen mit dem Tauernfenster (beide Profile etwas verändert nach *E. Clar* 1965).

sondere das auflagernde oberostalpine Stockwerk gravitativ in die nördlichen Vorsenken abglitt und dadurch »die Gesamtschubweite der Nordzonen sekundär auf die in einem Akt nicht mehr verständlichen Extremwerte erhöhte«.

Damit liegen in den Ost-Alpen zwei verschieden alte Struktureinheiten übereinander, nämlich die alttertiäre penninische und die oberkretazische ostalpine. In Richtung West-Alpen hebt die ober-kretazische Einheit aus (Rhätikon, Liechtenstein), und es verbleibt die alttertiäre, ergänzt durch das jungtertiäre Helvetikum. Nach E wird aus dem Übereinander in den Ost-Alpen ein Nebeneinander in den West-Karpaten: So sind den vorgosauischen zentralen West-Karpaten (= »Ostalpin«) die jungtertiären Flysch-Karpaten im N vorgelagert. Mit dem Ostalpin, einem penninisch-helvetischen Flysch und der Molassezone setzen sich die Ost-Alpen in die West-Karpaten fort.

Die Deutung der Hohen Tauern als eines penninischen Fensters unter ostalpinen Decken stammt von *P. Termier* (1903), der sich dabei auf die unverkennbaren lithologischen Parallelen zwischen dem westalpinen Penninikum und den Gesteinen der Tauern stützte. Kristallinkerne und ihre paläozoische bis mesozoische Sedimenthülle mit schistes lustrés und Ophiolithen, der penninische Deckenstil wie auch die Metamorphose sprechen voll und ganz in diesem Sinne. Die Kristallinkerne der Tauern sind zum Teil voralpidische Gneise, zum Teil alpidische Tonalite. Nach den Hauptdeformationen wurde der Komplex zu Beginn des Oligozän von der »Tauern-Kristallisation« erfaßt, einer epimesozonalen Regionalmetamorphose.

Abschließend wird noch ein kurzer Hinweis auf Fazieszonen und Tektonik der Nördlichen Kalkalpen gegeben. Im Sinne der Deckenlehre stammen sie ja weit aus dem S der Hohen Tauern, so daß jetzt ein südlicher Faziesraum weit im N liegt. Verhältnismäßig gut läßt sich das oberostalpine Faziesmuster für die Ober-Trias rekonstruieren: In den höheren, das heißt südlicheren, Decken spielen mächtige Riffkalke (Dachstein-Riffkalk) eine wichtige Rolle. Sie sind in grober Annäherung zu 2 etwa parallelen Zügen angeordnet, die eine vorwiegend kalkig-mergelige Beckenfazies (Hallstätter Fazies) einschließen. An den nördlichen Riffstreifen schließen sich wohlgeschichtete lagunäre Karbonate an, und zwar zunächst der Dachsteinkalk und noch riffferner der Hauptdolomit.

An der Deckennatur der Nördlichen Kalkalpen kann heute nicht mehr gezweifelt werden, es genügt auf die Bohrung Urmannsau hinzuweisen (s. S. 178). Sie bestehen aus einem Deckenstapel von etwa 500 km Länge und 40 km Breite, ihr heutiges westliches Ende liegt im Rhätikon, nach E setzen sie in die West-Karpaten fort. Auch die generelle N-Bewegung ist gesichert. Immerhin gibt es entlang dem S-Rand der Kalkalpen eine recht bedeutende Zone S-vergenter Schuppen und Überschiebungen, die *E. Clar* (1965) als Effekte fortdauernder Einengung des ganzen Alpenkörpers nach Platznahme des Oberostalpins auf der N-Seite der Tauern auffaßt. Die Auflösung der Nördlichen Kalkalpen in tektonische Elemente geringerer Größenordnung erfolgte sicher einerseits in Form von Teildecken, eine große Rolle spielen andererseits ausgepreßte Sättel (»Pilzsättel«, »autochthone Klippen«) und auf beiden Flanken überschobene Mulden.

5.1.10 Die Tektonik der französisch-italienischen West-Alpen (Abb. 30)

Der im ganzen gesehen meridionale französisch-italienische Teil der West-Alpen unterscheidet sich in wichtigen Zügen von den übrigen Alpen. So haben wir schon erwähnt, daß die helvetischen Decken der Schweiz SW' der Rhône allmählich in mehr parautochthone Lagerungsverhältnisse übergehen, und auch die Fazies ändert sich in mancher Hinsicht, so daß man in Frankreich nicht mehr vom »Helvetikum«, sondern von der »zone dauphinoise« spricht.

Das französisch-italienische Alpenorogen ist dreifach längsgegliedert: Die Dauphiné-Zone bildet die ± autochthone Außenzone, deren W-Rand jedenfalls die Rhône nicht überschreitet, und entlang deren Innenseite die sogenannten »äußeren« Kristallinmassive auftauchen (von N): Mont Blanc – Belledonne – Pelvoux – Mercantour. Sie sind Fortsetzungen des Aar-Massivs und gleich diesem variszisches Grundgebirge. Nach E, also nach innen, schließt sich die Briançonnais-Zone an, die seit dem Ober-Karbon immer wieder eine Sonderrolle, verglichen mit ihren westlichen und östlichen Nachbarräumen, spielte. So existierte in ihrem Verlauf ein riesiges subsequentes flözführendes Becken vom Namur bis in das Perm, in dem auch der subsequente Magmatismus eine große Rolle spielte. Vom Lias bis in die Ober-Kreide wirkte die Zone als eine Art Schwellenbereich. Als solche läßt sie sich wohl bis in das Penninikum des Tauern-Fensters verfolgen. Östlich, also wiederum nach innen, folgt die eugeosynklinale Piemont-Zone als Fortsetzung innerer Teile des Schweizer Penninikums. Dementsprechend herrschen hier schistes lustrés mit Ophiolithen, aus denen 2 große Kristallinmassive, Gran Paradiso und Dora-Maira, auftauchen. Im N grenzt die Piemont-Zone gegen variszisches Kristallin (Ost- beziehungsweise Südalpin), südlich davon aber unmittelbar an das Tertiär der Po-Ebene.

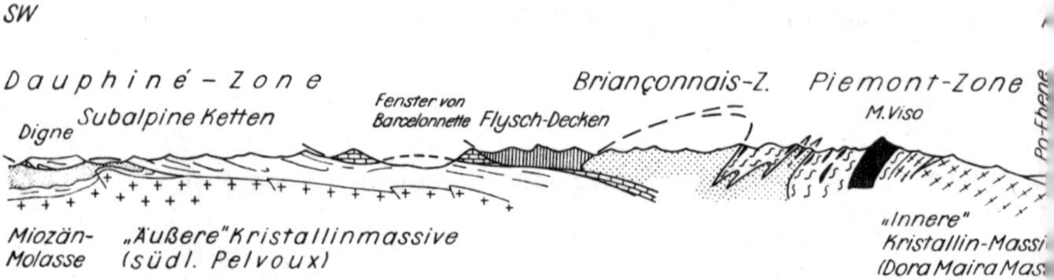

Abb. 30: Der Deckenbau der französisch-italienischen Alpen (umgezeichnet nach *J. Debelmas* & *M. Lemoine* 1964). – Weite Punkte: Permo-Karbon d. Briançonnais, Mauersignatur: Mesozoikum d. Briançonnais, gewellte Striche: schistes lustrés, schwarz: Ophiolithe.

Die Gliederung in ein miogeosynklinales Dauphiné-Becken und ein eugeosynklinales Piemont-Becken, getrennt durch die Briançonnais-Schwelle, begann mit dem Lias. Das Dauphiné-Becken nahm in Jura und Unter-Kreide mehrere 1000 m kalkiger und mergeliger zum Teil fossilreicher Sedimente auf, deren Stratigraphie klassische Bedeutung hat. Dagegen sprechen die fossilarmen schistes lustrés, die von Radiolariten begleitet werden, für eine größere Tiefe des Piemont-Beckens.

In der Ober-Kreide setzte der Umbau der Sedimentationsräume als Vorspiel der tertiären Orogenese ein (*J. Debelmas* & *M. Lemoine* 1964). Erstes Anzeichen hierfür war die Bildung eines ober-kretazischen Flysches in der Piemont-Zone. Von diesem Ereignis ab bilden die französischen West-Alpen ein gutes Beispiel für das Wandern der orogenen Phänomene von »innen nach außen«, hier also von E nach W: So verlagerte sich die Flysch-Fazies in das mittlere und obere Eozän (Briançonnais) und dann in das tiefere Oligozän (Dauphiné). Entsprechend wanderte die Faltung, die ihren Höhepunkt wohl an der Wende Eozän/Oligozän hatte. Im Zusammenhang damit endete die Flysch-, und es begann die Molasse-Sedimentation in der äußeren Dauphiné-Zone. In E–W-Richtung kam es auch zu großen tektonischen Transporten: Der Oberkreide-Flysch der Piemont-Zone wanderte über die Briançonnais- bis auf die Dauphiné-Zone, desgleichen Abscherungseinheiten aus dem Bereich der Briançonnais-Zone. Die Dauphiné-Zone bildet die ± autochthonen W-vergenten Subalpinen Ketten, aber an ihrem Außenrand gibt es mehrere Kilometer weite Überschiebungen von Jura auf miozäne Molasse.

5.1.11 Die Voralpen-Decken (Préalpes)

Von der S-Seite des Genfer Sees bis fast an den Rhein liegen auf dem Helvetikum größere und kleinere Deckenschollen (»Klippen«), die sich von ihrer Unterlage faziell stark unterscheiden. Zwischen Helvetikum und den »Voralpen-Decken«, wie wir sie nennen wollen, liegt fast stets ultrahelvetischer Flysch, mit dem bemerkenswerterweise große Mengen ober-triadischer Salinargesteine verbunden sind. Im Profil der Abbildung 28 ist die Position einer solchen Klippe der Voralpen-Decken angedeutet. Den größten zusammenhängenden Komplex bilden die Romanischen Voralpen zwischen Arve und Thuner See, von hier ab nach E handelt es sich nur noch um kleine echte Klippen. Von hohem Interesse ist naturgemäß die Herkunft dieser Deckeneinheiten. Zunächst einmal gilt, daß sie faziell keineswegs einheitlich sind. So besteht kaum ein Zweifel, daß die größte Deckeneinheit der Romanischen Voralpen aus der Briançonnais-Zone stammt. Sogar penninische Anteile sind wahrscheinlich. Ganz besonders wichtig ist es aber, daß in den berühmten Klippen bei Schwyz (Iberg, Mythen) als höchste tektonische Einheiten sogar ostalpine Elemente auftreten. Wenn diese Klippen nicht nur ostalpin aussehen, sondern es der Herkunft nach sind, dann beweisen sie die einst viel größere Ausdehnung der ostalpinen Deckenkomplexe über den heutigen Erosionsrand im Rhätikon und in Liechtenstein hinaus (s. Abb. 31 = Faltblatt S. 184/185).

5.2 Der Falten-Jura

Der Falten-Jura wird mitunter als »niedliches Modell eines Faltengebirges« beschrieben und kurzhin mit einer Art Sinuskurve skizziert. Selbst ein kurzer Augenschein an Ort und Stelle genügt aber, um solche Vorstellungen zu verwerfen.
Aus dem Bereich des Tafel-Jura taucht etwa 15 km NNW' Zürich ein einzelner Sattel, die Lägern-Kette, unter der Molasse nach W auf (Abb. 31). Dies ist der Beginn des Falten-Jura. Unter Einschaltung zahlreicher weiterer Antiklinalen und Synklinalen verbreitert er sich rasch und zieht in weitem Bogen nach SW am Genfer See vorbei, von dort stellen einige schmale Antiklinalen über die Grande Chartreuse und das Vercors-Massiv die Verbindung zu den Subalpinen Ketten an der W-Seite der Kristallinmassive in den französischen West-Alpen her.
Der vormesozoische kristalline Jura-Sockel besitzt nach *H. P. Laubscher* (1961) die Konfiguration einer schwach nach NW ansteigenden Plattform. Sie bricht im N beziehungsweise NW gegen den Oberrhein-Graben beziehungsweise den Bresse-Graben ab und taucht im SE an einer Versteilung unter das Molasse-Becken. Der Jura-Sockel liegt also relativ hoch. Der Abbruch zum Bresse-Graben wird etwa mit 2,5 km Sprunghöhe angegeben, er gehört wie der Oberrhein-Graben im wesentlichen zur oligozänen Einbruchstektonik. In diesem Sinne bildet der Jura-Sockel gewissermaßen eine nach W versetzte südliche Verlängerung der Schwarzwald-Scholle. Die Aufgliederung des Sockels durch präexistente Verwerfungen in Hoch- und Tiefschollen spielte bei der jungtertiären Jurafaltung eine wichtige Rolle.
Für den Deformationsstil ist ferner der Aufbau des mesozoischtertiären Deckgebirges wichtig, das mit germanischer Trias beginnt. Der salinare Mittlere Muschelkalk wirkte als durchgehender Abscherungshorizont: Sein Liegendes wurde im wesentlichen nicht in die Jurafaltung einbezogen, diese erfaßte vielmehr nur die wohlgeschichtete und daher leicht faltbare Serie über dem

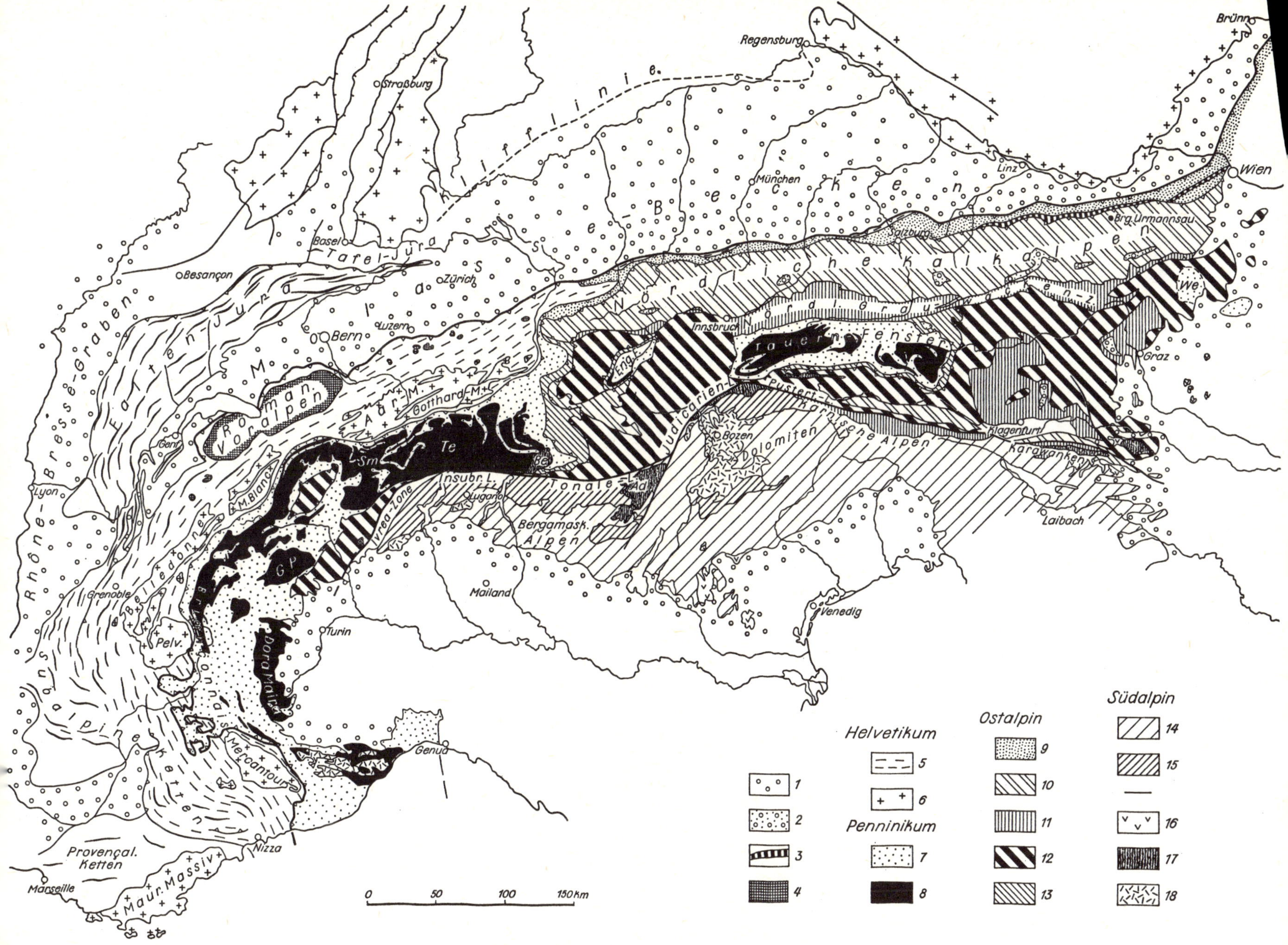

Abb. 31: Tektonische Übersichtskarte der Alpen. 1 Tertiär in Molasse- und Pannonischem Becken, Rhône- u. Oberrhein-Graben, 2 Gosau-Becken (O-Kreide – Alttertiär), 3 Klippenzone (Jura-Eozän), 4 Voralpen-Decken. *Helvetikum:* 5 Deckgebirge, haupts. Mesozoikum und Alttertiär, 6 Grundgebirge (Kristallin). *Penninikum:* 7 Deckgebirge, haupts. Mesozoikum und Alttertiär, 8 Paläozoikum (z. T. Kristallin). *Ostalpin:* 9 Flysch (großenteils penninisch), 10 oberostalpines Deckgebirge, haupts. Mesozoikum, 11 nicht- oder schwachmetamorphes Paläozoikum der Ost- und Süd-Alpen, 12 »Altkristallin« ungegliedert, 13 unterostalpines Grund- und Deckgebirge. *Südalpin:* 14 Deckgebirge, haupts. Mesozoikum, 15 Grundgebirge (Kristallin), – 16 tertiäre Vulkanite, 17 alpidische Plutonite, 18 permische Vulkanite. – Ad Adamello, Be Bergell, Eng. F. Engadiner Fenster, G P Gran Paradiso, Pelv. Pelvoux, Sm Simplon, Te Tessin, We Wechsel.

Muschelkalk-Salinar vom Keuper ab. Der tektonische Komplex des Falten-Jura ist also eine typische Abscherungseinheit. Die fast lückenlose und ganz überwiegend marine Schichtfolge reicht bis in die Ober-Kreide. Nach eozäner Verlandung kam es im Oligozän und Miozän zu teils mariner, teils festländischer Sedimentation, die einerseits zum Oberrhein-Graben, andererseits zum Molasse-Becken Verbindungen hatte.

Im Gegensatz zum Modell eines Faltengebirges charakterisiert *H. P. Laubscher* (1965, S. 249) den Falten-Jura folgendermaßen: »Der Deformationsmodus der Jurafaltung, im ganzen gesehen, nähert sich deutlich dem Extrem diskreter Schollenbewegung.« »... überall findet man starre Schollen, die von relativ engen Bewegungsräumen umfaßt sind.« Die »starren Schollen« bilden im allgemeinen weite flache Synklinalen, die »engen Bewegungsräume« teils relativ einfache Kofferfalten, teils sehr komplizierte Antiklinalen (vgl. »Saxonische« Tektonik S. 263). Diese können in Überschiebungen von einigen km Transportweite übergehen, und zwar vorzugsweise nach »außen«, das heißt nach N bis NW. Durch neuere Bohrungen konnte nachgewiesen werden, daß das Jura-Deckgebirge mehrere km weit nach W auf das Tertiär des Bresse-Grabens (S' Besançon) geschoben ist. Sehr charakteristische tektonische Elemente sind etwa meridional verlaufende Horizontalverschiebungen, an denen jeweils die W-Scholle relativ zur E-Scholle nach S verschoben ist (»Linksseitenverschiebungen«). Derartige Horizontalverschiebungen können sich an Scherflächen im Zusammenhang mit der Faltung bilden. Ohne Zweifel handelt es sich aber im Faltenjura zum Teil um »präexistente Schienen« im Sockelstockwerk.

Die Tatsache, daß die Jurafaltung den Sockel weitgehend verschont, die Sedimenthülle aber bis zu 20 km eingeengt hat, haben *A. Buxtorf* (zu Anfang des Jahrhunderts) und neuerdings *H. P. Laubscher* (1961) zu der Annahme eines Fernschubes geführt. Relativ geringe basale Reibungen zum Beispiel infolge plastischen Fließens des Trias-Salinars hätten den ganzen Sedimentmantel N' der helvetischen Zentralmassive instabilisieren können, »als diese herausgepreßt wurden, wobei ihre Nordabdachung erst noch durch alpine Deckenmassen überlastet war. Der Sedimentmantel entwickelte eine Tendenz, nach Norden zu rotieren und seine nördlichen Teile hangauf über die Jura-Plattform zu stoßen«.

Die Tektonik des Falten-Jura sollte aber auch noch in einem anderen Zusammenhang gesehen werden: So entspricht ihre Bogenform ganz offenkundig derjenigen der tertiären Bruchsysteme. Diese kommen mit meridionalen Richtungen aus dem Oberrhein-Graben, werden dann nach W bis SW abgelenkt, bis im Bresse-Rhône-Graben wieder die meridionale Richtung herrscht. Auch die große schon variszische »rheinische« Störungszone der Vogesen biegt im S in die SW-Richtung ein, während im Zentralmassiv erneut die meridionalen Störungen – ebenfalls zum größten Teil schon variszischen Alters – das Bild bestimmen. Auch der Jura-Sockel wird von derartigen Störungen des Oberrhein-Rhône-Systems durchsetzt.
Wir wissen heute aber, daß sich an diesem Störungssystem nicht nur große Grabenbrüche, sondern auch Horizontalverschiebungen im Sinne »W-Scholle relativ nach S«, also Links-Seitenverschiebungen, abgespielt haben (vgl. S. 268). Damit eröffnet sich die Möglichkeit, daß Teilschollen des Jura-Sockels die Sedimenthülle nach S unterschoben und gefaltet haben.
Die östlichste Jurafalte bildete sich ziemlich genau S' des Schwarzwald-Ostrandes. Dafür mag ganz wesentlich in Betracht kommen, daß von hier nach W das mächtigere Muschelkalk-Salinar einsetzt. Andererseits handelt es sich um ein Gebiet, in dem sich die Horizontalverschiebungen des Oberrhein-Rhône-Systems und damit die S-wärtigen Unterschiebungen des Sockels auswirken konnten.

5.3 Die Karpaten (Abb. 32 = Faltblatt S. 208/209)

Die Karpaten bilden einen morphologisch ununterbrochenen Gebirgsbogen, der von der Donau bei Wien und Preßburg (Bratislava) bis zum Donau-Durchbruch am Eisernen Tor etwa 1300 km lang ist. Geotektonisch gesehen werden sie gegliedert in die West-Karpaten mit SW–NE-Streichen, die Ost-Karpaten mit NW–SE- beziehungsweise N–S-Streichen und die Süd-Karpaten. Letztere sind geotektonisch unterzugliedern in den O–W streichenden und in den N–S streichenden Strang, der als Banater Süd-Karpaten bezeichnet sei. Dieser setzt sich nach N im Apuseni-Gebirge fort, das das eigentliche Pannonische Becken im W vom Transsylvanischen (Siebenbürgischen) Becken im E trennt. Südlich des Eisernen Tores stellen die Ketten NE-Serbiens die Verbindung zum Balkangebirge her. Dem »geotektonischen Werdegang der Karpaten« hat *H. Stille* (1953) eine umfassende Studie gewidmet.

Ein Charakteristikum der West- und Ost-Karpaten ist die Ausbildung einer ununterbrochenen min. 30 km, max. 130 km breiten kretazisch-alttertiären Flyschzone, die von der »Zentralzone«, bestehend aus Grundgebirge und Mesozoikum, scharf getrennt ist. Andererseits umschlingt der Karpatenbogen das nördliche Pannonische und das Transsylvanische Becken, beide im Jungtertiär eingebrochene »Rücktiefen«. Diese großflächige Einbruchstektonik war wiederum von starkem Magmatismus begleitet, der den Vulkankranz an der Innenseite des Karpaten-Bogens bildet. Während die West-Karpaten ein vorwiegend variszisches Vorland besitzen, grenzen die Ost-Karpaten unmittelbar an Fennosarmatia (Podolien).

Das System der jungtertiären Einbruchstektonik hat, ausgehend vom Pannonischen Becken, auch die morphologische Trennung von Alpen und Karpaten bewirkt. So sinken die verschiedenen Zonen der Ost-Alpen vor Erreichen der Donau nach E ab, jenseits der Donau taucht das Gebirge als Karpaten wieder auf. Die trennende Depression ist das *Innere Wiener Becken.* Der Einbruch des Wiener Beckens begann im Miozän und setzte sich im Pliozän fort. Die Bewegungen erfolgten hauptsächlich entlang von Bruchsystemen, die etwa der Streichrichtung von Ost-Alpen und West-Karpaten entsprechen. Die jungtertiäre Sedimentfüllung erreicht 5000 m Mächtigkeit, dies hängt aber in hohem Maße von der synsedimentären Vertikaltektonik einzelner Hoch- und Tiefschollen ab. Die wesentliche Beckensenkung endete in der Pannonischen Stufe, die schwach diskordant von Ober-Pliozän und Pleistozän überlagert wird.

Durch das Innere Wiener Becken wurde im Jungtertiär zeitweise eine marine Verbindung von der Molasse-Vortiefe am Alpen-Karpaten-Außenrand (»Äußeres Wiener Becken«) zum Pannonischen Becken hergestellt. Das Wiener Becken ist ein wichtiges Erdölgebiet.

5.3.1 Die West-Karpaten

Die West-Karpaten läßt man konventionell an der Donau bei Wien und Preßburg (Bratislava) beginnen. Der Übergang in die Ost-Karpaten liegt dort, wo die allgemeine Streichrichtung des Gebirges nach SE umbiegt. Die breite Flyschzone leitet jedoch ununterbrochen von dem einen in den anderen Teil des Gebirges über. Wir lassen die West-Karpaten dort enden, wo ihre Zentralzone an den N–S-Störungen von Kaschau (Košice) unter das Jungtertiär von Tokaj-Prešov und seine Vulkanite abbricht. In dieser Begrenzung gehören die West-Karpaten größtenteils zur Tschechoslowakei, die äußeren Teile der Flyschzone aber hauptsächlich zu Polen.

Die West-Karpaten bestehen aus folgenden Einheiten:

Molasse-Vortiefe
Flyschzone
Klippenzone
Zentralzone
Jungtertiäre Innenbecken und ihre Vulkanite (Pannonisches Becken).

Ein Element besonderer Art ist die Klippenzone. Hier sei zunächst nur soviel gesagt, daß sie im Zuge eines tiefgreifenden tektonischen Lineamentes auftritt, das von Oberösterreich bis in die rumänischen Ost-Karpaten zu verfolgen ist. Es ist das *»peripieninische Lineament«* der tschechoslowakischen Geologen. Dieses Lineament bedeutet einerseits eine Grenze im vor-mesozoischen Grundgebirge: NW' beziehungsweise N' von ihm, also unter der Flyschzone, besteht das Grundgebirge aus Teilen der Böhmischen Masse und Oberschlesiens, S' davon, also in der Zentralzone, handelt es sich um Grundgebirge von der Art des ostalpinen Kristallins. Andererseits wirkte sich das Lineament in hohem Maße auf die Entwicklung der mesozoischen Sedimentationsräume aus. So legten sich vor allem die kretazisch-alttertiären Flyschtröge nur an seiner N-Seite an. S' des Lineamentes herrschte ober-kretazische Orogenese (Zentralzone), nördlich davon miozäne (Flyschzone). Eine höchst eigenartige Rolle spielte es bei den kretazisch-tertiären Deformationen der Klippenzone (s. S. 195). Und schließlich bedeutet das Lineament eine tiefgreifende Grenze für die heutige Höhenlage der vormesozoischen Grundgebirgs-Oberfläche. Diese befindet sich unter der

Flyschzone in Tiefen bis zu 8000 m, unmittelbar S' des Lineamentes aber in Höhen von über 2500 m (Hohe Tatra).
Im folgenden werden wir die Molasse-Vortiefe und zunächst auch die Flyschzone für West- und Ost-Karpaten gemeinsam besprechen. Die rumänische Flyschzone wird dann nochmals im Zusammenhang der Ost-Karpaten zur Sprache kommen.

5.3.1.1 Die Molasse-Vortiefe der West- und Ost-Karpaten

Die nordalpine Molasse-Vortiefe geht durch das »Äußere Wiener Becken« kontinuierlich in die karpatische Molasse-Vortiefe über. In Niederösterreich und im Äußeren Wiener Becken besteht die Molasse hauptsächlich aus älterem Miozän (Burdigal und Helvet), in Mähren und Polen tritt oberes Miozän (Torton) hinzu, in den rumänischen Ost-Karpaten schließlich sehr mächtiges Pliozän.
Während in der schweizer und oberbayerischen Molasse limnisch-fluviatile Sedimente eine große Rolle spielen und man dort die Einteilung in Untere und Obere Meeres-Molasse, sowie Untere und Obere Süßwasser-Molasse vornehmen kann (s. S. 166), überwiegen nach E marine Einflüsse. Im Äußeren Wiener Becken herrschen marine sandige Schiefertone (»Schlier«) des Ober-Oligozän und Miozän bei weitem vor, und bei dieser marinen Vorherrschaft bleibt es in der ukrainischen und rumänischen Vortiefe.
W' Krakau ist das Vortiefen-Miozän fast ganz unter den Decken der Flyschzone verborgen. Bohrungen auf Steinkohle in der Flyschzone S' Karwin haben ergeben, daß das Miozän sich über 20 km weit S' des Karpaten-Außenrandes fortsetzt und dabei Unter-Karbon und flözführendem Ober-Karbon aufliegt. Das Oberschlesische Steinkohlenbecken ist also weit von den karpatischen Flyschdecken überschoben.
E' Krakau wird dann die miozäne Salzformation zum charakteristischen Element der Vortiefe. In der Ukraine SE' Przemysl sind ihre Verhältnisse dank Erdöl- und Kalibergbau recht gut bekannt (*G. Gunzert* 1967). Die Sedimentation der Vortiefe ging hier kontinuierlich aus ober-oligozänem Flysch hervor und blieb fast das ganze Miozän über marin bis brackisch. In die vorwiegend pelitischen Schichtfolgen sind insgesamt 4 Salzhorizonte eingeschaltet, auf denen ein sehr wichtiger Kalibergbau

beruht. Nach außen, das heißt gegen Podolien (Fennosarmatia) nimmt die Mächtigkeit und Vollständigkeit des Miozän rasch ab. Die Einsenkung der Vortiefe fand im ukrainischen Anteil ihr Ende im oberen Miozän (Sarmat). Dies stand in Zusammenhang mit intensiven Faltungsvorgängen, bei denen einerseits der Flysch mehrere Kilometer weit auf die Vortiefe, andererseits der innere Vortiefenbereich mit dem mächtigen Salinar auf den flacheren äußeren Bereich geschoben wurde.

Im rumänischen Anteil der Vortiefe umfaßte die Senkung auch das Pliozän. Dieses bildete im S der Ost-Karpaten und vor den angrenzenden Süd-Karpaten ein Spezialbecken, in dem max. 7000 m Sedimente zur Ablagerung kamen. Das Miozän ist vorwiegend marin und enthält wie in der Ukraine die Salzformation. Die kumulative Gesamtmächtigkeit des Jungtertiär soll 10 000 m überschreiten. Das Pliozän leitete allmählich in festländische Verhältnisse über.

Die durchgehende Überschiebung der Flyschzone auf die Vortiefensedimente reicht bis fast an das S-Ende der Ost-Karpaten. Im Umbiegungsbereich zu den Süd-Karpaten verklingt die Überschiebung, die Flyscheinheiten tauchen als Faltenelemente achsial nach SW ab, und in ihre Mulden tritt das Jungtertiär der Vortiefe ein. In dem mächtigen Pliozän-Becken spielte sich eine typische Diapirtektonik ab. Das Miozän-Salz durchbrach die Pliozänschichten und bildete Salzsättel, die etwa WSW streichen. Hier liegt das rumänische Erdölgebiet um Ploieşti. W' des Dambovitza-Flusses (Bukarest liegt an ihm) hört die Diapirfaltung mit dem Ende des mächtigen Pliozän-Troges auf, ebenso verklingt sie nach S gegen die rumänische Ebene (Walachei).

Die alpin-karpatische Molasse-Vortiefe bietet ein interessantes Bild der Verlagerung von Sedimenttrögen und Deformation in Zeit und Raum. Wir können dieses Phänomen von Salzburg bis zum Gebiet von Ploieşti verfolgen (s. Tabelle 3, S. 191).

Die vertikalen Schraffen sollen zeigen, daß die Vortiefe von den Ost-Alpen bis zu den südlichen Ost-Karpaten immer jünger wird und daß dementsprechend auch ihre Deformation (Wellenlinie), das heißt die Überschiebung durch die Flyschzone beziehungsweise die Diapirtektonik im Raum Ploieşti, immer später einsetzt.

Tabelle 3

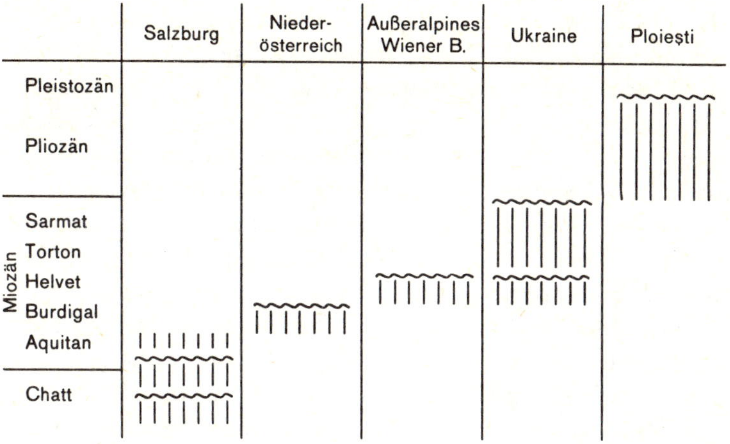

5.3.1.2 Die Flyschzone der West- und Ost-Karpaten

Wie die Molassezone verläuft auch die Flyschzone aus den Alpen (Wienerwald) am NW-Rand des Inneren Wiener Beckens ± kontinuierlich in die Karpaten hinein. Ihren Außenrand bildet fast überall in den West- und Ost-Karpaten die Überschiebungsfläche auf die Molassezone. Nach innen wird sie in den ganzen West-Karpaten und bis an das Marmaros-Massiv der Ost-Karpaten von der Klippenzone begrenzt, weiterhin nach S dann vom Grundgebirge und Mesozoikum der rumänischen Zentralzone.

Die Flyschzone besteht wie in den Alpen aus Schichtfolgen der Kreide und des Alttertiär (einschl. des Oligozän). Der vor-kretazische Untergrund tritt nur lokal in Form von tektonischen Linsen jurassischer Gesteine auf, zusätzliche Informationen geben »exotische« Blöcke und Gerölle im Flysch.

Strukturell besteht die Zone aus Decken und Überschiebungseinheiten, die generell nach außen transportiert worden sind, das heißt in den West-Karpaten nach N, in den Ost-Karpaten nach NE und E.

Nach faziellen Gesichtspunkten, und zwar hauptsächlich nach dem Auftreten mächtiger Sandsteinkörper, kann man die tektonischen Einheiten gruppieren und pflegt diese Gruppierung als »Decke« zusammenzufassen. Die Decken in diesem Sinne können sehr weit aushalten, ja zum Teil fast durch die ganzen Karpaten ziehen. Die Karte (Abb. 32) stellt folgende Deckengruppen dar:

1. Die *Rand- oder Marginal-Decke* bildet von Przemysl ab in den Ost-Karpaten die Überschiebungen auf die Vortiefe. In der Ukraine betragen die Transportweiten einige km (s. S. 190), werden aber nach S immer geringer, so daß es sich in den südlichen Ost-Karpaten nur noch um eine Störung zwischen Randflysch und Vortiefen-Miozän handelt. Dieses Ausklingen der ostkarpatischen Deckenüberschiebungen nach S ist eine allgemeine Erscheinung, auf die bereits bei der Besprechung der Vortiefe hingewiesen wurde (s. S. 190). Die Schichtfolge besteht aus Ober-Kreide und Alttertiär, das nach außen allmählich in das Miozän der Vortiefe übergeht. Insgesamt überwiegen die Mergel, Sandsteine treten zurück. Im Grenzbereich Oligozän-Miozän treten in großem Umfang Konglomerate mit grünen Kristallingeröllen auf. Diese werden von einem Schwellengebiet abgeleitet, das in Fortsetzung der Grünschiefer der Dobrudscha den Außenrand der Ost-Karpaten bis etwa Przemysl begleitete (s. S. 208).

2. Die *Skole- und Tarcau-Decke*

Auch die nächst höhere Deckengruppe tritt in größerem Umfang erst in den Ost-Karpaten auf. Es ist die »Skole-Decke« Polens und der Ukraine, in Rumänien entspricht ihr die »Tarcau-Decke«. Die Schichtfolge der Skole-Decke enthält Unter-Kreide bis Oligozän mit mächtigen ober-kretazischen Sandsteinen. Sie ist mindestens 10 km weit den Rand-Decken aufgeschoben. Das wichtigste Schichtglied der Tarcau-Decke ist der vorwiegend eozäne Tarcau-Sandstein. Dies auch in morphologischer Hinsicht, baut er doch hohe Gebirgsmassive auf (Tarcau-Gebirge). Diese Decke überschiebt stellenweise vollständig die Marginal-Decke und dann sogar noch das Miozän der Vortiefe. Überschiebungsweiten von $>$ 20 km sind durch tektonische Fenster und Bohrungen nachgewiesen.

3. *Silesische Decke*

Die Silesische Decke baut gemeinsam mit der anschließend zu besprechenden Magura-Decke im wesentlichen die Flyschzone der eigentlichen West-Karpaten auf. Der Bereich der beiden Decken deckt sich mit dem Bereich der »Beskiden«.

In der Rolle der Rand-Decke, die unmittelbar auf die Vortiefe überschoben ist, tritt hier die Subsilesische Decke auf. Sie liegt im W als ungewöhnlich geringmächtige Einheit von zum Teil nur we-

nigen 100 m Ober-Kreide und Eozän > 20 km weit überschoben auf dem Miozän Oberschlesiens und unter der Silesischen-Decke.
In geringer Oberflächenverbreitung treten subsilesische Einheiten vielfach am Außenrande der West-Karpaten als Fenster und Halbfenster unter der Silesischen Decke auf. Diese baut dann die nördlichen Bergketten der Flyschzone auf. In einer 6000 m mächtigen Schichtfolge von der Unter-Kreide bis zum Oligozän sind sehr mächtige Sandsteine eingeschaltet, so der mittel-kretazische Godula-Sandstein (max. 2000 m), der ober-kretazische Istebna-Sandstein (max. 2000 m) und ein Eozän-Sandstein (max. 300 m). Im Gegensatz dazu enthält die Subsilesische Decke vorwiegend Pelite. Die Silesische Decke ist > 25 km über die Subsilesische transportiert worden. An der Deckenbahn treten Fetzen des vor-kretazischen Untergrundes in Form von Jura-Kalken auf. Als schmaler Streifen soll sich die Silesische Decke in die inneren Flysch-Decken Rumäniens fortsetzen.

4. *Magura-Decke*
Auch diese höchste Flyscheinheit hat ihre Hauptverbreitung in den West-Karpaten und dürfte sich in den Flysch des Wiener Waldes fortsetzen. Stratigraphisch besteht sie nur aus Ober-Kreide bis Oligozän mit einer Gesamtmächtigkeit von 2500 m. Eine wichtige Rolle für Tektonik und Morphologie spielt der vorwiegend eozäne Magura-Sandstein. Die Überschiebungsweite auf die Silesische Decke beträgt mindestens 10 km. Im S grenzt die Magura-Decke an Jura und Kreide der Klippenzone, die vermutlich den primären Untergrund des Flysches bilden. S' der Klippenzone tritt nochmals schwach gefaltetes Alttertiär auf, das aber bereits die postorogene Sedimentdecke über der ober-kretazisch dislozierten Innenzone der West-Karpaten bildet.
Eine Fortsetzung der zur Magura-Decke gehörenden Komplexe in die rumänischen Ost-Karpaten wird angenommen. Wir werden diese innersten Flyscheinheiten Rumäniens aber in anderem Zusammenhang behandeln (vgl. S. 200).
Eine gewisse paläogeographische Gliederung der westkarpatischen Flyschzone ist in den letzten Jahren vor allem durch sedimentologische Untersuchungen möglich geworden (*M. Ksiazkiewicz* 1956, *St. Dzulinski* & *E. K. Walton* 1965). Seit der Mittel-Kreide zeichnet sich eine deutliche Aufteilung des Geosynklinalraumes in Schwellen und Becken ab. Größere Sediment

liefernde Schwellen deuten sich an im Grenzbereich von Silesischer und Magura-Decke, im Bereich der späteren Klippenzone, im Marmaros-Massiv und entlang der Außenseite der Ost-Karpaten, letztere gedeutet als Fortsetzung des Grünschiefer-Kristallins der Dobrudscha. (Von der Vorstellung einer Fortsetzung des Polnischen Mittelgebirges entlang dem SW-Rand Fennosarmatias, mit anderen Worten: entlang dem Außenrand der Ost-Karpaten, war bereits die Rede (s. S. 115). Diese »Kordilleren« gelten als die Hauptquellen vor allem der Flysch-Sandsteine. Ihrer zentralen Lage dürfte es die Silesische Decke verdanken, daß sie den Löwenanteil der klastischen Schüttungen, vor allem den Godula- und den Istebna-Sandstein, erhalten hat.

Während Flyschtröge im allgemeinen amagmatisch zu sein pflegen, kommen in der Unter-Kreide der Silesischen Decke basische Vulkanite, sogenannte Teschenite, vor.

5.3.1.3 Die Klippenzone

Von der Enns in Oberösterreich bis an das Marmaros-Massiv Rumäniens erstreckt sich auf 900 km Länge und in meist nur einigen km Breite die Klippenzone. Dies allein wäre schon merkwürdig genug, aber hinzu kommen ihre bizarren Lagerungsverhältnisse, so daß von dem »enfant terrible« der Karpaten-Tektonik und einem »geologischen Wunder der Natur« die Rede ist (*D. Andrusov, M. Durand Delga, J. & J. Geyssant* 1965, *D. Andrusov* 1968). Es muß allerdings beachtet werden, daß die ostalpine und die karpatische Klippenzone genetisch nicht völlig identisch sind.

In den Karpaten handelt es sich meist um ± vertikale Kalklinsen, die in der »Klippenhülle«, einem Kreide-Alttertiär-Flysch, stecken. Das Alter der Kalklinsen reicht von der Trias bis in die Kreide, die einzelnen Linsen bilden ein chaotisches, stratigraphisch unverständliches Durcheinander. Außerdem treten gleichalterige Klippenelemente in verschiedener Fazies auf.

D. Andrusov (1968) rekonstruiert folgenden Entwicklungsgang der Klippenzone: Auf Grund der verschiedenen Fazies ist sie aus vier benachbarten Sedimentationsräumen zwischen der Flysch- und der Zentralzone abzuleiten. Diese Sedimentfolgen sind in der Ober-Kreide (Senon) deckenartig nach N übereinandergeschoben worden. Darüber kamen dann vorwiegend mergelige Serien zur Ablagerung, die bis in das Alttertiär reichen. Nach dem Alttertiär kam es zu intensiven Verschuppungen und Verfaltungen des Deckenstapels, nun aber nach S. Im Hinblick darauf, daß die Klippenzone über einer großen Störungszone, dem »peripieninischen Lineament«, angelegt ist, muß zusätzlich mit wiederholten Bewegungen bruchtektonischer Art gerechnet werden, möglicherweise auch mit stärkeren Seitenverschiebungen. Diese komplexe tektonische Entwicklung dürfte vor allem dazu geführt haben, daß die kompetenten Elemente durch eine Art »Boudinage« auseinandergerissen wurden und dann weitgehend frei beweglich in den inkompetenten Massen waren. Zum Teil muß auch mit Olisthostromen gerechnet werden.

5.3.1.4 Die Zentralzone der West-Karpaten

Die Zentralzone schließt sich an die Klippenzone an und taucht im S unter das Jungtertiär des Pannonischen Beckens ab. Wir gliedern sie von N nach S in die Kerngebirge (Tatriden), das Vepor-Gebirge und das Zips-Gömörer Gebirge (Gemeriden). Die Zentralzone hat große Ähnlichkeit mit dem »Ostalpin«, was bei der folgenden Besprechung immer wieder zum Ausdruck kommen wird.

Die *Tatriden* bestehen aus Aufwölbungen des kristallinen Grundgebirges und ihrer autochthonen mesozoischen Sedimenthülle. Von den Kleinen Karpaten bei Preßburg bis zur Hohen und Niederen Tatra erstreckt sich die Reihe dieser Kerngebirge und läßt sich in kleineren Vorkommen bis an den E-Rand der West-Karpaten verfolgen. In den Kerngebirgen ist der Deckenbau der Zentralzone in aller Deutlichkeit zu beobachten. Liegen doch über dem autochthonen Mesozoikum tektonische Einheiten, bestehend aus Mesozoikum in verschiedener Fazies. Zum Teil sind Jungpaläozoikum und Kristallin in die Deckeneinheiten einbezogen. Man bezeichnet sie als die unteren, mittleren und oberen *Subtatrischen Decken*. Sie sind generell von S nach N gewandert, als Herkunftsgebiet gilt der weitere Bereich des kristallinen Vepor-Gebirges. Im wesentlichen handelt es sich also um Abscherungseinheiten, ähnlich den oberostalpinen Decken der Nördlichen Kalkalpen.

Das *Kristallin des Veporgebirges* wird von schwach metamorphem Mesozoikum, hauptsächlich untertriadischen Quarziten, überlagert. Es grenzt mit einer tief eingefalteten Synklinalzone gegen die Tatriden. Die *Gemeriden* wiederum grenzen mit einer entsprechenden Überschiebung gegen das Vepor-Gebirge. Das gemeridische Grundgebirge besteht aus schwach metamorphem Altpaläozoikum, das große Ähnlichkeit mit dem der Nord- und Süd-Alpen hat (Nördliche Grauwackenzone, Karawanken). Das mesozoische Deckgebirge wiederum hat nord- bis südalpine Züge.

Die *Untere Subtatrische Decke (Križna-Decke)* bildet die Umrahmung aller westkarpatischen Kerngebirge von der Klippenzone bis zum N-Rand des Vepor-Gebirges (*D. Andrusov* 1968). Immer wieder kann beobachtet werden, daß ihre mittel-triadischen Kalke und Dolomite, seltener auch Jungpaläozoikum und Kristallinschuppen, auf Jura- und Unter-Kreideschichten des Autochthons liegen. Im Prinzip scheint die Decke eine riesige Abscherungseinheit zu sein, und zwar hauptsächlich über den Werfener Schichten (Unter-Trias). Im einzelnen kann sie sehr stark durch Verfaltungen und Verschuppungen kompliziert werden. Auf den N-Flanken der Kerngebirge, zum Beispiel der Hohen Tatra, treten nach N tauchende Sättel und Mulden auf. Als Herkunftsgebiet der Unteren Subtatrischen Decke nimmt man heute die Überschiebungszone am N-Rand des Vepor-Gebirges an.

Vielfach werden die aus Kreideschichten bestehenden sanften Hänge der Unteren Subtatrischen Decke von schroffen Dolomitschollen überlagert, die sich als Mittel-Trias erwiesen haben. Diese Choč-Dolomite werden im Sinne der Deckentheorie als *Mittlere Subtatrische* oder *Choč-Decke* zusammengefaßt, die von S kommend über das »Schmiermittel« der unteren subtatrischen Kreideschichten nach N gewandert sein soll. »Die Choč-Decke erscheint also wie die Križna-Decke als eine sehr breite Platte (bis 100 km), die aus dem Vepor-Gebiet bis zur Klippenzone reicht . . .« (*D. Andrusov* 1968). Als Herkunftsgebiet der Choč-Decke gilt heute die Fuge zwischen Vepor-Gebirge und Gemeriden.

Zur *Oberen Subtatrischen* oder *Stražov-Decke* vereinen manche Forscher isolierte Deckenschollen von karbonatischer Mittel- und Ober-Trias in der Annahme, daß die ursprüngliche Deckeneinheit durch Erosion in einzelne Deckenklippen aufgelöst sei.

Aus den nördlichen Gemeriden sind Karbon, Perm und Mesozoikum unter Abscherung nach N auf das Vepor-Kristallin beziehungsweise dessen metamorphe Trias aufgeschoben (Muranj-Einheit).

Das Alter der subtatrischen Deckentektonik wird mit »nach Unter-Turon und vor Senon« angegeben, was etwa den vorgosauischen Deckenbewegungen der Ost-Alpen entspricht.

Was den *orogenen alpidischen Magmatismus* anbelangt, so hatte *H. Stille* (1953) darauf hingewiesen, daß der ganze Karpatenraum so arm an plutonischen Intrusionen gewesen sei, wie kaum ein anderes größeres Gebirgssystem unserer Erde. In der Tat kennen wir in den West-Karpaten nur in den Gemeriden einige kleine Granitvorkommen alpidischen, wahrscheinlich ober-kretazischen Alters. Nach heutiger Vorstellung sind diese Vorkommen aber nur die höchsten Ausstülpungen großer, tief liegender Intrusivmassen.

5.3.1.5 Die paläogeographische Entwicklung der West-Karpaten

In allen Kerngebirgen (Tatriden) und auch im Vepor-Gebirge ist das vor-oberkarbonische Grundgebirge hochkristallin. Nur in den Gemeriden (Zips-Gömörer Gebirge) liegt es in schwächerer Metamorphose vor und kann auf dem Wege lithologischen Vergleiches mit den Ost-Alpen (Nördliche Grauwackenzone, Karawanken) zum Teil als Altpaläozoikum eingestuft werden. Als sicher darf gelten, daß hier eine starke variszische Orogenese gewirkt hat. Eine postvariszische Transgression erfolgte im Ober-Karbon von S her, ähnlich wie wir sie auch von den südöstlichen Alpen (Karnische Alpen, Karawanken) kennen. Jenseits der Klippenzone, also im Flyschbereich, kennt man den kristallinen Untergrund nur in Form spärlicher tektonischer Linsen und als Gerölle. Ältestes postvariszisches Deckgebirge ist hier produktives Ober-Karbon in Fortsetzung des oberschlesischen. Während des Perm herrschten wieder festländische Verhältnisse, wobei es in einsinkenden Gräben zu typischer »Rotliegend«-Sedimentation, begleitet von Quarzporphyr-Vulkanismus, kam.

Die Perm-Gräben bereiteten die Transgression des Trias-Meeres vor. Dieses überflutete von S her die Zentralzone bis in die Klippenzone, der spätere Flyschbereich blieb dagegen während der Trias Festland.

Das Jura-Meer transgredierte bis in den Raum der Flyschzone und erreichte seine größte Ausdehnung im Ober-Jura (Tithon). Während der Unter-Kreide-Zeit kam es zunächst zu einer gewissen Angleichung der Sedimentationsverhältnisse in den inneren und äußeren Bereichen der West-Karpaten, und zwar im Sinne vorwiegend pelitischer Sedimentation, die sich in den äußeren Bereichen flyschartig weiterentwickelte. Nach der ober-kretazischen Orogenese in der Zentralzone verlagerte sich die geosynklinale Senkungstendenz fast ganz in die Flyschzone, und hier setzte sich die Sedimentation ± kontinuierlich in das Alttertiär fort. Faltung und Aufstieg der Flyschzone verdrängten das Meer an der Wende Oligozän/Miozän in die Vortiefe.

Während der alttertiären Flyschbildung N' der Klippenzone brachen in der Zentralzone postorogene Innensenken ein, die im Eozän vom Meer überflutet wurden. Die größten dieser Innensenken umgeben die Hohe Tatra im N, S und E. Die Sedimentation begann mit einer Molasse und nahm dann flyschoide Züge an. Im Liptauer (Liptov) und Leutschauer (Levoča) Becken, also S' und E' der Hohen Tatra, werden diese Schichtfolgen mehrere 1000 m mächtig.

Über die jungtertiäre Beckenbildung und ihren Vulkanismus wird im Zusammenhang des Pannonischen Beckens zu sprechen sein (Kap. 5.3.5).

5.3.2 Die Ost-Karpaten

Auch in den Ost-Karpaten können wir eine Zentralzone, bestehend aus kristallinem Grundgebirge und jungpaläozoisch-mesozoischem Deckgebirge, ausscheiden. Ihre alpidische Orogenese spielte sich während der Mittel-Kreide ab. Nach außen folgt die Flyschzone mit jungtertiärer Orogenese, im großen Bilde also die Fortsetzung der westkarpatischen Flyschzone. Auch die ostkarpatische Zentralzone wird auf der Innenseite vom jungtertiären Vulkankranz beziehungsweise dem Pannonischen Becken begrenzt.

Die *Zentralzone* taucht im N mit dem Marmaros-Massiv zwischen der Flyschzone und dem pannonischen Tertiär auf und läßt sich dann mit Unterbrechungen bis an den S-Rand der Karpaten verfolgen. Sie erweitert sich nach W zu dem ausgedehnten Kristallingebiet der Süd-Karpaten. Hier liegen im Fagaras-Gebirge die höchsten rumänischen Karpatengipfel (Negoiu 2548 m, Moldoveanu 2543 m).

Das genauere Alter des Kristallins ist unbekannt, aber es dürfte sicher einen großen variszischen Anteil haben, wie die radiometrischen Datierungen zeigen (*M. Dessila-Codarcea* 1968). Die ältesten datierten Deckgebirgsanteile gehören in das Unter-Karbon. Limnisches pflanzenführendes Ober-Karbon und Perm in Rotliegend-Fazies mit subsequentem Vulkanismus sind Hinweise auf variszische Orogenese.
Zur Gliederung des Kristallins hat sich die Unterscheidung einer höhermetamorphen Gruppe (Gneise, Glimmerschiefer, Amphibolite) und einer schwachmetamorphen Gruppe (Phyllite, Chlorit-Serizit-Gesteine) bewährt. Insbesondere deswegen, weil die höhermetamorphe Gruppe vielfach der schwachmetamorphen aufliegt und damit zum Teil weite Horizontaltransporte erkennbar werden. Diese Bewegungen können großenteils als schon voralpidisch (? variszisch) bestimmt werden, weil Unter-Trias diskordant auf beide Kristallingruppen übergreift.
Das zusammenhängende Deckgebirge beginnt mit der transgredierenden klastischen Unter-Trias und baut sich dann zunächst aus karbonatischer Trias in alpiner Fazies auf. Mittel-triadische (ladinische) Diabase erinnern an den entsprechenden Vulkanismus in Süd-Alpen und Dinariden. Nach einer endtriadischen Emersion transgredierte das Lias-Meer und griff dabei zum Teil weit über die Grenzen des Trias-Meeres hinaus, so zum Beispiel in den Süd-Karpaten. Während es im unteren Lias lokal noch zur Ausbildung kohleführender Schichten kam (Grestener Fazies), wurden im übrigen Jura nur marine, überwiegend mergelig-kalkige Sedimente gebildet. Mehrfach enthalten sie vulkanische Einschaltungen. Am Ende der Jura-Zeit fiel die Zentralzone trocken, und es konnten sich auf den Kalkplateaus Bauxite bilden.
Mit der Kreide begann ein neuer Entwicklungsabschnitt, der zur Bildung der Flyschtröge an der Außenseite der Zentralzone führte. In der Zentralzone selbst ist die Kreide geringmächtig, teils grobdetritisch, teils kalkig (darunter organogene Urgon-Kalke).
H. Stille (1953) gibt zum Beispiel für das Gebiet W' der Straße Kronstadt (Brasov) – Sinaia für die Unter-Kreide, umfassend Valendis-Hauterive-Barrême, nur 10 bis 30 m Mächtigkeit an. Dies steht in deutlichem Gegensatz zu den ganz großen Mächtigkeiten und der Fazies in der östlich anschließenden Flyschzone.
Die *Flyschzone* legte sich in der Unter-Kreide als rasch sinkendes

Becken im E des relativen Hochgebietes der Zentralzone an. Sicher hat die Zentralzone den Großteil der Flyschsedimente geliefert, die zunächst grobdetritischen Einschlag haben und nach E zunehmend pelitisch werden. Die maximale Mächtigkeit der Unter-Kreide dürfte etwa 1300 m betragen.

Starke tektonische Bewegungen ereigneten sich in der Zentralzone während der mittleren Kreidezeit (»austrische Phase«) und führten zu einer auffallenden Belebung der grobklastischen Sedimentation. So kann das molasseartige Bucegi-Konglomerat bis 1500 m mächtig werden (*J. Dumitrescu* 1964). Nach neueren Arbeiten muß bei diesem Sedimentkörper mit Olisthostrom-artigen Bewegungen gerechnet werden (*D. Patrulius* 1963). Erneute tektonische Bewegungen erfolgten in der Oberkreide, in deren Gefolge bereits Hebungszonen innerhalb des Flyschtroges aufstiegen. Von diesen wurde rötlicher granodioritischer Detritus vorwiegend in die mehr äußeren Flyschbereiche geliefert. So verlagerten sich die Becken mit sandigem-konglomeratischem Flysch Schritt für Schritt nach außen, während in den inneren Bereichen mehr pelitische Sedimentation herrschte. Der eozäne Tarcau-Sandstein ist das wichtigste Beispiel für grobklastische Schüttung in der äußeren ostkarpatischen Flyschzone, die dann in die jungtertiäre Vortiefe übergeht.

Speziell der vorwiegend pelitische Kreideflysch enthält häufig Tuff-Einschaltungen (Bentonite), was an die Teschenite der Silesischen Decke erinnert.

Die orogene Ausgestaltung der Ost-Karpaten begann in der Mittel-Kreide (»austrische Phase« im Sinne *H. Stilles*). E-vergente Überschiebungen von Trias-Malm auf Unter-Kreide sind aus dem Persani-Gebirge NW' Kronstadt (Brasov) bekannt geworden, ebenfalls E-vergente Schuppungen bis flache Überschiebungen aus dem Bucegi-Massiv W' Sinaia. Weiter im N werden im Zuge der schmalen Zentralzone E-vergente Schuppungen von 1 bis 2 km Transportweite gegen den Kreide-Flysch beobachtet. Dagegen liegt das Mesozoikum über dem weiten Kristallinbereich der Süd-Karpaten ± flach. Dieser Bereich unterscheidet sich also durch »germanotype« Tektonik von den Ost-Karpaten mit ihrer »alpinotypen« Tektonik. Überdies begann die mesozoische Transgression über das Kristallin hier erst im Jura. Geosynklinale Regeneration und alpinotype Orogenese haben also diesen Teil der Süd-Karpaten nicht betroffen.

Von dem nach E gerichteten Deckenbau der Flyschzone war bereits im Zusammenhang mit den West-Karpaten die Rede (s. S. 192).
Alles in allem sind die Ost-Karpaten ein gutes Beispiel für das Wandern der Sedimenttröge, der Orogenese und der tektonischen Transporte von »innen nach außen«. So war die Zentralzone ein vorwiegend triadisch-jurassischer Sedimentationsraum, dieser verlagerte sich mit der Unter-Kreide in die Flyschzone, durchwanderte sie im Laufe der Ober-Kreide und des Alttertiär, um schließlich in der jungtertiären Vortiefe zu enden. Entsprechend wanderte die Orogenese von der Zentralzone – hier während der Mittel-Kreide beginnend – bis in die pliozäne Vortiefe, deren von Salzdiapirismus begleitete Deformationen an die Wende Pliozän-Pleistozän fallen.

5.3.3 Die Banater Süd-Karpaten

Das Kristallin der Ost-Karpaten setzt sich, wie bereits gesagt, mit W–E-Streichen in die Süd-Karpaten fort, und dabei handelt es sich hier im wesentlichen um die hochmetamorphen Serien. Weiterhin sei daran erinnert, daß das mesozoische Deckgebirge nur germanotyp disloziert ist. Um so mehr überrascht die Tatsache, daß dieser große Kristallinkomplex im W deckenartig über schwach metamorphem Kristallin liegt. Zwischen beide Kristallineinheiten schaltet sich auf weite Strecken Mesozoikum, so daß an der Realität der Deckenbahn kein Zweifel besteht. Mit ihr setzt wiederum ein Bereich der Deckentektonik ein, der zur Donau hin in N–S-Streichen einschwenkt und NE-Jugoslawien berührt. Diesen Bereich bezeichnen wir als die Banater Süd-Karpaten. Sie gehen nach S in das Balkan-Gebirge, nach N in das Apuseni-Gebirge über.
Die beiden deckentektonischen Haupteinheiten der Banater Karpaten werden als »Getikum« (hochmetamorphe Decke) und »Danubikum« bezeichnet, letzteres gilt als autochthon. Die Deckenbahn des Getikums zieht nach W und dann im Bogen nach S, auf weite Erstreckung allerdings von tertiären Schichten verhüllt. Innerhalb des getischen Bogens, der ein riesiges Halbfenster darstellt (»Paring-Halbfenster«), liegt das schwach meta-

morphe danubische Grundgebirge und sein nicht metamorphes Mesozoikum. Dieses wiederum wird von hochmetamorphen Deckenschollen großen Ausmaßes überlagert, die man als Erosionsreste des Getikums auffaßt. Die tektonische Gesamtsituation wird also in der Weise gedeutet, daß das danubische Autochthon von einer ± einheitlichen getischen Decke etwa von W beziehungsweise NW überfahren worden ist. Die Transportweite der getischen Decke muß mindestens 50 bis 60 km betragen. Obwohl das getische Kristallin vormesozoisch und dabei sicher großenteils variszisch geprägt oder überprägt worden ist, sinken die radiometrischen Alterswerte deutlich mit Annäherung an die alpidischen Bewegungsbahnen (*M. Dessila-Codarcea* 1968).

Innerhalb des Getikums ist das Deckgebirge nur in der Resitza-Depression, also ganz im W, wohl entwickelt. Es beginnt mit terrestrischem, flözführendem Ober-Karbon beziehungsweise Perm in Rotliegend-Fazies. Die marine Schichtfolge setzt mit der Trias ein und reicht bis zur Unter-Kreide, die nicht flyschartig, sondern mehr neritisch, zum Teil in organogener Kalkfazies (Urgon) entwickelt ist. Darüber liegt diskordant eine sandig-konglomeratische Mittel-Kreide, womit ein erster Hinweis auf mittel-kretazische (»austrische«) Bewegungen in den Banater Karpaten gegeben ist. Ganz anders verhält sich die Kreide im autochthonen Danubikum, indem hier sowohl unter- als auch ober-kretazischer Flysch vorkommt. Hinsichtlich der Kreidefazies verhalten sich Getikum und Danubikum also ähnlich wie Zentral- und Flyschzone der Ost-Karpaten.

Über das Alter des getischen Deckenbaues läßt sich sagen, daß erste Bewegungen in die Mittel-Kreide fallen dürften (s. oben). Da aber die getischen Deckenschollen den Ober-Kreide-Flysch überfahren haben, kann der Deckenbau erst gegen Ende der Ober-Kreide-Zeit vollendet gewesen sein.

Getikum und Danubikum werden von zahlreichen großen und kleinen Plutonen granitischer, dioritischer und syenitischer Art durchsetzt, die man unter dem Namen »Banatite« zusammenzufassen pflegt. In den mesozoischen Kalken der Resitza-Depression haben sie berühmte Kontaktlagerstätten geschaffen. Da ihre jüngsten Kontaktgesteine Senon-Alter haben, gelten sie als »senonisch«. Die Banatite setzen sich nach N in das Apuseni-Gebirge fort.

5.3.4 Das Apuseni-Gebirge

N' des Mureş-(Maros)Flusses taucht erneut ein alpidisches Orogen auf, das im W und N vom Tertiär des eigentlichen Pannonischen Beckens, im E von dem des Transsylvanischen begrenzt wird. In diesem Apuseni-Gebirge wird also ein großes Stück des Pannonischen Beckenuntergrundes sichtbar. Seine Strukturen sind aber nicht leicht durchschaubar und seine Beziehungen zu den Süd- und Ost-Karpaten gleichermaßen problematisch.

Große Teile des Apuseni-Gebirges bestehen aus autochthonem kristallinem Grundgebirge (zum Beispiel Gilau-Gebirge) mit einem Perm-Kreide umfassenden Deckgebirge, das im wesentlichen nur germanotyp deformiert ist. Mag das Mesozoikum auch »alpine« Züge haben, so sind diese Bereiche jedenfalls nicht in vollem Umfange nach der variszischen (oder älteren) Orogenese regeneriert worden.

Andererseits gibt es Bereiche mit typisch geosynklinaler Entwicklung und alpinotyper Deformation. Hierzu gehört vor allen Dingen die *Ophiolithzone von Mureş* (Siebenbürgisches Erzgebirge), die aus mächtigen basischen Magmatiten von Trias-Dogger-Alter, Ober-Jura-Kalken und Kreide-Flysch aufgebaut wird. Diese Zone streicht zunächst W–E und schwenkt zum Transsylvanischen Becken in SW–NE-Richtung ein. Ihre alpinotypen Strukturen sind in der Hauptsache N-vergent, am S-Rand aber S-vergent.

Nach N schließt sich die *Deckengruppe des Codru- und Bihar-Gebirges* an, deren Elemente auf das Autochthon überschoben sind. Die Transportrichtungen gehen nach E–NE.

Die Hauptbewegungen haben sich in der Mittel- bis Ober-Kreide ereignet, der Deckenbau wird diskordant von ober-kretazischen Gosauschichten überlagert. In dieser Beziehung verhält sich das Apuseni-Gebirge also ähnlich wie die zentralen Ost-Karpaten und die Banater Süd-Karpaten.

Anscheinend bildet die Ophiolithzone von Mureş eine Art eugeosynklinaler Scheitelzone zwischen den S- bis SE-vergenten Banater Süd-Karpaten und den N-, NE- beziehungsweise E-vergenten Deckengruppen des Apuseni-Gebirges. Statt von einem Vergenzscheitel könnte man im Hinblick auf die stark drehenden Vergenzen besser von einem »Vergenzwirbel« sprechen. Diese Verhältnisse deuten darauf hin, daß für den Untergrund des Pannonischen beziehungsweise Transsylvanischen Beckens keineswegs damit gerechnet werden darf, daß die alpidische Tektonik überall nur von germanotyper Art sei (s. S. 205).

5.3.5 Das Pannonische Becken

Der Karpatenbogen, die Ost-Alpen und die jugoslawischen Dinariden umrahmen eine Gruppe von Tiefländern und Mittelgebirgen, die unter der Bezeichnung »Pannonisches Becken« zusammengefaßt werden. Mit 500 bis 600 km Durchmesser ist es das größte intramontane Becken Europas.

Im geotektonischen Rahmen betrachtet, stellt das Pannonische Becken ein Element der subsequenten Tektonik dar, das nach Abschluß der alpidischen Orogenese entstanden ist. An der Wende Oligozän zu Miozän waren die alpinen Orogene seiner Umrandung im wesentlichen »fertig«, nur in den Molasse-Vortiefen wurden bis zum Ende des Miozän, äußerstenfalls des Pliozän, noch die letzten Falten angebaut. Damit aber war endgültig die Zeit der subsequenten Tektonik gekommen. Die Orogene stiegen teils zu Gebirgen auf, teils brachen sie zu Innensenken ein, so wie es die Old Red-Senken nach der kaledonischen und die Rotliegend-Senken nach der variszischen Orogenese getan hatten. Aber entsprechend dem örtlich verschiedenen Alter der alpidischen Orogenesen begann auch die subsequente Tektonik keineswegs überall erst im Jungtertiär, sondern zum Teil schon in der Ober-Kreide, wobei zum Beispiel an die Gosau-Becken zu denken ist (s. S. 161).

Die großartigsten Phänomene dieser Art im alpidischen Neo-Europa stellen jene Sedimentbecken dar, die sich seit dem jüngeren Miozän – teils aus subsequenten Einbrüchen, teils aus schon älteren Meeresräumen bestehend – vom Wiener über das Pannonische Becken, das Euxinische (Schwarzmeer-) Becken, die Manytsch-Niederung bis zum Kaspi- und Aral-Becken erstreckten (*S. Gillet* 1961).

Wir werden uns nur mit dem Pannonischen Becken befassen, das ganz auf alpidischem Boden liegt und auch durch ungewöhnlich starken sauren bis intermediären Vulkanismus seinen subsequenten Charakter betont.

Die eigentliche Beckenbildung begann im höheren Miozän (Helvet), als das Meer in die westlichen und nördlichen Teile transgredierte und im Torton das ganze Becken einnahm, einschließlich des Steirischen im W und des Transsylvanischen (Siebenbürgen) im E. Die energischste Absenkung erfolgte aber erst im obersten Miozän – untersten Pliozän, einer Zeiteinheit, die als »Pannonische Stufe« bezeichnet wird. Allein während dieser Zeit wurden bis zu 3500 m Sedimente unter brackischen beziehungsweise Süßwasserbedingungen abgelagert (*L. Trunkó* 1969). Die Senkung dauerte auch im Pleistozän an, wie max. 1000 m Sedimente in Ost-Ungarn beweisen.
Die geotektonische Position dieses großen Beckens wurde früher als die eines altkonsolidierten Kratons, als eines »Zwischengebirgs-Massivs«, gedeutet, das den umrandenden Geosynklinalen und Orogenen die Bogenform aufgeprägt habe. Hiervon ist man durch die neuen geologischen und geophysikalischen Befunde weitgehend abgekommen.
So war schon lange klar, daß während der Trias aus den Ost-Alpen breite Meeresverbindungen durch Ungarn in die südlichen West-Karpaten (Gemeriden) verliefen, in denen typische alpine Trias abgelagert wurde, zum Teil unter Einschaltung mittel-triadischer Vulkanite. Auch der Jura ist von alpiner Art. Basischer Vulkanismus in der epikontinentalen Unter-Kreide (Valendis) erinnert an die Vorkommen in der karpatischen Flyschzone (s. S. 194). Vollends aus den Angeln gehoben wurde das »starre Zwischengebirgs-Massiv« durch die Erbohrung sehr mächtiger flyschartiger Gesteine von Ober-Kreide- bis Eozän-Alter in Ungarn, die von NE nach SW zur Theiß ziehen und dann nach S abzubiegen scheinen (Abb. 32).
Die Strukturen des vor-jungtertiären Untergrundes werden durch eine lebhafte Bruchtektonik mit großen Sprunghöhen bestimmt, die Hauptrichtung ist SW–NE. In den Hochschollen bildet das Paläozoikum, großenteils in kristalliner Form, den unmittelbaren Untergrund des Jungtertiär, in den grabenartigen Tiefschollen ist Mesozoikum eingesenkt. Ob sich alpinotype Deformationen alpidischen Alters im vor-jungtertiären Grundgebirge ereignet haben, ist nicht sicher. Auf alle Fälle deuten aber die Bohrergebnisse lokal auf intensive Verschuppungen von Kristallin, Paläozoikum, Mesozoikum und Alttertiär hin.
Die tektonischen Elemente der Ost-Alpen setzen sich nach heuti-

gem Wissen nicht im Untergrund des inneren Pannonischen Beckens fort (*L. Trunkó* 1969). Vielmehr grenzen an der »Raab-Linie« alpinotype und germanotype Tektonik gegeneinander. Hinsichtlich der orogenen Mobilität besteht also doch ein Unterschied zwischen Becken und umgebenden Gebirgen.

Auch die Sachlage, daß sich die angrenzenden geologischen Einheiten zum Teil weit in den Beckenuntergrund fortsetzen, spricht gegen ein fundamentales tektonisches Eigenleben des Beckens etwa seit dem Paläozoikum. So ist das Mesozoikum des S-Randes der West-Karpaten weit nach S unter der Beckenfüllung erbohrt worden, und das Kristallin des Apuseni-Gebirges unterlagert die Beckenfüllung noch bis fast an die Theiß.

Die geophysikalischen Verhältnisse votieren ebensowenig für einen altkonsolidierten Kraton. Soll doch die Gabbroschicht stellenweise nur etwa 7 km dick sein und die Moho-Fläche in etwa 23,6 km Tiefe liegen. Der geothermische Gradient erreicht in weiten Teilen des Beckens Werte von $> 50°$/km. Gebietsweise steigt der Gradient auf Werte von 100°/km, und das Maximum liegt nach *L. Trunkó* (1969) bei etwa 140°/km.

Die Anatomie des jungtertiären Beckens ist am besten an den Mächtigkeitslinien der Pannonischen Stufe abzulesen (*L. Trunkó* 1969, Abb. 73). Diese lassen eine Gliederung des Raumes in Teilbecken erkennen. Die Teilbecken wiederum verlaufen offenbar weitgehend parallel zu den angrenzenden alpidischen Baueinheiten des Beckenrahmens. Dies gilt für das Innere Wiener Becken, für die in die slowakischen West-Karpaten eingreifenden Teilbecken und die große Ungarische Tiefebene, die alle etwa parallel zum Streichen der West-Karpaten verlaufen. Im SW des Pannonischen Beckens herrscht bei den Mächtigkeitslinien die dinarische NW–SE-Richtung vor, im Bereich der mittleren Theiß schließlich die NNE–SSW-Richtung, also diejenige der Banater Süd-Karpaten.

Wie bei den Old Red- und Rotliegend-Becken spielt also auch beim Pannonischen Becken die Regel der richtungsmäßigen Posthumität in bezug auf die orogenen Elemente eine gewichtige Rolle.

Daß die jungtertiäre Beckengliederung noch das heutige Flußnetz in hohem Maße beeinflußt, wird besonders im kroatischen Anteil deutlich, wo zum Beispiel die Drau und die Save im Zuge ausgesprochener Spezialbecken mit extremen Jungtertiär-Mäch-

tigkeiten bis zu 6000 m fließen (*R. Filjak*, *Ž. Pletikapić*, *D. Nicolić* & *V. Aksin* 1969).
Mit dem Einbruch des Pannonischen Beckens hängt ein *subsequenter Vulkanismus* riesigen Ausmaßes zusammen. Seine größten aufgeschlossenen Vorkommen zeigt die Karte (Abb. 32): Schemnitz-Kremnitz in der Slowakei, die ungarischen Mittelgebirge vom Donauknie N' Budapest bis zum Gebiet von Tokaj und Prešov (Slowakei), Vihorlat-Gebirge in der Karpaten-Ukraine (UdSSR), Gutin-, Calimani- und Harghita-Gebirge am Rande der rumänischen Ost-Karpaten, südliches Apuseni-Gebirge. Weitverbreitete und mächtige Vorkommen sind unter jüngerer Verhüllung in Ungarn erbohrt worden. So wurden im NE dieses Landes etwa 1500 m Vulkanite durchteuft (*L. Trunkó* 1969).
Im Pannonischen Becken dürfte sich die größte Massierung des tertiären Vulkanismus auf europäischem Boden befinden.
Nach bescheidenem Vorspiel im Alttertiär erfolgten die massenhaften vulkanischen Förderungen im Miozän, und zwar vom Helvet bis Sarmat. Die Produkte sind hauptsächlich Rhyolithe und Andesite der Kalkalkali-Sippe, wie sie im Rahmen des subsequenten Vulkanismus üblich sind. Im Pliozän und Altpleistozän folgte ein basaltischer Vulkanismus der Alkali-Sippe, der bereits als final bezeichnet werden könnte. Den Magmenaufstieg bringt *E. Szadeczky-Kardoss* (1964) in Zusammenhang mit dem »Geotumor« des Pannonischen Beckens, der durch die Hochlage der Moho-Fläche gebildet wird (s. S. 206). Die zerreißende dünne Kruste öffnete dem Magma die Aufstiegswege.
Der rhyolithische Vulkanismus erfolgte in drei großen Förderungen, die stratigraphisch in das Helvet, Torton und Sarmat gehören. Der Andesit-Vulkanismus spielte sich vorwiegend während des Torton ab.
Mit dem jungtertiären Vulkanismus sind wichtige Buntmetall-Lagerstätten verknüpft. Im Siebenbürgischen Erzgebirge (Ophiolithzone von Mureş) handelt es sich vorwiegend um Gold und Silber, im Slowakischen Erzgebirge (Vulkangebiet von Schemnitz-Kremnitz, slowak. Banska Stiavnica-Kremnica) um Blei, Zink, Kupfer, Silber, Gold und Antimon.

5.4 Die Dobrudscha

Weit außerhalb der Ost-Karpaten und am S-Rande des podolischen Anteils von Fennosarmatia – zwischen der Donau und dem Schwarzen Meer – taucht aus der quartären Hülle das Präkambrium, Paläozoikum und Mesozoikum der Dobrudscha auf. Die Karte (Abb. 32) zeigt, daß die Dobrudscha eine sehr ähnliche Position wie das Polnische Mittelgebirge hat.

Die Dobrudscha im engeren Sinne, in der Paläozoikum und Trias-Kreide zutage treten, bildet einen relativ schmalen NW–SE streichenden Streifen. Nach S folgt ein aus metamorphem Präkambrium und Jura bestehender Streifen, der als »zentrale Dobrudscha« bezeichnet wird. S' davon (südliche Dobrudscha und Rumänische Ebene) haben Tiefbohrungen ein sehr mächtiges nichtmetamorphes Paläozoikum vom Ordovizium bis zum Perm und ein noch mächtigeres Mesozoikum von der Trias bis zur Ober-Kreide nachgewiesen. Dieser Bereich mächtiger Sedimentation bildet die »Moesische Plattform« zwischen Süd-Karpaten und Dobrudscha im N und Balkan im S (s. S. 211).

Aus der Sachlage, daß in der zentralen Dobrudscha das Präkambrium unter völligem Ausfall des Paläozoikums und der Trias von Jura-Schichten überlagert wird, ergibt sich bereits die Folgerung, daß dieser Bereich zeitweise die Rolle einer Schwelle gespielt haben muß. Die Schwelle hatte nach ihren Konturen und ihren Strukturen einen ungefähr NW–SE-lichen Verlauf. Ein besonders charakteristisches Glied des Präkambrium in der Schwelle ist die mehrere 1000 m mächtige Grünschiefer-Formation. Grünschiefergerölle sind aber typische Komponenten in den äußeren Flyschdecken und in der Vortiefe der Ost-Karpaten (s. S. 194). Hierauf beruht mithin die Vorstellung, daß sich die Grünschiefer-Schwelle der zentralen Dobrudscha weit nach NW in die Flyschzone der Ost-Karpaten erstreckte und dort einen wichtigen Sedimentlieferanten in Ober-Kreide und Tertiär bildete.

Jenseits der Schwelle, in der nördlichen Dobrudscha, tritt das Paläozoikum, wie gesagt, zutage und besteht dort aus Ordovizium (älteste datierte Schichten) bis Ober-Devon. Anschließend erfolgte eine Faltung, verbunden mit Regionalmetamorphose und Granitintrusionen. Diskordant darüber liegt ein festländisches molasseartiges Karbon (Carapelit-Formation) mit Quarzporphyren und nochmaligen Granitintrusionen. Dann verlagerte

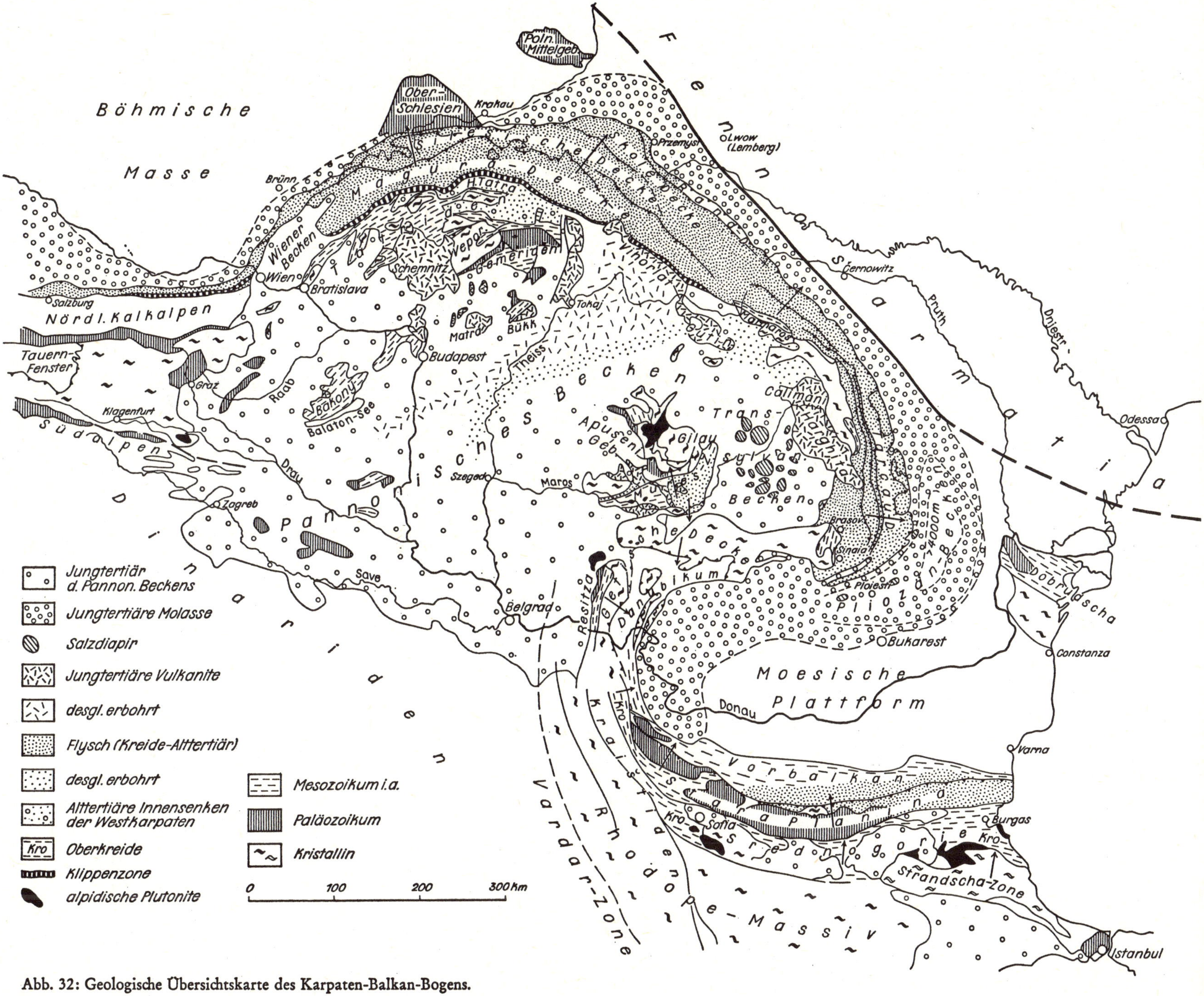

Abb. 32: Geologische Übersichtskarte des Karpaten-Balkan-Bogens.

sich der Sedimentationsraum nach NE und nahm eine typisch alpine Trias auf, die von basischem Vulkanismus begleitet wurde. An der Wende Trias/Jura kam es nochmals zu orogenen Bewegungen und damit zur endgültigen Konsolidierung der nördlichen Dobrudscha. Anschließend bildete sich die »Vordobrudscha-Depression« am Rande gegen Podolien, in der heute die Mündungsarme der Donau fließen.

Wir haben einleitend auf die vergleichbare Lage von Polnischem Mittelgebirge und Dobrudscha in bezug auf den SW-Rand Fennosarmatias und den Karpatenbogen hingewiesen. Zweifellos ist die orogene Ausstattung der Dobrudscha bedeutend kompletter als die des Polnischen Mittelgebirges, dem ja zum Beispiel Regionalmetamorphose und Granitplutonismus fehlen, und eine direkte Verbindung ist unter den ostkarpatischen Flyschdecken nicht zu erkennen. Außerdem gibt es im Polnischen Mittelgebirge keine alpine, sondern germanische Trias. Aber beide fraglichen Gebiete liegen zwischen dem fennosarmatischen SW-Rand einerseits und der Grünschiefer-Schwelle andererseits. Und diese Sachlage spricht doch dafür, auch die nördliche Dobrudscha als ein Randphänomen Fennosarmatias aufzufassen, sie also in die Reihe jener tief abgesunkenen Randdepressionen zu stellen, in denen sich teils schon im Paläozoikum, teils erst im Mesozoikum (Dänisch-Polnische Furche) ungewöhnlich große Sedimentmächtigkeiten – mitunter in flyschoider Fazies – anhäufen konnten (s. S. 113). Wenn diese Deutung richtig ist, dann nimmt die geosynklinale und orogene Qualität der fennosarmatischen Randdepressionen von NW nach SE immer mehr zu. In der nördlichen Dobrudscha endlich gewinnen sie Anschluß an den variszischen Konsolidationsbereich an der S-Seite Fennosarmatias (Skythische Platte, vgl. Abb. 3) und im Raume des Schwarzen Meeres.

5.5 Das Balkan-Gebirge (Abb. 32 = Faltblatt S. 208/209)

Orographisch setzen sich die Süd-Karpaten ununterbrochen in das Balkan-Gebirge fort. Dieser »Karpatobalkanische Gebirgsbogen« sollte – so hatte es schon *E. Suess* in seinem Werke »Das Antlitz der Erde« (1885) vertreten – durch das bogenförmige Streichen der tektonischen Elemente zustande kommen.

Tatsächlich kann man die äußeren, das heißt östlichen, südkarpatischen Strukturen mit ihren meridionalen und dabei E-vergenten Falten und Überschiebungen noch weit über die Donau nach S verfolgen. Dann aber stoßen sie entlang einer Störung auf die NW–SE streichenden balkanischen Elemente. Andererseits geht von den inneren, das heißt westlichen, Bereichen der Süd-Karpaten ein großes Störungssystem aus, das anfänglich in südlicher dann mehr südöstlicher Richtung in das Rhodope-Massiv hineinläuft. Dieses Störungssystem, das *E. Bončev* (1958) als *»Kraištiden«* zusammenfaßt, zieht also in der Hauptsache W' am eigentlichen Balkan-Gebirge vorbei. Insofern ist es ein Parallelelement zur Vardar-Zone der innersten Dinariden (Abb. 35). Im übrigen sind die Kraištiden bis in das Jungtertiär hinein vorwiegend gegen E bewegt worden, was naturgemäß zu starken Überprägungen sowohl der südkarpatischen als auch der balkanischen Elemente geführt hat. Abgesehen von solchen strukturellen Diskrepanzen weicht auch die interne Gliederung des Balkan-Gebirges von der der Karpaten wesentlich ab. Eine einfache bogenförmige Verbindung zwischen beiden Gebirgen existiert also offenbar nicht. Im übrigen sind die strukturellen Verhältnisse noch keineswegs befriedigend geklärt, wofür nicht zuletzt die Lage im Grenzbereich der drei Länder Rumänien, Jugoslawien und Bulgarien verantwortlich sein mag.
Für die Strukturentwicklung des Balkan-Orogens dürfte seine Lage zwischen dem Hochgebiet des Rhodope-Massivs im S und der Depression der Moesischen Plattform im N von entscheidender Bedeutung gewesen sein (*D. Jaranoff* 1960).
Als *Rhodope-Massiv* werden die Kristallingebiete zusammengefaßt, die E' von Belgrad aus dem Pannonischen Becken auftauchen und zwischen der Vardar-Zone und dem Balkan-Gebirge weite Teile SE-Jugoslawiens, Süd-Bulgariens sowie Griechisch-Makedoniens und Griechisch-Thrakiens einnehmen. Im Rila-Gebirge S' von Sofia liegt der höchste Gipfel der Balkan-Halbinsel (Muss Alla 2925 m).
Das Rhodope-Massiv galt in seiner Gesamtheit als trennendes und alpidisch ungefaltet gebliebenes »Zwischengebirge« der SW-vergenten Dinariden einerseits, der E-vergenten Süd-Karpaten beziehungsweise des N-vergenten Balkans andererseits. Zumindest seit dem Ober-Karbon soll es zeitweise die Bedeutung einer Barriere zwischen den beiden Geosynklinalräumen gehabt ha-

ben (*J. H. Brunn* 1960). Das Massiv ist in hohem Maße von granitischem Plutonismus betroffen, der nun aber keineswegs nur voralpidisch, sondern vom Präkambrium bis zum Jungtertiär immer wieder aktiv gewesen ist. Dies wird durch radiometrische Datierungen bestätigt. Darüber hinaus konnte nachgewiesen werden, daß in manchen Teilen des Rhodope-Massivs die Regionalmetamorphose erst alpidisch ist. Ein solcher Fall existiert zum Beispiel in der *Strandscha-Zone* SE-Bulgariens. Dieses Antiklinorium besteht aus metamorphen Serien vom Paläozoikum bis zum Ober-Jura, wobei das Mesozoikum durch Fossilien belegt ist. Der Jura enthält Ophiolithe, und außerdem sind ihm Granite eingeschaltet. Jünger als die Metamorphose ist die transgredierende Ober-Kreide (Cenoman).

Ähnlich liegen die Dinge in Griechisch-Thrakien, wo im Kristallin Trias- bis Kreide-Anteile vorkommen. Gegenwärtig hat es den Anschein, als ob nur eine Kernzone des Rhodope-Massivs voralpidischen Alters ist, an die sich im E und S beziehungsweise SW eine jüngere metamorphe »Schieferhülle« anlegt (*P. Kronberg* 1969).

Im N grenzt das Balkan-Orogen an die *Moesische Plattform.* Diese wird von pleistozänen und holozänen Sedimenten verhüllt und von der unteren Donau durchflossen, ihren Rahmen bilden im N, W und S die Karpaten und das Balkan-Gebirge. Im geotektonischen Sinne gilt die Moesische Plattform als Ausläufer der Syneklise (Depression) des Schwarzen Meeres. Daß die heutige Plattform sich über einer Syneklise gebildet hat, ergibt sich aus einer Reihe von Tiefbohrungen. Danach liegen über dem präkambrischen Kristallin $>$ 4000 m paläozoische Schichten, die mit unterem Ordovizium (? Kambrium) beginnen und mit flözführendem Ober-Karbon beziehungsweise Perm in Rotliegend-Fazies enden. Wie in der Dobrudscha, in der Skythischen Platte Süd-Rußlands und im Schwarzmeer-Gebiet wird mit variszischer Orogenese und Konsolidation gerechnet. Danach setzte sich aber die Senkungstendenz fort, und es wurden kumulativ $>$ 5000 m Sedimente von der Trias bis in die Ober-Kreide abgelagert. Die größten Mächtigkeiten von Ober-Jura und Kreide liegen aber am Rande gegen das Balkan-Gebirge, während diese Schichten im Zentrum der Moesischen Plattform geringer mächtig und mehr von karbonatisch-epikontinentaler Art sind.

Die Flanken der Moesischen Syneklise tauchen im N in der Dobrudscha und im S im Balkan-Gebirge auf. Hier baut das »Megantiklinorium der *Stara Planina*« mit seinem wohlausgebildeten fossilführenden Paläozoikum im Hohen Balkan das eigentliche Gebirge auf (höchster Gipfel: Botew 2376 m). Der Durchbruch des Isker-Flusses N' von Sofia liefert gut aufgeschlossene Profile der paläozoischen Schichten und ihrer variszischen Deformation (*W. Schwan* 1958).

Zwischen der Stara Planina und dem Rhodope-Massiv liegt die Zone der *Srednogorie* (Bulgarisches Mittelgebirge). Es ist eine in der Oberkreide-Zeit tief eingebrochene Depression mit geosynklinaler Sedimentation und sehr mächtigem hauptsächlich andesitischem Vulkanismus. Starke tektonische Bewegungen an der Kreide-Tertiär-Grenze waren begleitet von monzonitischen, syenitischen und granitischen Intrusionen, die eine wichtige kupferreiche Vererzung verursacht haben. Es handelt sich um die jugoslawisch-bulgarisch-türkische Kupferprovinz mit den Lagerstätten Majdanpek, Bor, Panagjurište und anderen.

Auf der N-Flanke der Stara Planina gegen die Moesische Plattform liegt die Zone des *Vorbalkan*. Sie hat gewisse Züge einer Vortiefe insofern, als hier die Mächtigkeiten von Ober-Jura und Kreide besonders groß sind und flyschartige Sedimentation bis in das Eozän, lokal bis in das Oligozän, reicht. Dieser Flyschtrog umfaßte allerdings nicht nur den Vorbalkan, sondern auch Teile der Stara Planina. Nach der Faltung des Alttertiär bildeten sich im jüngeren Miozän und im Pliozän begrenzte Molasse-Becken am Außenrande des Vorbalkan (s. Abb. 32 = Faltblatt S. 208/209).

Die tektonischen Bewegungen im Balkan-Orogen waren generell nach N gegen das Vorland der Moesischen Plattform gerichtet (*W. Schwan* 1962). So weist bereits die metamorphe Strandscha-Zone deutliche N-Vergenz auf. Aus der Srednogorie sind Kristallindecken nach N auf die Stara Planina gewandert und überlagern dort Ober-Kreide und Eozän. Die Stara Planina selbst ist nach N auf den Vorbalkan überschoben. Im Vorbalkan schließlich herrscht mäßige N-vergente Faltung, die in Richtung auf die Moesische Plattform verklingt. Auch die Faltungszeiten verlagerten sich von S nach N: In der Strandscha-Zone waren Deformation und Metamorphose vor der Ober-Kreide (Cenoman) beendet, der Vorbalkan wurde im Alttertiär gefaltet.

5.6 Die westlichen Mediterran-Gebiete (Abb. 33)

Im geologisch-tektonischen Sinne sollen unter dieser Kapitelüberschrift Bereiche alpidischer Orogenesen verstanden werden, die von folgenden variszischen Massiven eingerahmt sind: Maurisches Massiv (Provence) – Korsika – Sardinien im E, Französisches Zentralmassiv im N, Iberische Meseta und Kantabrisches Gebirge im W. Die Mittelmeerküste ist in diesem Bereich im wesentlichen durch junge, das heißt tertiäre Abbrüche bedingt.

Wenn wir von den Verhältnissen in den genannten randlichen Massiven ausgehen, so müssen wir annehmen, daß die westlichen Mediterrangebiete Räume sehr intensiver variszischer Orogenese mit starkem Plutonismus und weit verbreiteter Regionalmetamorphose waren. Sie befanden sich am Ende der Karbon-Zeit wohl fast vollständig in kontinentalem Zustand. Sie wurden im Laufe des Mesozoikums erst mit Verzögerung, nur in begrenzten Bereichen und nicht überall mit der vollen geosynklinalen »Ausstattung« regeneriert, das heißt in die mesozoische Tethys-Geosynklinale einbezogen. So ist die Trias ganz überwiegend »germanisch« und nicht »alpin«, in Ober-Jura und Unter-Kreide sind festländische Ablagerungen (»Wealden«) weit verbreitet, Kreide und Alttertiär haben fazielle Anklänge an das Helvetikum der West-Alpen, wie sich überhaupt manche Vergleiche mit der helvetischen Miogeosynklinale anbieten.

In Abbildung 33 sind diejenigen Bereiche der Westmediterran-Gebiete dargestellt, in denen es während des Mesozoikums zu relativ großen Absenkungen mit anschließenden stärkeren Deformationen gekommen ist. Zum Teil handelt es sich, wie wir sehen werden, weder um eigentliche Geosynklinalen noch um alpinotype Orogene. In solchen Fällen kann also nur von Randgebieten oder Ausläufern der Tethys-Geosynklinale die Rede sein. Die »Achse« oder »Zentralzone« der Tethys muß wohl mitten im heutigen westlichen Mittelmeer gelegen haben, denn von hier aus sind die tektonischen Transporte bei den alpidischen Orogenesen einerseits nach N (Balearen, Süd-Spanien), andererseits nach S (Nord-Afrika) gerichtet gewesen. Diese Scheitelzone ist dann eingebrochen und weite Randbereiche mit ihr. So sind wichtige Verbindungsstücke der alpidischen Deformationszonen Iberiens, der Balearen und Südfrankreichs im Meere versunken und aus den festländischen Relikten kaum noch mit Sicherheit zu rekonstruieren.

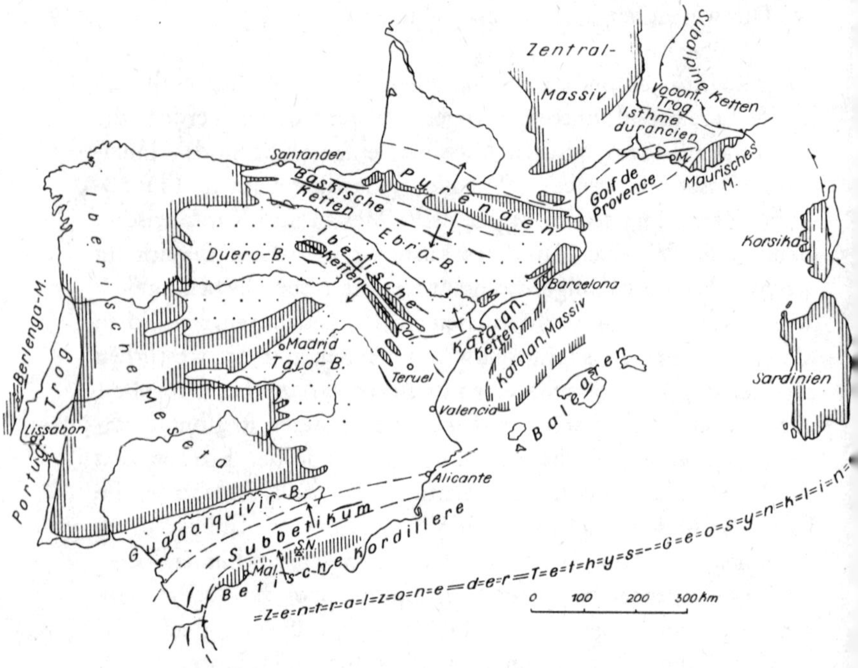

Abb. 33: Die tektonische Gliederung der westlichen Mediterran-Gebiete. – Vertikale Schraffur: paläozoische und ältere Massive, Punkte: Tertiär-Becken, Cal. Calatayud, M. Marseille, Mal. Malaga, S. N. Sierra Nevada.

Die Karte (Abb. 33) zeigt folgende alpidische Deformationsbereiche auf der Iberischen Halbinsel:

1. Die *Betische Kordillere*

Als einzige zeichnet sie sich durch echt geosynklinale Vorgeschichte und alpinotype Orogenese aus und ist offensichtlich Bestandteil der eigentlichen Tethys-Geosynklinale. Das Guadalquivir-Becken stellt ihre Molasse-Vortiefe dar, die Meseta ihr Vorland. Die *Balearen-Inseln* sind die nordöstliche Fortsetzung der betischen Außenzonen.

2. Die *Pyrenäen,* zwischen dem Französischen Zentralmassiv (im weiteren Sinne) und einem ehemaligen Hochgebiet im Bereich des heutigen Ebro-Beckens gelegen, besitzen vergleichsweise abgeschwächte geosynklinale und orogene Qualitäten. Sie müssen aber auch als »alpinotypes Orogen« klassifiziert werden.

3. Die *Baskischen Ketten* entsprechen einem Raum ungewöhnlich großer Kreidemächtigkeiten zwischen dem variszischen Kantabrischen Massiv im W, den Pyrenäen im E, und dem damaligen Ebro-Hochgebiet im S.
4. Die *Iberischen (Keltiberischen) Ketten* nehmen den Raum zwischen dem ehemaligen Hochgebiet des jetzigen Ebro-Beckens im NE und der Meseta im SW ein. Im SE schwenken sie einerseits nach NE in die Katalanischen Ketten, andererseits nach S in Richtung auf die Betische Kordillere ab.
5. Der *Portugiesische Trog* ist zwischen der Meseta im E und einem im Atlantik versunkenen Kristallinmassiv eingebrochen, von dem heute nur noch die Berlenga-Inselgruppe zeugt. Die Zusammenhänge mit den anderen mesozoisch-tertiären Sedimentbecken des West-Mediterrans sind nicht ganz klar.

5.6.1 Betische Kordillere und Balearen

Den S Spaniens von der Atlantikküste bis etwa Alicante baut in einer Länge von 600 km und einer Breite von 100 bis 150 km das Orogen der Betischen Kordillere auf. Im SW schwenkt es bogenförmig über die Straße von Gibraltar in die Rif-Ketten Marokkos ein, nach NE setzt es sich mit seinen Außenzonen in die Balearen fort. Ihrer Vorgeschichte nach ist die Betische Kordillere unzweifelhaft ein Bestandteil der Tethys-Geosynklinale, ihre Baugeschichte und Orogenese sind echt alpinotyp.
Die grundlegende Bausynthese des Orogens haben *M. Blumenthal* und *P. Fallot* (1948) ausgearbeitet. Danach streichen seine Elemente WSW–ENE, also etwa parallel der südspanischen Küste und bestehen (von S nach N) aus zum Teil metamorphen Innenzonen, aus nichtmetamorphen Außenzonen und einem jungtertiären Molasse-Becken im N, das sich gegen das Vorland der Meseta heraushebt.
Als *»Betikum«* im engeren Sinne seien die zum Teil metamorphen Innenzonen zusammengefaßt, in denen ein alpinotyper Deckenbau herrscht. Die tektonisch tiefste Einheit ist die über 100 km lange Kristallinkuppel der Sierra Nevada, die als relativ autochthon gilt. Mit 3480 m Höhe baut sie den höchsten Gipfel der Iberischen Halbinsel auf. Über der Sierra-Nevada-Kuppel

liegt ein Deckenstapel, dessen tiefere Einheiten ± metamorphe alpine Trias enthalten, während die höchste Einheit (»Betikum von Malaga«) aus einem kristallinen Sockel, nichtmetamorphem Paläozoikum vom Silur bis Unter-Karbon und Permotrias bis Alttertiär besteht.

Dieses Betikum ist unter Bildung sehr komplizierter Über- und Unterschiebungen gegen das *»Subbetikum«* angepreßt. Das Subbetikum wird von Schichten der Trias bis einschließlich Oligozän aufgebaut. Wie fast überall in den Westmediterran-Gebieten bildet die großenteils salinare Trias einen ganz entscheidenden Faktor bei den tektonischen Deformationen, und gerade im Subbetikum ist diese Trias-Entwicklung besonders mächtig. Jura und Kreide gelten nach Fazies und Fauna als typisch geosynklinal, ihre vorwiegend mergelige Entwicklung reicht bis in das Oligozän. Für den Deformationsstil des Subbetikums sind Abscherungen über dem Trias-Salinar charakteristisch, das im übrigen stark zum Diapirismus neigt. Die Horizontaltransporte waren generell nach N gerichtet und dabei wurden besonders am Außenrand gegen das »Präbetikum« kleinere Schuppen- oder sogar Deckenstapel aufgebaut.

Unter diesen Randüberschiebungen taucht nach N das *»Präbetikum«* auf. Sein Mesozoikum und Tertiär unterscheiden sich vom Subbetikum durch die teils kontinentale, teils epikontinental-marine Entwicklung. Sie ist bedingt durch das nach S abtauchende Meseta-Massiv, es ist also eine typisch »vorländische« Entwicklung. Auch hier herrscht noch ein N-vergenter Falten- und Schuppenbau, ermöglicht durch Abscherungen über dem Trias-Salinar und begleitet von Diapirismus.

Im Jungtertiär senkte sich das Präbetikum zum *»Guadalquivir-Becken«*, einem großenteils von marinen Sedimenten gefüllten Molasse-Becken ein. Unter ihm taucht nach N allmählich der Meseta-Sockel heraus.

Für die Datierung der orogenen Bewegungen ist es wichtig, daß flyschartige Sedimente, die allerdings nur bei Gibraltar vorkommen, Unter-Kreide bis Alttertiär-Alter haben. Die Hauptdeckenbewegungen erfolgten sicher im Lauf des Tertiär. Nach den Erdölbohrungen im Guadalquivir-Becken muß in dessen S-Teil noch mit starken gravitativen Massenbewegungen während des Miozän gerechnet werden (*E. Perconig* 1962).

 Subbetikum beziehungsweise Präbetikum haben ihre Fortsetzung in den *Balearen* (*G. Colom* & *B. Escandel* 1962). Die paläogeographische Grundsituation der Inseln während des Mesozoikums läßt sich folgendermaßen skizzieren: Im NW lag das »Katalanische Massiv«, an das sich nach SE ein ± miogeosynklinaler Trog (Subbetikum) anschloß, zu dem die heutigen Inseln gehörten. Südlich davon dürfte der Kernbereich der Tethys gelegen haben.

Nach Ablagerung einer germanischen Trias begann die marine Sedimentation der balearischen Miogeosynklinale im Lias, wie fast überall im Westmediterran-Gebiet. Es wird angenommen, daß während des Jura entlang der SE-Seite des Katalanischen Massivs eine Verbindung nach Süd-Frankreich bestand. Pelagische Sedimentation setzte erst mit der Unter-Kreide ein, die marinen Verhältnisse endeten aber bereits in der Mittel- oder Ober-Kreide. Der balearische Festlandsbereich wurde während des Tertiär mehrfach von marinen Transgressionen betroffen, die von der im S persistierenden Tethys ausgingen. Die im wesentlichen anscheinend NW-vergenten Faltungen spielten sich während des Oligozän und Miozän ab.

Die Betische Kordillere stellt strukturell und ihrer geosynklinalen Entwicklung nach ein Bindeglied zwischen den alpidischen Orogenen Europas und Nord-Afrikas dar. So hat zum Beispiel das fossilführende Paläozoikum von Malaga seine Äquivalente auf der afrikanischen Seite, und der mesozoische Sedimentationsraum des Subbetikums setzt sich praktisch in die Rif-Geosynklinale Marokkos fort. Die spanischen und marokkanischen Deckenstapel sind also zumindest teilweise aus benachbarten geosynklinalen Reservoiren gespeist worden, die heute im Mittelmeer versunken liegen. Hier ist mithin der Kernbereich der westmediterranen Tethys zu suchen, der strukturell einer riesigen Scheitelzone mit Materialtransporten nach N und S entspricht.

5.6.2 Die Pyrenäen

Im Vergleich zu allen anderen alpidischen Orogenen Europas ist für die Pyrenäen die Gradlinigkeit und der symmetrische Bau charakteristisch (Abb. 20, 34). Die Bausymmetrie drückt sich zunächst darin aus, daß eine variszische Zentralzone von je einem

Streifen mesozoisch-tertiärer Falten im N und S begleitet wird. Ausgehend von der Zentralzone haben sich die mesozoisch-tertiären Sedimentbecken unter symmetrischer Wanderung einerseits nach N zum Aquitanischen Becken, andererseits nach S zum Ebro-Becken angelegt. Und schließlich bildet die Achsialzone einen Scheitel, von dem die alpidischen Faltungen nach N beziehungsweise S gewandert und entsprechend auch die Vergenzen gerichtet sind, was wiederum zu einer Art »Fächerstruktur« geführt hat (Abb. 34, *H. Mattauer* 1968).

Fast auf die ganze Länge der Pyrenäen und in max. 50 km Breite tritt der variszische Sockel als Zentralzone des Gebirges zutage und baut die höchsten Gipfel auf (Maladetta 3400 m). Das Variszikum besteht aus einer an 10 km umfassenden Abfolge, die vom Unter-Karbon bis in hochmetamorphes Kristallin mit Granitisierung reicht, ohne daß nennenswerte Diskordanzen zu beobachten sind. Ein vorvariszisches basement ist nicht zu erkennen (*H. J. Zwart* 1963).

Die ältesten nichtmetamorphen und paläontologisch datierten Sedimente gehören in das Ordovizium (Caradoc). Sie leiten eine im wesentlichen lückenlose und konkordante marine Schichtfolge ein. Diese endet mit einer Kulm-ähnlichen Fazies, die Visé und unteres Namur umfaßt. Die variszische Orogenese dürfte vor dem Westfal C, auf alle Fälle vor dem Stefan beendet gewesen sein. Die postorogene Sedimentation beschränkt sich auf einige kleine flözführende Becken. Das Perm tritt in Rotliegend-Fazies mit subsequentem Vulkanismus auf.

Mit der variszischen Orogenese wurden bereits manche der wichtigsten Strukturzüge der alpidischen Pyrenäen angelegt. Dies gilt zunächst für die E–W bis WNW–ESE-Richtung der Faltenachsen und einiger großer Störungszonen, weiterhin für die gleichgerichtete Anordnung kristalliner Aufwölbungen und auch der variszischen Granodiorit-Plutone.

Das Paläozoikum der Pyrenäen liegt räumlich zwischen dem der Montagne Noire und dem des Kantabrischen Gebirges. In großen Zügen gibt es Übereinstimmungen zwischen den drei Vorkommen, gehören sie doch zum S-Trog der paläozoischen Tethys-Geosynklinale. Kambrium und Ordovizium sind in den Pyrenäen im wesentlichen metamorph, was stratigraphisch-fazielle Vergleiche verhindert. Aber die Graptolithenschiefer-Fazies des Silur ist in allen drei fraglichen Gebirgen verbreitet, und im

Devon und Unter-Karbon herrschen schließlich recht enge faziel-le Beziehungen, besonders zwischen Kantabrien und Pyrenäen. Erwähnt sei zum Beispiel der Knollenkalk des »marbre griotte« (Devon und Unter-Karbon) und der Cañonkalk (Namur).
Die hauptsächlichen orogenen Vorgänge des Variszikums fallen in den drei Gebieten etwa in denselben Zeitraum, nämlich nach dem Unter-Karbon und vor dem oberen Westfal, sie sind also »mittelvariszisch«. Erhebliche Unterschiede bestehen aber hinsichtlich der orogenen Wirkungen. Sie sind im Kantabrischen Gebirge trotz des Deckenbaues relativ »schwach«, fehlen dort doch Regionalmetamorphose und Plutonismus, die in den Pyrenäen und der Montagne Noire eine große Rolle spielen. Auch die großen variszischen Strukturzüge der drei benachbarten Orogene führen anscheinend nicht ineinander über (*De Sitter* 1965, Fig. 9). Allerdings werden sie ja getrennt durch den südöstlichen Ausläufer des Aquitanischen Beckens beziehungsweise die Kreide des Baskenlandes, unter die von W das kantabrische und von E das pyrenäische Variszikum untertauchen.
Die alpidische Trogbildung begann in der Trias, aber keineswegs mit einer echten geosynklinalen »Regeneration«, sondern mit dem Einsinken E–W gerichteter kontinentaler Becken, in denen bis zu 1000 m »germanische« Trias abgelagert wurde. Abweichend von den mitteleuropäischen Verhältnissen enthält die Trias Einschaltungen basischer Vulkanite. Salzgesteine im Keuper sind wichtig für die späteren Deformationen. Diese Becken tieften sich im N und im S der heutigen Zentralzone ein, und dabei spielten Vertikalbewegungen entlang den zum Teil schon variszisch angelegten großen Störungszonen eine Rolle. Besonders wichtig und gut bekannt ist die Nord-Pyrenäen-Verwerfung mit mehreren 1000 m Sprunghöhe, die die Achsialzone von der Nord-Pyrenäen-Zone trennt. Mit dem Jura transgredierte das Meer in diese Becken und brachte bis zu 1000 m kalkige Sedimente zur Ablagerung. Nach verhältnismäßig schwachen tektonischen Bewegungen an der Wende von Jura zu Kreide sanken die Beckenzonen beiderseits der Zentralzone besonders kräftig ab, und es kam zu sehr mächtiger Sedimentation von geosynklinaler Art (Abb. 34). Dabei gliederten sich während der unteren Kreide-Zeit die Becken bezeichnenderweise in Spezialbecken und Spezialschwellen, so daß vielfache Mächtigkeits- und Faziesschwankungen vorkommen und vom Cenoman ab echter

Flysch auftritt. Die starke Vertikaltektonik, insbesondere der Mittel-Kreide, wurde von basischem Magmenaufstieg begleitet.

Die ersten starken Faltungen ereigneten sich an der Wende von Kreide zu Tertiär, und zwar hauptsächlich im Bereich der Nordpyrenäen-Verwerfung. Diese Bewegungen wurden von Metamorphose und ultrabasischen Intrusionen begleitet, die ebenfalls an die Nähe jener großen Verwerfung gebunden sind. Danach verlagerten sich die Sedimentbecken im Eozän weiter nach N beziehungsweise nach S.

Die pyrenäische Hauptfaltung erfolgte an der Wende von Eozän zu Oligozän. Sie erfaßte den gesamten Pyrenäenbereich einschließlich der inneren Teile des nördlichen und des südlichen Eozän-Troges. Anschließend bildeten sich im Oligozän zwei Molasse-Becken, deren nördliches schon zum Aquitanischen und

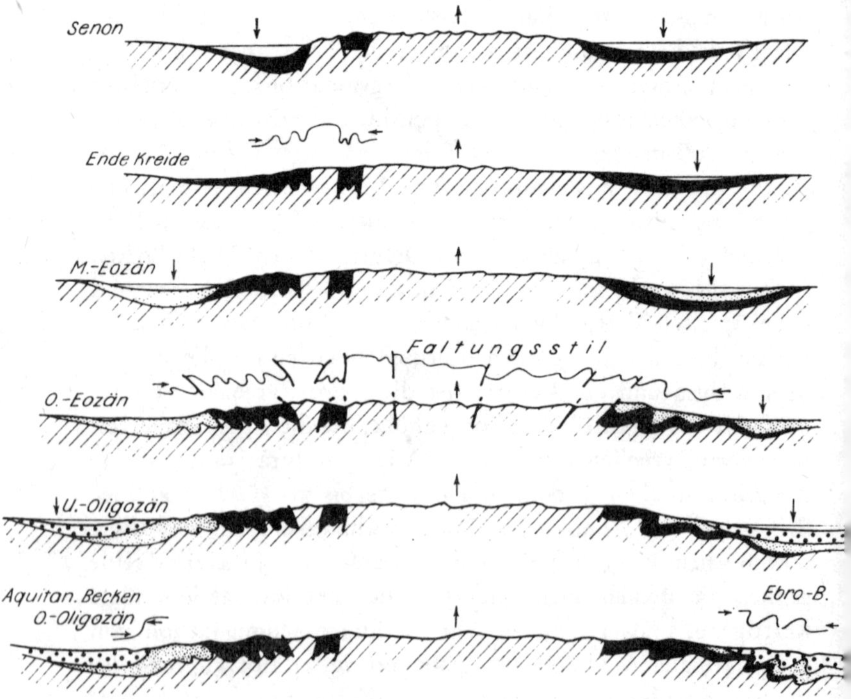

Abb. 34: Die tektonische Entwicklung der Pyrenäen seit dem Senon (aus *M. Mattauer* 1968).

deren südliches zum Ebro-Becken gehört. In diesen spielten sich die jüngsten Faltungen während des Oligozän ab.
Charakteristisch für den alpidischen Deformationsstil der Pyrenäen ist der Fächerbau mit N-Vergenz im N und S-Vergenz im S der Zentralzone. Hinzu kommt, daß Faltenelemente und Schieferung nur wenig von der Vertikalen abweichen, dies im Gegensatz zu den vorherrschenden Horizontaltransporten in fast allen anderen alpinen Orogenen Europas. Der Fächerbau drückt sich auch darin aus, daß Deformationsintensität, Schieferung und Regionalmetamorphose von innen nach außen, das heißt wiederum nach N und nach S, abnehmen.
Aus dem Gesagten geht hervor, daß in den Pyrenäen ein Deckenbau größeren Stiles fehlt. Flache Überschiebungen und kleine Decken kommen aber vor, und zwar gebunden an bestimmte zu Abscherungen neigende Horizonte. Eine Hauptrolle spielt hierbei die Trias mit ihren bis zu 1000 m Ton- und Salzgesteinen. Durch die Erdölbohrungen der letzten Jahre sind solche deckenartigen Überschiebungen am Außenrande der Nord-Pyrenäen bekanntgeworden. Dort sind Schuppen aus Jura und Kreide mit triadischen Tonen und Salzen als basalem »Schmiermittel« weit über das Tertiär der pyrenäischen Vortiefe gefahren. Noch in dieser selbst, speziell im Erdgasbecken von Lacq, bilden diapirartige Aufwölbungen des Trias-Salinars wichtige Strukturelemente (s. S. 288 u. Abb. 20).

5.6.3 Die Baskischen Ketten

Südlich San Sebastian taucht das Paläozoikum der Pyrenäen achsial nach W ab, desgleichen südlich Santander das kantabrische Paläozoikum nach E. Dazwischen liegt ein mesozoisch-tertiäres Becken, dessen mäßige Faltenzüge einerseits die tektonischen Elemente der Pyrenäen, andererseits die des Kantabrischen Gebirges fortsetzen. Das absolut Eigenständige dieses Beckens liegt darin, daß sich in ihm die größten Kreidemächtigkeiten angesammelt haben, die bisher in Europa bekanntgeworden sind. Gesamtmächtigkeiten bis zu 15 000 m werden angegeben (*F. Lotze* 1955, *J.-P. Mangin* & *P. Rat* 1962, *J. Wiedmann* 1962). Das Becken hatte paläogeographische Verbindungen sowohl zum pyrenäischen Sedimentationsraum als auch zu dem der Iberischen Ketten.

Germanische Trias – hier wiederum mit Keuper-Ophiten – und mariner kalkig-mergeliger Jura unterscheiden sich nicht wesentlich von den sonst in den Westmediterran-Gebieten üblichen Verhältnissen.

In Ober-Jura und Unter-Kreide gehörte das Gebiet zu einem riesigen Komplex kontinentaler Wealden-Becken an der E-Seite der Meseta, über die im Zusammenhang mit den Iberischen Ketten noch einiges zu sagen sein wird. Nur nahe der Biskaya-Küste sind marine Einflüsse zu beobachten, im N beziehungsweise NE muß also das Meer gelegen haben (andererseits im SE der Iberischen Ketten, vgl. S. 225). Diese paläogeographische Disposition blieb bis in die Mittel-Kreide erhalten, nur daß das Baskische Becken nunmehr ein Meeresgolf wurde mit Ammonitenschiefern im Inneren und organogenen Kalken (Urgon) an den Rändern, das heißt im E gegen die Pyrenäen, im S gegen das damalige Ebro-Massiv, im W gegen das Kantabrische Massiv. Vom Cenoman ab herrschte im Baskischen Becken Flysch-Sedimentation, womit es zum Bestandteil des großen Flysch-Troges der Nord-Pyrenäen wurde. Das rasch und tief absinkende Baskische Becken war während der Ober-Kreide Schauplatz eines lebhaften geosynklinalen Magmatismus, der mehrere 1000 m Mächtigkeit erreichen kann. Im S wurde der Flysch-Trog ziemlich scharf gegen ein flachmarines Plateau abgegrenzt, das das Kantabrische und das Ebro-Massiv verband, und zu dem nun auch der Bereich der späteren Iberischen Ketten gehörte. Für dieses Epikontinentalgebiet sind zum Beispiel geringmächtige Rudistenkalke charakteristisch.

An der Kreide-Tertiär-Grenze kam es zu Verflachung beziehungsweise Regression des Meeres. (Die Regressionsbildungen werden als »Garumnische« Fazies bezeichnet.) Im Eozän lebte der Flysch-Trog aber nochmals auf. Im Laufe des Oligozän verlandete das Baskische Becken dann weitgehend.

Den enormen Mächtigkeiten des Beckens entspricht keine besonders intensive Faltung. Vielmehr herrscht ein verhältnismäßig einfacher, weitgespannter Faltenbau, der besonders am S-Rande des Beckens durch Keupersalz-Diapire belebt wird. Vergenzen sind nur wenig deutlich ausgeprägt. Die Faltungen dürften im Grenzbereich Oligozän-Miozän erfolgt sein.

»Die Aufhäufung so ungewöhnlich großer Sedimentmassen auf verhältnismäßig engem Raum hängt mit der exzeptionellen geotektonischen Position des Gebietes zusammen. Es liegt nämlich im Schnittbereich zweier großer epirogener Senkungszonen, nämlich einmal der westlichen Fortsetzung der Pyrenäen-Geosynklinale und zweitens einer Aire d'ennoyage, die, von Portugal herkommend und sich sowohl epirogen wie orogen kennzeichnend, die iberische Halbinsel von SW nach NO durchzieht und die ich 1945 als »Iberische Transversalsenke« bezeichnet habe.« (*F. Lotze* 1955). Diese Deutung der geotektonischen Position des Baskischen Troges kann durch weitere Argumente ergänzt und gestützt werden. So fügen sich die Tiefenlinien des Grundgebirges unter dem Duerobecken der »Iberischen Transversalsenke« gut ein (Internationale Tektonische Karte Europas), in ihrer Verlängerung nach NE liegt die epirogene Jura-Kreide-Depression des Poitou (zwischen Armorikanischem und Zentralmassiv, vgl. S. 285), und diese wiederum wird von den Tiefenlinien des südwestlichen Pariser Beckens fortgesetzt (Abb. 20).

5.6.4 Die Iberischen (Keltiberischen) Ketten

Es besteht heute weitgehend Übereinstimmung darüber, daß die Iberischen Ketten zwar aus einem Sedimentbecken zwischen Hochgebieten im SW (Meseta) und im NE (Ebro-Massiv = heutiges Ebro-Becken) hervorgegangen sind, daß ihre alpidische Deformation zum Teil intensiv ist und auch eine gewisse zweiseitige Symmetrie mit Vergenzen nach NE und SW vorliegt. Andererseits war das Sedimentbecken aber gewiß keine echte Geosynklinale und die Deformation im ganzen gesehen nur »germanotyp«.

Wie in die Pyrenäen ist auch in die Iberischen Ketten das variszische Grundgebirge einbezogen, und es bildet die Kerne langgestreckter Antiklinalzonen. Das Deckgebirge beginnt frühestens und lokal mit Stefan, aber weithin erst mit Buntsandstein als tiefstem Glied einer »germanischen« Triasentwicklung. Schon in der Trias ist eine deutliche Gliederung des Gesamtraumes in Spezialbecken und -schwellen zu beobachten (*G. Richter* & *R. Teichmüller* 1933), wobei die Buntsandsteinmächtigkeiten zwischen 20 m und 400 m schwanken können (O. *Riba* & *J. M. Rios* 1962). Auch der Keuper zeigt größere Mächtigkeitsschwankungen, er enthält Salinarsedimente und basische Vulkanite (»Ophite«). Der Vulkanismus scheint vorzugsweise in den mächtigen Trias-Becken aufzutreten, ein Verhalten, das an den geosynklinalen Vulkanismus erinnert. Der Muschelkalk keilt gegen die Meseta aus.

Mit den »Carniolas«, Dolomiten und dolomitischen Kalken, beginnt die marine Jura-Sedimentation im Iberischen Trog, deren Fazies und Fauna bemerkenswerterweise große Ähnlichkeiten mit Mitteleuropa aufweisen, weniger dagegen mit dem Jura der Tethys. Die Jura-Schichten keilen sowohl gegen die Meseta als auch gegen das Ebro-Massiv aus. Die ausgesprochen flachmeerische und geringmächtige Sedimentation hörte im Laufe des Ober-Jura auf, und das Meer zog sich einerseits nach N in den Baskischen Raum, andererseits nach S in die Betische Geosynklinale zurück. Die marine Sedimentation wurde so von einer kontinentalen abgelöst, die man nach dem englischen Vergleichsfall als »Wealden« bezeichnet. Diesem Umschwung mußten ausgedehnte Vertikalbewegungen zugrunde liegen, zumal er sich an der ganzen E-Seite der Meseta abspielte, also im Baskischen und Iberischen Troge.

Die Konglomerate, Sande und Mergel des Wealden wurden von den benachbarten Hochgebieten, vorzugsweise wohl von der Meseta, in Form von Deltas in das Iberische Becken geschüttet. Ihre kumulative Mächtigkeit beträgt max. 3500 m. Stratigraphisch entsprechen sie regional verschiedenen Stufen des Ober-Jura und Teilen der Unter-Kreide. Nach einer Transgressionsphase im »Urgo-Apt« kam es im Alb (Mittel-Kreide) erneut zu festländischer Sedimentation von Wealden-Art (»Utrillas«).

Die Ober-Kreide-Transgression hatte, wie in vielen Teilen der Erde, eine besonders weite Ausdehnung. Sie griff über die Meseta bis westlich Madrid hinaus und sparte lediglich das Ebro-Massiv aus, dessen Rolle als stabiles Hochgebiet nochmals unterstreichend. Abgesehen von den Pyrenäen samt Baskischen Ketten, dem Bereich der Betischen Kordillere, dem portugiesischen Tajo- und dem Guadalquivir-Becken und einem schmalen Küstenstreifen in Katalonien waren an der Kreide-Tertiär-Grenze die marinen Überflutungen Iberiens beendet. Die weitere Sedimentation spielte sich in den nun einsinkenden großen und klei-

nen festländischen Becken ab, als deren wichtigste das Ebro-, Duero- und Tajo-Becken genannt seien.
Eine Reihe von Indizien spricht dafür, daß der Iberische Trog nach S in die Betische Geosynklinale einmündete *(R. Brinkmann* 1962), so zum Beispiel die zunehmende Mächtigkeit der Trias und die marinen Einschaltungen in den Wealden mit schrittweisem Übergang zur marinen Fazies der Betischen Geosynklinale. Auch die Richtungen der paläogeographischen Elemente weisen darauf hin, daß der Iberische Trog aus seinem NW–SE-Verlauf nach S einschwenkte.
Die strukturelle Ausgestaltung der Iberischen Ketten wird einerseits durch weite Antiklinalen mit variszischen Sockelgesteinen im Kern, andererseits durch Überschiebungen nach NE gegen das Ebro-Massiv und nach SW gegen die Meseta charakterisiert. Sonst herrscht im allgemeinen nur mäßige Faltung, die gelegentlich durch diapirartige Aufbrüche des Keuper-Salinars belebt wird. Nach *R. Brinkmann* (1962) sind die stärkeren Deformationen an die Bereiche größerer Mächtigkeitsschwankungen des Mesozoikums gebunden, wie überhaupt eine gewisse Vorzeichnung der heutigen Deformationen durch die mesozoische synsedimentäre Tektonik betont wird (O. *Riba* & *J. M. Rios* 1962).
Im Alt- und Jungtertiär senkten sich in die Iberischen Ketten Grabenzonen ein, die mit festländischem Schutt gefüllt wurden, in den inneren Grabenbereichen kam es zu Gipsabscheidungen. Die oben erwähnten Deformationen erfolgten ebenfalls im Laufe des Tertiär.
Wir hatten bereits darauf hingewiesen, daß die mesozoischen Sedimentbecken der Iberischen Ketten eine gewisse Tendenz zum Abbiegen nach S in Richtung auf die Betische Kordillere andeuten. Diese Tendenz zeigen auch die Faltenstrukturen und die tertiären Gräben. So findet der NW–SE streichende Graben von Calatayud seine Fortsetzung in dem etwa N–S streichenden Graben von Teruel.
Andererseits schwenken im Randgebiet gegen das Ebro-Becken die Faltenzüge nach NE in die Katalanischen Ketten. Diese haben sich zwischen den ehemaligen Hochgebieten des Ebro- und des Katalanischen Massivs gebildet.

5.6.5 Das Ebro-Becken

Das heutige Ebro-Becken spielt im westmediterranen Raum eine wichtige geotektonische und paläogeographische Rolle, und zwar die eines Hochgebietes vom Paläozoikum bis ins Alttertiär, so daß für diesen langen Zeitraum vom »Ebro-Massiv« zu sprechen ist.
Seine nordwestlichen Ausläufer machen sich während des Altpaläozoikum im Kantabrischen Gebirge durch Schichtlücken beziehungsweise geringe Mächtigkeiten bemerkbar (s. S. 141). Was das Mesozoikum anbelangt, so fehlt es in mehreren Bohrungen, und das Tertiär liegt dort unmittelbar auf Paläozoikum (*C. Virgili* 1962). Dies ist sicher zum Teil durch vortertiäre Abtragung bedingt, aber immer wieder kann doch beobachtet werden, daß mesozoische Schichten von den Pyrenäen, den Baskischen, Iberischen und Katalanischen Ketten in Richtung auf das Ebro-Massiv ausdünnen oder die Fazies ändern. Erst im jüngeren Eozän begann die Inversion des Massivs zum Becken, in dem sich dann bis mehrere 1000 m festländische Sedimente des Oligozän und Miozän ablagerten.
Die geotektonische Bedeutung der Ebro-Scholle wird ferner dadurch unterstrichen, daß sie von einem fast lückenlosen Faltensaum umgeben ist, dessen Vergenzen jeweils gegen sie gerichtet sind. So die Sierren-Zone entlang der NE-Seite, die Iberischen Ketten entlang der SW-Seite und die Katalanischen Ketten an der SE-Seite.

5.6.6 Der Portugiesische Trog

An der W-Seite der Meseta existierte während Mesozoikum und Tertiär eine meridionale Depression, deren W-Rand nahe der heutigen Küste gelegen haben dürfte, tritt doch in der Berlenga-Inselgruppe wieder Kristallin auf (*C. Teixeira* 1968). Die älteste mesozoische Sedimentfüllung dieses Portugiesischen Troges besteht aus klastischen kontinentalen und lagunären Materialien, die altersmäßig in den Keuper gestellt werden und denen vielfach Basalte eingeschaltet sind. Eine mehr pelitische Beckenfazies enthält mächtige Salinargesteine. Im Lias transgredierte das Meer und bildete in der Depression einen langgestreckten Golf. Bis zum tieferen Ober-Jura (Oxford) kamen etwa 1400 m pelitisch-karbonatische marine Sedimente zur Ablagerung. Die zum Teil reichen Ammonitenfaunen ähneln denjenigen Mittel- und West-Europas, faziell bestehen anscheinend große Ähnlichkeiten zum Schwäbischen Jura. Dagegen fehlen solche Beziehungen zur Tethys-Geosyklinale (*W. Schott* & *K. Staesche* 1957). Danach muß man wohl mit gewissen Verbindungen des Portugiesischen Troges nach N zum Atlantik rechnen. Andererseits scheint er aber auch zeitweise Verbindung über Süd-Portugal (Algarve) mit dem Subbetikum gehabt zu haben. Die im Westmediterran so weit verbreitete Regression im Ober-Jura betraf auch den Portugiesischen Golf. Die Festlandsperiode wurde in der Ober-Kreide von einer erneuten, aber nur kurzlebigen Transgression abgelöst, so daß das Tertiär im wesentlichen festländische Verhältnisse zeigt. Ein letztes Mal transgredierte das Meer – nunmehr wohl vom Atlantik – während des Miozän, und zwar vor allem in den Raum des portugiesischen Tajo-Beckens.

Die Gesamtmächtigkeit von Mesozoikum und Tertiär soll im Portugiesischen Trog über 5000 m erreichen.

Diese mächtige Schichtfolge ist relativ wenig deformiert worden. Die wichtigsten tektonischen Elemente sind vereinzelte Antiklinalzonen mit Keupersalz-Diapiren in den Kernen. Diese Strukturen verlaufen überwiegend in der meridionalen Längsrichtung des Troges. Ihre Hauptbewegungen fallen wohl an die Jura-Kreide- und Kreide-Tertiär-Grenze.

An der Wende von Kreide zu Tertiär hat sich auch die Bildung der syenitischen Plutonite vom Typ der Serra de Monchique (südlichstes Portugal) abgespielt.

5.6.7 Schlußbemerkungen

Wir haben in der Einleitung zum Kapitel »Westliche Mediterran-Gebiete« diese als »Ausläufer« oder »Randgebiete« der Tethys vorgestellt – ausgenommen natürlich die echt tethydische Betische Kordillere. Dies scheint zunächst für die Iberischen Ketten zuzutreffen, die nach S faziell und strukturell in die Betische

Kordillere einmünden. Andererseits aber zog sich das Jura-Meer aus dem Iberischen Becken nicht nur nach S, sondern auch nach N zurück, und faunistisch bestehen stärkere Anklänge nach Mitteleuropa als zur Tethys. Für die Balearen steht außer Zweifel, daß ihre geosynklinalen Einflüsse aus der Tethys stammen. Ebenso müssen manche Faunenelemente des Muschelkalks – insbesondere die Ammoniten – auf den Balearen und in den Katalanischen Ketten aus der Tethys bezogen werden. Anders scheint die Sachlage aber in den Baskischen Ketten und zeitweise auch in der nordpyrenäischen Geosynklinale gewesen zu sein. So lag das Meer beziehungsweise der Bereich stärkster Senkung während der Kreide- und Eozän-Zeit im Raum der heutigen Biskaya, und das Baskische Becken bildete eine Art »Golf« dieses Meeres. Auch der ober-kretazische Flysch-Trog der Nord-Pyrenäen öffnete sich anscheinend breit zum Atlantik hin, verlor aber nach E seinen Flyschcharakter zugunsten flachmariner Sedimente. Im Alttertiär ist das Ausheben des nordpyrenäischen Atlantik-Golfes nach E besonders deutlich, gibt es doch im Rhônegebiet schließlich nur noch kontinentales Eozän. Das nordpyrenäische marine Alttertiär hatte offenbar überhaupt keine Verbindung zur Tethys. Auf das E-Ende der nordpyrenäischen Geosynklinale in der Provence werden wir etwas ausführlicher im Zusammenhang mit der Frage der Grenze zwischen Pyrenäen und West-Alpen eingehen (s. S. 231).

Wir kommen damit zu dem Bilde, daß die mesozoisch-alttertiären Sedimentbecken des Westmediterrans offenbar zwei verschiedenen marinen Tiefgebieten »tributär« waren, aus denen die Transgressionen vorstießen. Deutlich war dies jedenfalls in Kreide und Alttertiär der Fall. Die mesozoisch-alttertiären Senkungszonen ordneten sich dabei in der Umrandung des Ebro-Massivs an. Unter ihnen waren die Becken der Iberischen und der Katalanischen Ketten in erster Linie Ausläufer der Tethys, die der Baskischen Ketten und Nord-Pyrenäen gelten als Golfe des Atlantik. Im Iberischen Becken scheinen sich atlantische und tethydische Einflüsse zu treffen. Soweit sich die Verhältnisse im Portugiesischen Trog übersehen lassen, so dürfte dieser jedenfalls während des Jura eher mit dem Atlantik als mit der Tethys in Verbindung gestanden haben.

5.7 Das Grenzgebiet Alpen-Pyrenäen

Die variszische Zentralzone und der kretazisch-alttertiäre Nord-Trog der Pyrenäen haben ihre Fortsetzung in der Provence, und zwar im Variszikum des Maurischen Massivs beziehungsweise den Faltenzügen nördlich dieses Massivs etwa zwischen Marseille und Draguignan. Das Zwischenstück ist beim jungtertiären Einbruch des Mittelmeeres im Golfe du Lion abgesunken (Abb. 33).

Die provençalischen Falten streichen etwa W–E und nähern sich bis auf einige km dem Überschiebungsrand der Subalpinen Ketten, die hier nach SE–E auf Nizza zu einbiegen. Es erhebt sich also die Frage, ob in diesem Gebiet Alpen und Pyrenäen tektonisch miteinander zusammenhängen, speziell ob die Subalpinen Ketten in die provençalischen Falten beziehungsweise der Helvetische (Dauphiné-) Trog in den Nordpyrenäisch-provençalischen Trog übergehen. Dies ist offenbar nicht der Fall, wie im folgenden zu zeigen sein wird.

Die westalpine Dauphiné-Zone (Helvetikum) und die Nord-Pyrenäen haben zwar ein gemeinsames Vorland, nämlich das Französische Zentralmassiv. Aber das Maurische Massiv entspricht im Rahmen des pyrenäischen Gesamtorogens seiner Zentralzone, für die Subalpinen Ketten ist es dagegen Vorland. Zur weiteren Klärung der Sachlage dient die Rekonstruktion der paläogeographischen Entwicklung (*G. Richter* 1939, *G. Corroy* 1963, *J. Aubouin* & *G. Menessier* 1963).

Zwischen Toulon und Cannes taucht das variszische Grundgebirge in Form des Maurischen Massivs auf. Es besteht aus Graniten, Gneisen, Glimmerschiefern und Phylliten, in denen silurische Graptolithen gefunden worden sind. Das Deckgebirge beginnt mit dem Stefan in zwei schmalen N–S verlaufenden Gräben, im NW legt sich Perm in Rotliegendfazies mit mächtigen Quarzporphyren über das Kristallin. Zwischen St. Raphael und Cannes bilden die rotbraunen Vulkanite die Steilküste der Côte d'Azur. Germanische Trias wie in der Dauphiné-Zone der West-Alpen, in der Umrandung des Zentralmassivs und in den Pyrenäen entspricht dem noch ± undifferenzierten postvariszischen Kontinentalraum. Salinare Sedimente im Muschelkalk und Keuper sind von entscheidender Bedeutung für die spätere Abscherungstektonik. Die Differenzierung begann im Jura insofern, als die mergelige, bathyale Dauphiné-Fazies nach S etwa im Bereich der provençalischen Falten in die mehr kalkige, neritische Provence-Fazies übergeht. Hier wirkte sich erstmalig die Aufwölbung des Maurischen Massivs aus. Diese Disposition herrschte auch während der Unter-Kreide, allerdings wurde die bathyale Fazies weit nach N bis in den »Vocontischen Trog« gedrängt. Für die neritische , lückenhafte Provence-Entwicklung ist besonders charakteristisch die »Urgon«-Fazies des Barrême und unteren Apt: Helle, massige, zoogene Kalke, die unter anderem aberrante Muscheln (Rudisten) enthalten. Sie bauen im wesentlichen die Kalkplateaus der südlichen Provence auf vom Mt. Ventoux im N bis zu der Steilküste bei Marseille im S.

Ein ganz entscheidender Schritt in der tektonischen Entwicklung der Provence erfolgte in der Mittel-Kreide (Albien), indem aus dem Meer eine Hebungszone auftauchte, die das Zentralmassiv mit dem Maurischen Massiv verband. Zwischen diesem »Isthme durancien« (genannt nach dem Durance-Fluß) und dem Hochgebiet Maurisches Massiv – pyrenäische Zentralzone senkte sich in der Ober-Kreide der »provençalische Golf« als Ausläufer des Nordpyrenäen-Troges ein. Der Golf endete blind etwa N' von Toulon auf dem Isthme durancien. Die langdauernde und kräftige Emersion dieses Hochgebietes wird durch die umfangreiche lateritische Verwitterung bewiesen, deren Produkte in Karsthohlräumen zu »Bauxit«-Lagerstätten angereichert wurden. (Der namengebende Ort Baux liegt in der Provence.) Bis auf Kalke des Ober-Jura konnte die Verkarstung eingreifen. Erst vom Cenoman ab wurde der Isthmus ausgehend vom provençalischen Golf wieder überflutet.

Der Isthme durancien bildete also gemeinsam mit Zentralmassiv und Maurischem Massiv seit der Mittel-Kreide eine »Festlandsbrücke«, die den pyrenäisch-provençalischen Trog vom Dauphiné-Trog der West-Alpen trennte. Dies ist für die Frage des Zusammenhangs von Pyrenäen und Alpen insofern entscheidend, als in der Mittel- und Ober-Kreide bereits wesentliche Züge der späteren provençalischen Faltentektonik angelegt wurden, so einige der großen Synklinal- und Antiklinalzonen sowie das generelle Achsenauftauchen nach E. So bestand der provençalische Golf während der Ober-Kreide nur noch aus einigen ± isolierten, schmalen Rinnen, die nach E über dem Maurischen Massiv beziehungsweise dem Isthme durancien blind endeten.

 Am Ende der Ober-Kreide kam es zu ersten Faltungen, die zu

völligem Rückzug des Meeres führten. Vom Eozän an blieb die Provence festländisch, die Tethys-Geosynklinale überschritt den heutigen Außenrand der West-Alpen nicht oder nur wenig. Die endgültigen tektonischen Strukturen der provençalischen Falten entstanden im Ober-Eozän. Abscherungen in den Niveaus salinaren Muschelkalks und Keupers mit hauptsächlich N-vergenten Überschiebungen, relativ schmale und kompliziert gebaute Trias-Sättel, breite Jura-Alttertiär-Mulden mit ruhigerer Lagerung sind die charakteristischen Strukturzüge. Erst im Laufe des Miozän kam es im Zusammenhang mit der Bildung des Molasse-Beckens wieder zu marinen Transgressionen. Diese folgten im wesentlichen dem heutigen Rhône-Tal und erreichten über den Genfer See das Molasse-Becken des Schweizer Mittellandes und damit den N-Rand der Alpen. Nur die westliche Provence wurde von den Miozän-Transgressionen betroffen.

Das Fazit aus allen paläogeographischen und baugeschichtlichen Befunden lautet: Pyrenäen und West-Alpen sind zwei voneinander unabhängige Orogene. Sie werden getrennt durch eine alpidisch nicht regenerierte »Vorlandbrücke«, die das Zentralmassiv über den Isthme durancien mit dem Maurischen Massiv verbindet.

Auch das Alter der Strukturbildung in Subalpinen Ketten und provençalischen Falten ist verschieden: Diese hatten ihre Hauptfaltung schon im Ober-Eozän, jene erst gegen Ende des Miozän (Abb. 30).

Es war oben die Rede von der »Vorlandbrücke« Zentralmassiv – Maurisches Massiv, an die der Außenrand der West-Alpen mit den Subalpinen Ketten grenzt. Der alpine Außenrand streicht bei Nizza nach S in das Ligurische Meer hinaus und taucht entlang der E-Seite Korsikas wieder auf. Insofern hat Korsika eine ähnliche Position wie das Maurische Massiv, und in diesem Sinne bezieht man in die erwähnte »Vorlandbrücke« Korsika und auch Sardinien ein. Dies ist das alpidisch nicht regenerierte Variszikum, von dem auf Seite 159 als dem »meso-europäischen Pfahl im Fleische Neo-Europas« die Rede war.

5.8 Die Dinariden (Abb. 35)

Die Orogene auf beiden Seiten der Adria bilden hinsichtlich ihrer tektonischen Gesamtentwicklung in vieler Beziehung eine Einheit. Dies ist in fundamentaler Weise dadurch bedingt, daß sie ein gemeinsames ungefaltetes Vorland besitzen, das allerdings in jüngster geologischer Zeit großenteils in der Adria versunken ist. Zu diesem NW–SE gerichteten Vorland sind der Apennin und die Dinariden Jugoslawiens, Albaniens und Griechenlands gewissermaßen symmetrisch gebaut (*J. Aubouin* 1963). Dies gilt für das Wandern der geosynklinalen Tröge und der Faltungen in Raum und Zeit, dies gilt für die großen tektonischen Horizontaltransporte, alle diese Bewegungsvorgänge sind in Richtung auf das Adria-Vorland erfolgt.

Als *Dinariden im weiteren Sinne* sei das orogene System bezeichnet, das sich auf der NE-Seite des Adriatischen Vorlandes von den Süd-Alpen Venetiens durch Jugoslawien, Albanien und Griechenland bis nach Kreta und bis in die Kykladen-Inseln des Ägäischen Meeres erstreckt. Von dort schwingen die einzelnen Zonen in weitem Bogen mit NE-Richtung nach Kleinasien hinüber.

Im Sinne *M. Richters* (1962) schmiegen sich die Dinariden als fazielle und strukturelle Einheit dem S-Rand der Alpen Venetiens an und klingen noch östlich des Gardasees aus. In diesem dinarischen Ausläufer tritt die typische dinarische Flachwasser-Fazies in Ober-Jura und Kreide auf, und die Strukturen werden von flachen Überschiebungen nach S beziehungsweise SW gegen das Adriatische Vorland beherrscht, wie es dem strukturellen Grundverhalten der Dinariden entspricht.

In der Literatur ist es üblich, zwischen den Dinariden Jugoslawiens und den Helleniden Griechenlands und Albaniens zu unterscheiden. Dies ist in mancher Beziehung durchaus gerechtfertigt, aber wir werden im folgenden vor allem auf die großen gemeinsamen Züge abheben.

Diese bestehen zunächst in dem einheitlichen Vorland des adriatischen Küstengebietes, während die »Rückfront« von dem kristallinen Rhodope-Massiv gebildet wird, das die Dinariden vom Balkan-Gebirge trennt. Das eigentliche Dinariden-Orogen läßt sich dann in eine Gruppe von Außenzonen (Externiden) und eine Gruppe von Innenzonen (Interniden) gliedern. Diese unterscheiden sich vor allem durch den starken initialen, synorogenen und subsequenten Magmatismus der Innenzonen, der in den äußeren Zonen weitgehend fehlt, ferner durch das schon kretazische Faltungsalter der inneren, das erst tertiäre der äußeren Zonen.

Die Reste des Adria-Vorlandes finden sich in der SW-Hälfte Istriens und auf einigen griechischen Inseln des Ionischen Meeres. Die Schichtfolge besteht hauptsächlich aus flachmarinen Rudistenkalken der Kreide und aus Tertiär, zum Teil in Flysch-Fazies. Die Schichten liegen flach bis weitläufig gewellt. Im Prinzip ähnliche Verhältnisse herrschen jenseits der Adria in der Tafel Apuliens und des Monte Gargano.

Die dinarischen Externiden werden von mesozoisch-tertiären Schichtfolgen aufgebaut, die sich sehr lang im Streichen aushaltenden Sedimenttrögen zuordnen lassen. Dabei folgen von außen nach innen in mehrfachem Wechsel mehr neritisch betonte und mehr pelagisch betonte Sedimenttröge.

So schließt sich in Griechenland und Albanien die *»Ionische Zone«* unmittelbar an das Vorland an. In Trias und Lias noch aus Algenkalken und -dolomiten aufgebaut, besteht die jüngere Schichtfolge vorwiegend aus pelagischen Schiefern und Hornsteinkalken. Diese Zone taucht in Albanien in die Adria und fehlt daher an der Dalmatinischen Küste. Es folgt die *»Dalmatische Zone«* beziehungsweise die *»Gavrovo-Zone«* Griechenlands. Sie baut die Dalmatinische Küste, große Teile des Peloponnes und fast ganz Kreta auf. Sie zeichnet sich durch eine im wesentlichen lückenlose mesozoische Schichtenfolge neritischer, organogener Kalke aus: Nerineen-, Actaeonellen-, Rudisten- und Großforaminiferen-Kalke sind die wichtigsten Sedimenttypen. Sie charakterisieren den Schwellencharakter der Zone im Gegensatz zu der Ionischen Zone im SW und der Pindos-Zone im NE.

Die *»Pindos-Zone«* entspricht wiederum einem tieferen Trog mit pelagischer, zum großen Teil kieseliger Sedimentation während des Mesozoikums. Stellenweise sind im Jura bereits Ophiolithe eingeschaltet. Nach NW keilt die Pindos-Zone zwischen Dalmatischer und Hochkarst-Zone aus.

Jenseits der Pindos-Zone Süd-Griechenlands und in Jugoslawien folgen nochmals Sedimente von vorwiegend neritischem beziehungsweise Riff-Charakter.

In Süd-Griechenland ist es die *»Parnass-Zone«*, in Jugoslawien die *»Hochkarst«-* und *»Durmitor-Zone«*, die beide die Kalkgebirge Montenegros, Bosniens und Kroatiens aufbauen.

In Hochkarst- und Durmitor-Zone beginnen die bekannten mesozoischen Schichtfolgen bereits mit der Trias. Die Mittel-Trias zeichnet sich durch basischen Magmatismus aus (»Porphyrit-Hornstein-Formation«), womit ein Bindeglied zu dem berühmten ladinischen Magmatismus der Süd-Alpen gegeben ist. Von der Ober-Trias bis in die Kreide herrschen neritische Kalke vor.

Die kalkigen neritisch-rezifalen Faziestypen stimmen in den Schwellenzonen (Dalmatische-Gavrovo-Zone, Parnass-, Hochkarst-, Durmitor-Zone) weitgehend überein. Typisch ist ferner für sie, daß Bauxitbildungen in Jura und Kreide mehrfache Emersionen anzeigen.

Die Interniden Griechenlands bestehen aus der *»Subpelagonischen«*, der *»Pelagonischen«* und der *»Vardar-Zone«*. In Jugoslawien wird dagegen zwischen Durmitor-Zone, Rhodope-Massiv und dem tertiären Pannonischen Becken nur eine einheitliche internidische *»Innere Ophiolith-Zone«* ausgeschieden.

Die 3-Gliederung in Griechenland beruht in der Hauptsache auf dem Auftreten großer vormesozoischer Kristallinmassive (Pelagonisches Massiv) von Mazedonien über Thessalien, Euböa bis in die Kykladen-Inseln. Der Olymp (2920 m) gehört zu einem dieser Kristallinmassive. Subpelagonische und Vardar-Zone flankieren die Pelagonischen Massive und zeichnen sich vor allem durch das massierte Auftreten von ober-jurassischen Ophiolithen aus.

Dem starken geosynklinalen Magmatismus der Vardar-Zone folgte im Oligo-Miozän ein »dazitischer« Vulkanismus begleitet von Granodiorit-Plutonismus.

Ein internidisches Charakteristikum ist schließlich die alpidische Metamorphose (Grünschiefer-Fazies) in der Pelagonischen und Vardar-Zone.

Die Fortsetzung der griechischen Interniden nach Jugoslawien ist bezüglich der Vardar-Zone eindeutig, die bis in die Gegend von Belgrad verfolgt werden kann. Im Prinzip ist es aber auch wahrscheinlich, daß die Subpelagonischen und Pelagonischen Ophiolithe ihre Fortsetzungen in der Inneren Ophiolith-Zone West-Serbiens, Bosniens und Kroatiens besitzen. Auch hier gehört die Masse der magmatischen Förderungen in die Jura-Zeit. Im

Landschaftsbild spielen riesige Serpentinit-Vorkommen, wie das Zlatibor-Massiv bei Užica, eine wichtige Rolle.
Die besprochenen »Zonen« der Dinariden sind ihrem heutigen Auftreten nach keine eigentlichen paläogeographischen, sondern großenteils allochthone tektonische Einheiten. Immerhin dürften ihre Lagebezeichnungen im wesentlichen denen der ursprünglichen Sedimentationsräume entsprechen. Unter dieser Annahme läßt sich auf eine relativ regelmäßige Gliederung der dinarischen Gesamt-Geosynklinale in weit aushaltende streichende Spezialtröge und -schwellen schließen, wobei die internidischen Tröge durch den besonders starken jurassischen geosynklinalen Magmatismus ausgezeichnet sind. Dagegen ist der mitteltriadische Magmatismus auch in externidischen Bereichen verbreitet.
Die Karte (Abb. 35) zeigt, daß die Dinariden zwischen dem vorländischen Plateau von Verona und den Süd-Alpen beginnen und dabei im wesentlichen nur aus Hochkarst- und Dalmatischer Zone bestehen. Nach SE erweitern sich die Dinariden unter Einschaltung neuer paläogeographischer Elemente. So taucht zunächst aus dem Tertiär des Pannonischen Beckens die Innere Ophiolith-Zone auf. Dann erweitern sich die Externiden um die Ionische und die Pindos-Zone, die Interniden um die kristalline Pelagonische Zone.
Eine bedeutende Rolle in den dinarischen Zonen spielt die Flysch-Sedimentation. An ihr läßt sich das Wandern der Orogenese von innen nach außen ablesen: In der Vardar-Zone gehört der Flysch in Ober-Jura und Kreide; Pelagonische, Subpelagonische und Innere Ophiolith-Zone: Senon; Hochkarst-Durmitor-Zone: Senon; Pindos-Zone: Senon und Eozän; Dalmatische-Gávrovo-Zone: Mittel-Eozän bis Oligozän; Ionische Zone: Ober-Eozän bis Mittel-Miozän.
Dementsprechend begann die alpidische Orogenese in der Vardar-Zone während des Ober-Jura, und sie endete in der Ionischen Zone während des Miozän.
Die überwiegende Meinung der Forscher geht heute dahin, daß in den Dinariden Deckenbau herrscht, und zwar mit tektonischer Transportrichtung nach SW beziehungsweise nach S auf Kreta.
In der Dalmatischen und Ionischen Zone handelt es sich im wesentlichen um SW-vergenten Falten- und Schuppenbau, aber Hochkarst- und Pindos-Zone bilden bereits weite Deckeneinheiten. In diesem Sinne wird zum Beispiel die Gavrovo-Zone des Peloponnes als ein Fenster unter der Decke der Pindos-Zone auf-

gefaßt, wie dies die Karte (Abb. 35) deutlich macht. Eine weitere große Deckeneinheit bildet offenbar die Subpelagonische Zone, die die Parnass- und Pindos-Zone übergreift, ja sogar bis an die Gavrovo-Zone vorstößt.

Der Deckenbau der Externiden ist durch eine Reihe von Tiefbohrungen auch in solchen Gebieten bestätigt worden, in denen die Oberflächenstrukturen keine Hinweise darauf geben. Darüber hinaus haben diese Bohrungen Kenntnis von der sehr wichtigen Tatsache erbracht, daß die Kreide der küstennahen Bereiche von einem mächtigen »Sulfatkörper« unterlagert wird, dessen Alter noch fraglich ist (Unterkreide-Jura? Permoskyth?). Mit Recht betonen *B. Sikošek* & *W. Medwenitsch* (1965), daß diese Salinargesteine »bei mechanischen Überlegungen zum Deckenbau der Dinariden ... wohl zu berücksichtigen« sind.

Im Sinne der französischen Geologenschule *(J. Aubouin* und *J.H. Brunn)* gelten die dinaridischen Zonen zwar als Deckeneinheiten (abgesehen von den äußersten), wobei aber die primären Lagebeziehungen, entsprechend Abbildung 35, im Prinzip erhalten geblieben sein sollen. Eine grundsätzlich andere Deutung des Deckenbaus geben *B. Sikošek* & *W. Medwenitsch* (1965): Danach stellt die Vardar-Zone eine »Wurzelzone« dar, aus der die Pindos- und Subpelagonische Zone als tiefere, Hochkarst- und Durmitor-Zone als höhere Deckeneinheiten nach SW herausgewandert sind. Die Pelagonische Zone ist in dieser Vorstellung ein Fenster, vergleichbar dem ostalpinen Tauern-Fenster.

5.9 Die Apennin-Halbinsel

Während die Elemente des Dinariden-Orogens im wesentlichen parallel zur Küste der Adria und des Ionischen Meeres verlaufen und die morphologischen Züge Jugoslawiens und Griechenlands weitgehend von den geologisch-tektonischen Einheiten bestimmt werden, stellen die Gebirge, die das topographische Rückgrat der Apennin-Halbinsel bilden, weder eine geologisch-tektonische Einheit dar noch verlaufen ihre Strukturzüge in der Regel küstenparallel *(M. Richter* 1963).

Es empfiehlt sich daher, zunächst einen Überblick der tektonischen Bestandteile der Halbinsel zu geben:

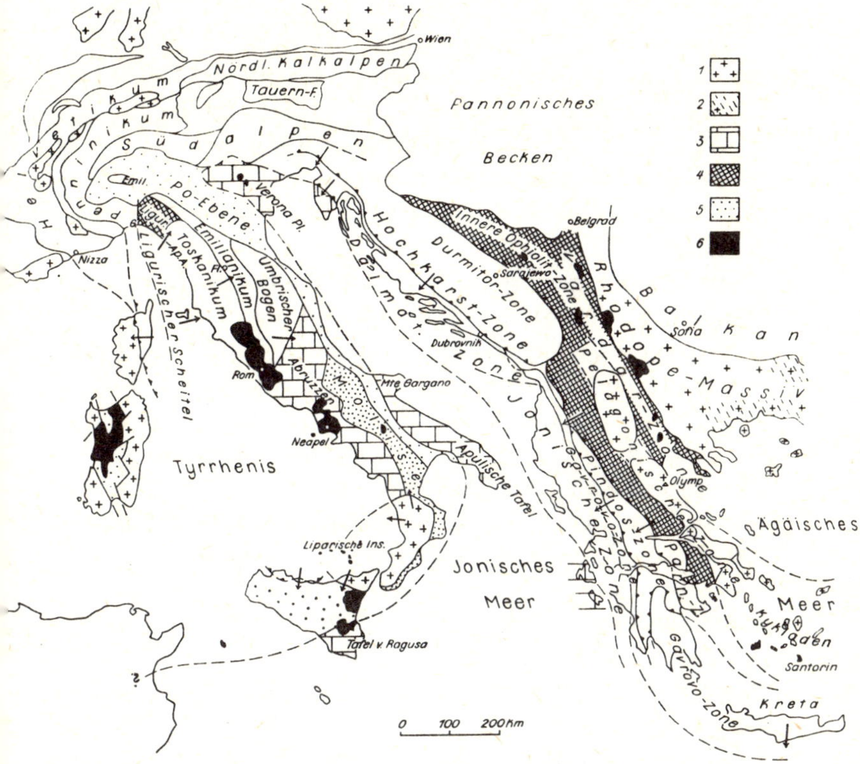

Abb. 35: Tektonische Gliederung des Apennin-Dinariden-Raumes (in Anlehnung an *J. Aubouin* 1963, Taf. 30). – Ap. A. Apuaner Alpen, Fl. Florenz, G. Genua, 1 voralpidische Massive, meist Kristallin, 2 alpidische Kristallinanteile, 3 neritisch-rezifales Mesozoikum in Abruzzen, Adria-Vorland, T. von Ragusa, 4 ophiolithreiche Innenzonen, 5 Tertiär-Pleistozän-Becken, z. T. Molasse, 6 junger, z. T. aktiver Vulkanismus.

a) Der *Nord-Apennin* (= Schiefer- oder Flysch-Apennin) zieht in weitem Bogen von den Turiner Hügeln bis Rom.

b) Der *Umbrische Bogen* begleitet mit einer den Süd-Alpen ähnlichen Fazies den Nord-Apennin an seiner (östlichen) Außenseite.

c) Die *Abruzzen* setzen jenseits einer Linie ein, die NNE–SSW, also fast quer zur Längserstreckung der Halbinsel, verläuft. Die Abruzzen-Fazies ist neritisch und entspricht der der Dinariden. Diese Fazies der Meozoikums herrscht in ganz Zentral- und Süd-Italien (Kalk-Apennin, Apulische Tafel).

d) Das *Kalabrische Kristallinmassiv* baut den »Fuß des Stiefels« und die NE-Ecke Siziliens auf.

e) Die *Molise-Zone* bildet eine tertiäre Flysch- und Molasse-Depression von den Abruzzen bis in den Golf von Tarent.

f) Die *Po-Ebene* ist die jungtertiäre-pleistozäne Molasse-Vortiefe von Süd-Alpen und Apennin.

g) *Sizilien* hat im S vorländischen, im N geosynklinalen Charakter.

Trotz dieser vergleichsweise beträchtlichen Heterogenität ist die symmetrische Grundanlage zu den Dinariden unverkennbar: Auch im Apennin im weiteren Sinne verlagerten sich die mesozoisch-tertiären Sedimentationsräume zum Adriatischen Vorland hin, hier also von W nach E beziehungsweise SW nach NE. In dieser Richtung erfolgten auch das Wandern der Flyschtröge und die wichtigsten tektonischen Transporte.

Vor der Erörterung der Teilgebiete sei kurz auf die Frage der *Grenze zwischen Apennin und West-Alpen* eingegangen.

Die Helvetische Zone – beziehungsweise deren Äquivalent in den französischen West-Alpen: die Dauphiné-Zone – streicht mit den Subalpinen Ketten östlich des Maurischen Massivs bei Nizza nach S in das Ligurische Meer hinaus. Sie hat keine Fortsetzung auf Korsika oder Sardinien. Östlich von Nizza streicht dann die Penninische Zone in das Meer aus. Ihre Fortsetzung bildet auf Korsika den Außenrand des alpidischen Orogens gegen das variszische Massiv, das den Hauptteil der Insel aufbaut. Die Helvetische Zone der West-Alpen scheint also zwischen Maurischem Massiv und Korsika primär zu enden.

An der Ligurischen Küste bei Genua liegt entlang der N–S verlaufenden Zone von Sestri-Voltaggio die Grenze zwischen West-Alpen und Apennin. Bis hierher lassen sich einerseits die penninischen Gesteinsserien verfolgen, andererseits beginnen hier die für den Nord-Apennin typischen Verhältnisse (*K. Görler* & *H. Ibbeken* 1963). Auf etwa 25 km Länge, von der Küste bis zum Rande der Po-Ebene, stoßen auf schmalem Raume West-Alpen und Apennin aneinander. Auf alle Fälle handelt es sich um eine tiefgreifende Störungszone, die von zahlreichen basischen Magmatiten besetzt ist. Abgesehen von wesentlichen Unterschieden im einzelnen handelt es sich sowohl westlich als auch östlich der Zone von Sestri-Voltaggio um eugeosynklinale Faziesbereiche mit starkem ophiolithischem Magmatismus. Insofern kann man also den Nord-Apennin als die nach E versetzte Fortsetzung der westalpinen Eugeosynklinale betrachten. Zwischen beiden spielt nun aber die Zone von Sestri-Voltaggio die Rolle eines Vergenzscheitels: In den West-Alpen sind das Wandern der Tröge und der Faltungen wie auch die Vergenzen nach W beziehungsweise SW gerichtet, im Apennin dagegen nach E beziehungsweise NE. Man spricht vom »Ligurischen Scheitel«, der sich von Genua nach S in den Raum zwischen Korsika und Elba fortsetzen dürfte.

5.9.1 Der Nord-Apennin

Daß im Nord-Apennin Deckenbau herrscht, ist seit den Arbeiten *G. Steinmanns* (1907) bekannt. Es wurde eine tiefere tektonische Einheit unter der Bezeichnung »Toskaniden« von der höheren »Liguriden«-Einheit unterschieden. Da die Liguriden-Decken von der Küste über die Toskana hinweg bis an die Po-Ebene verbreitet sein sollten, so mußte ihre Herkunft aus dem Tyrrhenischen beziehungsweise Ligurischen Meer angenommen werden. Hierfür kam der Bereich bis zum »Ligurischen Scheitel« in Betracht, jenseits dessen ja penninische Serien nach W gegen Korsika ausgewandert sein müssen.
In ± modifizierter Form wurden derartige Ferndecken-Hypothesen bis in jüngste Zeit vertreten. Inzwischen ist aber die *M. Richter*-Schule aufgrund langjähriger stratigraphischer, fazieller und tektonischer Studien zu stark abweichenden Ergebnissen gekommen, die wir bei den folgenden Ausführungen im wesentlichen zugrunde legen werden (*K.-J. Reutter* & *C.-W. Sames* 1964).
Die Gesteinsserien des Nord-Apennin werden drei verschiedenen Faziesräumen zugewiesen, die von W nach E aufeinanderfolgen: Ligurischer, Toskanischer und Emilianischer Trog. Deckeneinheiten aus diesen Trögen sollen jeweils auf den oder die östlich anschließenden Tröge und bis auf den Bereich des Umbrischen Bogens gewandert sein. Da die ligurische und die emilianische Fazies in wesentlichen Zügen übereinstimmen, entgeht man so dem Zwange, »ligurische« Deckeneinheiten am Rande der Po-Ebene über 100 km weit aus dem Inneren des Orogens, wenn nicht aus dem Ligurischen oder Tyrrhenischen Meer, herzuleiten.

Der *ligurische Faziesraum* liegt bei Genua, wo er nach S in das Meer hinausstreicht. Die eigentlichen ligurischen Sedimentserien beginnen mit eugeosynklinalen Radiolariten, »Majolica« (helle Foraminiferenkalke) und pelitischen »Argille scagliose«, einer Abfolge vom Malm bis zur Unter-Kreide. Sie wird von mächtigem Ophiolith-Magmatismus begleitet. In der Mittel-Kreide wurde die eugeosynklinale von flyschartiger Sedimentation abgelöst, die die ganze Kreide-Zeit über anhielt. In der Mittel-Kreide herrschten dabei Grauwacken vor, in der tieferen Ober-Kreide Pelite und in der höheren Ober-Kreide Kalke und Kalksandsteine. Der kalkige »Alberese«-Flysch baut den Apennin zwischen Genua-Rapallo und der Po-Ebene auf. Kalkig-tonige Sedimente mit ausklingendem Flyschcharakter gehören in das Alttertiär bis einschließlich Oligozän. Damit endete die geosynklinale Sedimentation der Liguriden.

Die Gesamtmächtigkeit der ligurischen Flyschserien dürfte 3000 Meter erreichen und damit etwa $^{2}/_{3}$ des Ligurikums aufbauen.

Die Basis des *toskanischen Faziesraumes* wird von terrestrischem Permokarbon mit Quarzporphyren gebildet. Ober-Trias und unterer Lias sind als Dolomite und Kalke ausgebildet, die Unterlias-Kalke sind in metamorpher Form als Statuenmarmor von Carrara bekannt. Die folgende Sedimentation hatte mehr pelagischen Charakter und bestand im Jura im wesentlichen aus Kieselkalken und Radiolariten, in der Kreide aus den Foraminiferenkalken der Majolica und den kieselig-kalkigen Mergeln der »Scaglia rossa«. Dieser Sedimentationstyp setzte sich bis in das Eozän fort und wurde im Oligozän von der toskanischen Flyschsandstein-Formation, dem »Macigno«, abgelöst. Damit war die toskanische Sedimentation beendet. Mit max. 2000 m ist der Macigno-Flysch wiederum mächtiger als das gesamte Mesozoikum-Eozän.

Der *emilianische Faziesraum* ist erst vom Cenoman ab rekonstruierbar, da ältere Gesteine nur als tektonische Schuppen oder submarine Gleitkörper (»Olistholithe« s. S. 245) auftreten. Im Cenoman kamen mehrere 100 m mächtige feinkörnige Kalksandsteine (»Ostia-Sandstein«) zur Ablagerung, denen im Turon-Senon kalkig-mergeliger Flysch folgte. Dieser Flyschtyp kommt stellenweise auch noch im Alttertiär vor, das andererseits aber durch eine mächtige bunte Tonschiefer-Serie repräsentiert wird. Diskordant liegt über diesem Alttertiär am Rande gegen die Po-Ebene das oligozäne »Tongriano«, eine typische Molasse.

Für alle drei Faziesräume gilt also, daß der Anteil flyschartiger Gesteine an der jeweils bekannten Gesamtschichtfolge ungewöhnlich groß ist. (Daher auch die Bezeichnung »Schiefer-« oder »Flysch-Apennin«.) Bezogen auf die Flyschsedimente scheint der toskanische Raum bis zum Eozän eine relative Hochlage zwischen dem ligurischen und dem emilianischen Raum eingenommen zu haben. Im Hinblick auf den sehr mächtigen Macigno-Flysch des Toskanikums dürften sich diese Verhältnisse im Oligozän umgekehrt haben.

Der älteste Flysch tritt im innersten Faziesraum, nämlich im Ligurikum, auf und zwar in der Mittel-Kreide (Alb), im Emilianikum erst im Cenoman. Insofern wäre also ein Wandern der Flyschsedimentation von innen nach außen gegeben. Im mittleren Faziesraum, dem Toskanikum, aber ist der Flysch (Macigno) erst oligozän. Diese »Regelwidrigkeit« ließe sich allenfalls mit der ungewöhnlich stabilen Hochlage des Toskanikums durch das ganze Mesozoikum bis in das Eozän hinein erklären, die die Zufuhr klastischer Sedimente verhinderte. Die Orogenese war an der Wende Oligozän/Miozän beendet, und es kam anschließend zur Molasse-Sedimentation.

Unbeschadet aller Umdeutungen der nordapenninen Faziesräume, über die sicher noch immer nicht das letzte Wort gesprochen ist, besteht das Gebirge aus Deckenstapeln. Mit Transportweiten von mehreren 10 km ist zu rechnen. Dies ist besonders deutlich in der Kulmination der Apuaner Alpen bei La Spezia, wo die tiefsten tektonischen Einheiten zu Tage treten. Hier überlagern sich zunächst zwei tektonische Einheiten von der Fazies des Toskanikums. Die untere besteht aus epizonal metamorphem Jungpaläozoikum-Alttertiär und gilt als autochthon. Zu ihr gehört der unterliasische Carrara-Marmor. Die höhere Einheit wird aus Ober-Trias bis Oligozän (Macigno) aufgebaut und muß als eine Decke aufgefaßt werden. Der toskanische Macigno taucht seinerseits überall unter ligurische beziehungsweise emilianische Flyschdecken großenteils kretazischen Alters.

Die tektonischen Transporte sind in den Apuaner Alpen von W nach E erfolgt. Das bedeutet aber, daß die Deckeneinheiten aus dem Raume des heutigen Ligurischen Meeres gekommen sind. Es war eingangs ja schon darauf hingewiesen worden, daß der ligurische Faziesraum etwa zwischen Genua und Rapallo nach S in das Meer ausstreicht.

Die etwa 1000 m mächtigen überwiegend tonigen Massen der Argille scagliose (Unter-Kreide) und die ähnlich mächtigen verschiedenen Flyschserien der Ober-Kreide und des Alttertiär treten vielfach als wurzellos schwimmende Deckeneinheiten auf. Diese werden großenteils auf gravitative Gleitungsvorgänge zurückgeführt. Für solche Deutungen spricht zunächst einmal der Aufbau der apenninen Schichtfolgen aus »inkompetentem«, vorwiegend pelitischem Gesteinsmaterial. Die chaotischen Lagerungsverhältnisse der Argille scagliose werden ebenfalls am besten so verstanden. Hinzu kommen Beobachtungen der Art, daß in einzelnen isolierten Flyschkomplexen die sedimentären Strömungsmarken völlig aus der sonst regional einheitlichen Richtung herausfallen. Diese Komplexe scheinen bei der Schweregleitung verdreht worden zu sein. Zum Teil dürfte es sich bei den Gleitmassen um submarine synsedimentäre Rutschkörper, sogenannte Olisthostrome, handeln. *G. Merla* (1952) stellt sich den gesamten Mechanismus der nordapenninen Deckentektonik so vor, daß gewissermaßen eine Welle von Hebungs- und Senkungsstreifen von W nach E durch das Orogen gewandert sei. Dabei soll es zu den Gleitbewegungen kommen. Wenn dann die Welle einen Senkungsstreifen heraushebt, so kann die darin befindliche Gleitmasse erneut in Bewegung geraten und weiter nach E transportiert werden. Im Prinzip hat dieses Modell ohne Zweifel viel für sich.

Granitischer Plutonismus tritt nur in kleinen Vorkommen auf der Insel Elba und auf dem benachbarten Festland auf. Es sind postorogene tektonisch nicht mehr deformierte Granite und Granodiorite pliozänen Alters. Weitere Plutone dürften in Aufwölbungsbereichen der Toskana stecken, wo sie die Metamorphose der tiefsten aufgeschlossenen Serien, zum Beispiel in den Apuaner Alpen, verursacht haben können.

5.9.2 Der Umbrische Bogen

Dieses Element bildet eine Art Außenzone des Nord-Apennins, von dem es sich aber in wesentlichen Zügen unterscheidet. Es verläuft etwa von San Marino im N bis in die Gegend von Rom.

Die mesozoische Schichtfolge erinnert stark an die der Toskana: Pelagische Mergel und Kieselkalke in Lias und Dogger, Aptychenschichten im Malm, unter-kretazische Majolika, ober-kretazische bis alttertiäre Scaglia. Es fehlt bis zum Alttertiär also jeglicher Flysch, der allenfalls im tieferen Miozän angedeutet sein mag, um dann aber in molasseartige Sedimente überzugehen.
Das Miozän ist noch in die Faltung einbezogen, die also jünger als im Flysch-Apennin ist. Der Deformationsstil wird durch regelmäßige NE–E-vergente Falten, Überschiebungen und Schuppungen gekennzeichnet. Die Sattelkerne bestehen in der Regel aus den gut faltbaren Liaskalken und -mergeln, die Muldenkerne aus der Scaglia und Miozän.
Der Umbrische Bogen muß als autochthon im ganzen gelten, und es gibt auch keinerlei Deckenbau.

5.9.3 Die Abruzzen

Der Umbrische Bogen grenzt entlang einer scharfen tektonischen Linie, die *M. Richter* (1963) als »Linie von Rieti« bezeichnet, gegen die Abruzzen. Diese Linie verläuft in NNE–SSW-Richtung schräg durch die Halbinsel von der Adria S' von Ancona zur Tyrrhenis S' von Rom. Sie hat eine fundamentale geotektonische, paläogeographische, fazielle, strukturelle und auch physiographische Bedeutung für das mittlere und südliche Italien. Denn von hier ab hat sich der Untergrund während des ganzen Mesozoikums als »Schelfbereich« verhalten, so wie das Adriatische Vorland und zum Teil die dinarische Außenzone. Dementsprechend herrschte bis in das Miozän hinein kalkige, zum Teil rezifale Fazies ohne nennenswerte klastische Zufuhren. Diese Kalke können mehrere 1000 m Mächtigkeit erreichen und sind daher vorwiegend bruchtektonisch deformiert. Kalk-Horste und Gräben mit Miozän-Füllung, Flexuren und steile Aufschiebungen, meist nach E, sind die häufigsten Strukturelemente. Die mächtigen, tief zerschnittenen Kalkklötze bestimmen den Landschaftscharakter besonders in den eigentlichen Abruzzen und bauen dort mit dem Gran Sasso (2920 m) den höchsten Gipfel der Halbinsel auf.

Die dinarische Schelffazies herrscht, wie gesagt, nicht nur in den Abruzzen, sondern setzt sich südwärts nach Campanien und Lucanien fort, das heißt bis an den Rand des Kalabrischen Massivs. Jenseits der tertiären Molise-Zone (s. u.) tritt die gleiche Schelffazies in der Apulischen Tafel und im Mte. Gargano auf. Hier sind die Kalktafeln nur noch flach verbogen. Diese Verhältnisse veranlaßten *J. Aubouin* (1963) dazu, die Abruzzen und den Kalkapennin Campaniens und Lucaniens zu dem gemeinsamen Vorlandsbereich zwischen Dinariden und Apennin – genauer gesagt: Nord-Apennin – hinzuzurechnen.

5.9.4 Das Kalabrische Massiv

Im Kalabrischen Massiv tritt das variszische Grundgebirge als eine weite Aufwölbung zu Tage, ein Ausläufer bildet die Peloritaner Berge NE-Siziliens. Das Grundgebirge besteht aus zwei großen Granitkernen im Sila-Gebirge und der Serra San Bruno, um die sich Gneis- und Phyllithüllen legen. Nach radiometrischen Datierungen sind die Granite jungpaläozoisch.
Das Massiv hat sich während des ganzen Mesozoikums als Hoch-, im Kernbereich sogar als Abtragungsgebiet verhalten *(H. W. Quitzow* 1935). So fehlt die Trias im eigentlichen Massiv völlig, erst der untere Lias transgredierte mit grobklastischen Sedimenten in die Randbereiche, zentrale Teile wurden erst in der Ober-Kreide überflutet. Nahezu allseitig stellen sich in Trias, Jura und Kreide mit zunehmender Entfernung vom Kalabrischen Massiv komplette, mächtige und küstenferne Sedimente ein. Besonders hinzuweisen ist auf eine schwach metamorphe Trias an der NW-Seite des Massivs, die in der Ober-Trias Diabas-Porphyrite und Salinar enthält, Elemente, die an die Ober-Trias der westlichen Mediterrangebiete erinnern.
Von großem Interesse ist das tektonische Verhalten des Massivs zu seinen mesozoischen Randgebieten, überschiebt es diese doch fast nach allen Seiten. Insbesondere am N-Rand werden von manchen Forschern sogar weite Kristallin-Decken über Mesozoikum und Tertiär angenommen, andere glauben eher an komplizierte Verschuppungen geringerer Transportweiten.

5.9.5 Die Molise-Zone

Die Molise-Zone ist ein NW–SE, also in der Längsachse der Halbinsel verlaufendes Tertiär-Becken, das an seiner NE-Seite von einer mehrere 1000 m mächtigen plio-pleistozänen Molasse-Senke begleitet wird. Die Molise ist eingerahmt vom Kalkapennin und Kalabrischen Massiv im SW und der Apulischen Tafel – Mte. Gargano im NE, nach NW endet sie paläogeographisch »blind« über den Abruzzen. Im SE mündet sie in den Golf von Tarent, von wo aus man sie aus faziellen Gründen an der E-Seite des Kalabrischen Massivs entlang nach Mittel-Sizilien verlängern könnte. Die bathymetrische Fortsetzung des Golfes von Tarent läßt sich als »Ionischer Graben« mit Tiefen bis zu 5000 m an der W-Küste Griechenlands bis südlich Kreta verfolgen.
Die Differenzierung der Molise gegenüber ihren Rändern läßt sich vom Alttertiär ab übersehen (*K. Görler* & *M. Richter* 1966). Während das Alttertiär in den Randgebieten aus geringmächtigen Großforaminiferen-Kalken besteht, geht es zum Molise-Becken in eine etwa 1000 m mächtige Folge bunter, meist roter Schiefertone über. Nach bis zu 500 m untermiozänen Fossilschutt- oder Foraminiferenkalken folgen im höheren Miozän und Pliozän sandig-tonige Sedimente von zusammen > 2000 m Mächtigkeit. Im Pliozän verlagerte sich die Beckenachse an den NE-Rand gegen die Apulische Tafel, wo diese Stufe allein aus > 2000 m Schiefertonen und Mergeln mit dünnen Feinsandlagen besteht. In dieser jüngsten Randsenke, die auch noch Pleistozän enthält, sind die Sedimente noch kaum verfestigt und neigen daher in ganz charakteristischer Weise zur »Badland«-Bildung.
Flyschartige Sedimente treten im Alt- und Jungtertiär am S-Rand der Molise-Zone vor allem in der Nachbarschaft des Kalabrischen Massivs auf.
»Das Gebiet der Molise-Zone ist ein besonders deutliches Beispiel einer ständigen Wechselwirkung von Tektonik und Sedimentation, die es unmöglich macht, hier diese beiden geologischen Grundvorgänge streng getrennt zu betrachten« (*K. Görler* & *M. Richter*).
Die mit diesen Worten angesprochene Tektonik ist durch die Erdgas-Bohrungen am E-Rand der Molise bekannt geworden. Angesetzt im Ober-Pliozän durchteuften die Bohrungen zum Beispiel in geringer Tiefe eine »allochthone Einheit«, die mit

etwa 2000 m Mächtigkeit Schichten des Eozän-Pliozän enthält. Darunter wurde Unter-Pliozän angetroffen. Daß die »allochthone Einheit« keine normale tektonische Decke sein dürfte, geht zunächst aus der fehlenden diagenetischen Verfestigung ihrer pliozänen Unterlage hervor. Vor allem aber handelt es sich gar nicht um eine »Einheit«, sondern um ein chaotisches Haufwerk älterer Gesteine, in das ganz normal sedimentiertes, intaktes Pliozän eingeschaltet ist. Die »allochthone Einheit« muß also in Form mehrerer oder vieler submariner Schlammströme in das Pliozänmeer eingeglitten sein. Derartige Sedimentkörper werden als »Olisthostrome« bezeichnet (*K. Görler* & *K.-J. Reutter* 1968). Im Falle der Molise wird angenommen, daß sie von langgestreckten, diapirartigen Aufbruchszonen kretazischer Kalke abgeglitten sind. Diese Art Tektonik begann im Laufe des Miozän und dürfte noch nicht beendet sein.

5.9.6 Die Po-Ebene

Wie von N die Süd-Alpen, so taucht der Flysch-Apennin von S unter das Tertiär der Po-Ebene, die somit für beide Orogene die gemeinsame Molasse-Vortiefe darstellt. Die Hauptabsenkung erfolgte seit dem Miozän, also etwa nach dem Abklingen der orogenen Bewegungen im Flysch-Apennin. Das Becken ist insofern asymmetrisch gebaut, als seine Tiefenachse unmittelbar N' des Apennin-Außenrandes verläuft. Hier hat das Jungtertiär Mächtigkeiten von 5000 m und mehr, hier liegen Schwereminima von – 150 mgal. Im Laufe des Jungtertiär und Pleistozän verlagerte sich die Beckenachse anscheinend nach N, so daß N' des Po und an seiner Mündung Pleistozän-Mächtigkeiten von 2000 bis 3000 Meter auftreten. Zu den Süd-Alpen hin hebt sich das Becken allmählich heraus.

Die großen Senkungsbeträge des Beckens konnten durch die gewaltigen Schuttmassen aus den aufsteigenden Gebirgen im N und S kompensiert, ja überkompensiert werden. Handelt es sich doch weitgehend um festländische Sedimentation. In historischer Zeit verdrängte die Sedimentation sogar die Adria aus ihren alten Küstenlinien, wie man zum Beispiel aus der Lage früherer Küstensiedlungen ersehen kann.

Die Verhältnisse im tieferen Untergrunde konnten in der von so mächtigen pleistozänen Aufschüttungen verhüllten Ebene naturgemäß erst durch die Erdöl- und Erdgas-Exploration aufgeklärt werden. Diese hat auch Einblick in die recht intensive jungtertiäre und pleistozäne, womöglich sogar rezente Tektonik gegeben. Lang aushaltende Faltenzüge, etwa parallel zum Außenrand des Apennin, charakterisieren das Strukturbild, das sich nach N zunehmend vereinfacht und verflacht. *H. G. Wunderlich* (1966) rechnet damit, daß die Faltung in der Po-Ebene heute noch weitergeht. Erfolgt doch die Senkung nicht gleichmäßig, sondern in Spezialbecken mit größerer und in Spezialschwellen mit geringerer Sedimentation. In diesen Elementen sieht er aber bereits die synsedimentäre Anlage von Sätteln und Mulden. Solange solche differentiellen Vertikalbewegungen durch starke Sedimentation in den Mulden und schwächere über den Sätteln immer wieder ausgeglichen werden, wirken sie sich an der Oberfläche geodätisch meßbar nur sehr schwach aus. Aber: »Die hinsichtlich der Oberflächen-Geologie und auch landschaftlich etwas reizlose, um nicht zu sagen langweilige Po-Ebene wird unter diesem Aspekt zu einem der orogenetisch wichtigsten und interessantesten Gebiete Europas.« (*H. G. Wunderlich* 1966).

5.9.7 Sizilien

Mesozoische Schichten sind in Sizilien nur in sehr geringem Umfang aufgeschlossen, der weitaus größte Teil der Insel ist von Tertiär bedeckt. Klarheit über die mesozoische Paläogeographie herrscht nur im NE, wo in den Peloritaner Bergen das Kalabrische Massiv unter einer Lias-Randfazies auftaucht, und im SE, wo seit der Ober-Trias zum großen Teil neritische Kalksedimentation herrschte. Kalkarenite und brekziöse Kalke im Alttertiär, ähnliche Sedimente und Evaporite im Jungtertiär bestätigen den im allgemeinen neritischen Charakter des Gebietes. Hinzu kommt die nur rupturell deformierte flache Lagerung von Mesozoikum und Tertiär, so daß SE-Sizilien als »Tafel von Ragusa« bezeichnet und in Zusammenhang mit der Apulischen Tafel, das heißt mit dem Adriatischen Vorlandsbereich, gebracht wird. Die Tafel von Ragusa wiederum dürfte ihre Fortsetzung in der

Sahara-Tafel Tunesiens haben. Auf dieser Verbindung von Vorlandsrelikten beruht die Vorstellung, daß das Adria-Vorland geotektonisch gesehen eine Art Ausläufer des Urkontinentes Gondwana darstellt (Abb. 1).

In etwas größerem Umfang gibt es mesozoische Vorkommen in West-, NW- und Nord-Sizilien.

Das mittlere Sizilien wird im wesentlichen von tertiären Schichten bedeckt, die max. 7000 bis 8000 m mächtig sein sollen.

Das Mesozoikum entlang der tyrrhenischen Küste hat geosynklinale Züge, die durch vulkanische Einschaltungen unterstrichen werden. Im Alttertiär bis ins untere Miozän tritt Flysch auf, der wegen seiner nordafrikanischen Anklänge als »Numidischer Flysch« bezeichnet wird.

Ebenfalls an der N-Küste liegen allochthone Komplexe vorwiegend rezifaler Trias-Kreide-Sedimente, die nach *H. A. Christ* (1963) aus dem Bereich der heutigen Tyrrhenis stammen. (Wir werden im nächsten Kapitel darauf zu sprechen kommen, daß dieses Meer bis in das Tertiär hinein Festland beziehungsweise Schwellenbereich gewesen sein dürfte.)

Die Tektonik Siziliens ist noch weitgehend ungeklärt. Gesichert scheinen S-vergente Verschuppungen von Paläozoikum und Mesozoikum im Peloritanischen Gebirge, wahrscheinlich sind südwärtige Deckentransporte mesozoischer Schichten aus der Tyrrhenis (s. oben). Äußerst komplizierte und umstrittene Lagerungsverhältnisse herrschen in der mit sehr mächtigem Tertiär gefüllten Depression Mittel-Siziliens. Eine Hauptrolle scheint dabei dem alttertiären »Tonflysch«, einem außerordentlich plastischen Sediment, zuzukommen (*R. B. Behrmann* 1958). Diapirartige Triasaufbrüche, anscheinend regellose Faltenvergitterungen, starke disharmonische Faltung und häufige Einschaltungen von »Brekzienzonen« erinnern an die Diapire und Olisthostrome der Molise (s. S. 245). Die Hauptbewegungen endeten mit dem Miozän.

Trotz erheblicher Unklarheiten über die Geologie Siziliens darf man wohl annehmen, daß das Atlas-Orogen nach Sizilien hinüberreicht, um dann auf der W-Seite des Kalabrischen Massivs »blind« zu endigen.

5.9.8 Die Tyrrhenis

An den Rändern des Tyrrhenischen und Ligurischen Meeres liegen paläozoische Kristallinmassive, die während des Mesozoikum und Tertiär Festländer oder zeitweise epikontinentale Meeresräume waren. Das Maurische Massiv, die Korsardinische Masse und das Kalabrische Massiv sind mit ihren Kernbereichen nie in die Tethys-Geosynklinale einbezogen worden. Es spricht aber viel dafür, daß diese Massive nur die noch erhaltenen »Eckpfeiler« einer »Tyrrhenischen Masse« sind, die zum größten Teil im Meere versunken ist. Da in den genannten Massiven außer älteren Orogenesen die variszische jedenfalls eine wesentliche Rolle gespielt hat, darf nach allgemeinen Erfahrungen davon ausgegangen werden, daß große Teile der Tyrrhenischen Masse im Permokarbon Festland waren (*R. B. Behrmann* 1958). Im Mesozoikum haben, zeitlich und örtlich verschieden, schelfartige Verhältnisse geherrscht, wie wir sie von den Abruzzen, dem Kalkapennin Süd-Italiens und dem Allochthon Nord-Siziliens kennen, das aus der Tyrrhenis stammt.

Geröllschüttungen im Alt- und Jungtertiär Süd-Italiens und Nord-Siziliens bezeugen die Existenz von entsprechenden Liefergebieten im Raum der Tyrrhenis.

Als alttertiären Beginn des Einbruches der Tyrrhenischen Masse kann man die rheinisch gerichtete Grabenbildung mit Andesit-Vulkanismus auf Sardinien betrachten. In großen Flächen ist der Einbruch seit dem Mittel-Miozän erfolgt, hauptsächlich aber im Pliozän. Diese Einbruchstektonik führte außer zur Entstehung der Tyrrhenis zu der des Ägäischen, des Ionischen und des Adriatischen Meeres. Die Senkungen waren andererseits von starken Hebungen im Bereich des heutigen Festlandes begleitet. So kommt an der tyrrhenischen Küste Süd-Italiens marines Ober-Pliozän in 1300 m Höhe über NN vor. Außerdem liegen starke Absenkungen und Hebungen zum Teil nahe beieinander: So beträgt der Höhenunterschied zwischen dem Aspromonte-Gebirge Kalabriens und der Tiefenrinne der südlichen Tyrrhenis mindestens 4500 m, eine Differenz, die seit dem Ober-Miozän entstanden sein muß (*R. B. Behrmann* 1958). »Aus diesen Bewegungen resultiert die heutige Geographie mit ihren Höhen wie mit ihren Tiefen« (*J. Aubouin* 1963).

5.9.9 Der junge Vulkanismus

Abgesehen von Island gibt es tätigen Vulkanismus in Europa nur im Bereich der Tyrrhenis und des Ägäischen Meeres. Diese Aktivität ist ein sehr schwacher Nachhall der vulkanischen Kulmination im Pliozän und Pleistozän.

Die wichtigsten Vorkommen zeigt die Karte der Abbildung 35. Die tätigen Vulkane liegen hauptsächlich am E- und SE-Rand der Tyrrhenis: Campanische Vulkanprovinz mit dem Vesuv bei Neapel, Liparische (Äolische) Inseln und der Ätna auf Sizilien. Von den Vulkanen der Kykladen zeigt nur noch der Santorin Fumarolentätigkeit.

Ohne Zweifel steht dieser Vulkanismus mit den im wesentlichen pliozänen Einbrüchen von Tyrrhenis, Adria, Ägäis und Ionischem Meer in Zusammenhang. Aber dank der Erdölbohrungen in Ost-Sizilien weiß man heute, daß zum Beispiel der *Ätna* eine lange und komplizierte Geschichte hat und keineswegs erst jungtertiären Alters ist (*A. Rittmann* 1964). Schon in Trias, Jura und Kreide kam es in Ost-Sizilien zu basaltischen submarinen Ergüssen. Sie lebten im Jungtertiär erneut auf, und im Pleistozän verlagerte sich der Vulkanismus in den eigentlichen heutigen Ätna-Bereich. Etwa 2000 m hoch ist der Vulkanbau auf einem sedimentären Sockel, so daß der Gipfel 3270 m erreicht. Die Förderung besteht hauptsächlich aus Olivin- und Andesin-Basalten, sie gehört zur atlantischen Magmensippe und gilt als Differentiat des primären Sima.

Die Tätigkeit ist auch in der Gegenwart mit etwa 15 Ausbrüchen im Jahrhundert sehr rege.

Ganz andere petrologische und magmengenetische Verhältnisse herrschen auf den Liparischen Inseln und in der Campanischen Provinz (Vesuv, Phlegräische Felder). Dort überwiegen Förderprodukte der pazifischen Magmensippe (Alkalirhyolithe, Trachyandesite, Trachyte, Rhyolithe). Sie werden vom anatektisch mobilisierten Sial-Sockel der abgesunkenen Tyrrhenischen Masse abgeleitet. Außerdem spielen kalireiche Magmatite, die zur mediterranen Sippe zusammengefaßt werden, eine große Rolle. Auch sie gelten als Produkte der Anatexis, sind aber durch komplizierte und vielfältige Vorgänge der Differentiation und Assimilation verändert worden. (*G. Marinelli* 1967)

 Der *Liparische Archipel* besteht aus 7 vulkanischen Inseln, von denen der Stromboli ständig in Form von Explosionen und Effusionen tätig ist, auf Vulcano herrscht noch Fumarolen-Tätigkeit. Die anderen sind erloschen. Der älteste datierbare Vulkanismus ist erst pleistozän. Gefördert wurden bisher hauptsächlich andesitische, dazitische, rhyolithische, trachytische und phonolithische Laven (*H. Pichler* 1967, 1968). Hierzu gehören die bekannten großen Bimssteinvorkommen der Insel Lipari. Auf Grund von Auswürflingen nimmt *H. Pichler* an, daß der Unterbau der Liparischen Inseln aus einem versunkenen Teil des Kalabrischen Massivs besteht.

Der *Vesuv* ist ein typischer Stratovulkan, aufgebaut durch den vielfachen Wechsel von explosiver und effusiver Tätigkeit. Von großem Interesse ist die stoffliche Veränderung des Magmas seit dem jüngsten Pleistozän von Leucit-Phonolithen über phonolithische Leucit-Tephrite zu den jüngsten tephritischen Leucititen mit zunehmend mediterranem Sippencharakter (*H. Pichler* 1970). Diese Entwicklung wird auf Assimilation von dolomitischem Kalkstein des Mesozoikums zurückgeführt, mit dem der Magmenherd in etwa 5 bis 6 km Tiefe in Kontakt steht (*A. Rittmann* 1933). Die letzte große Aktivperiode des Vesuvs begann im Jahre 79 n. Chr. mit der Zerstörung von Pompeji, Herculaneum und Stabiae. Der letzte Ausbruch erfolgte 1944.

In Toskana wirkt der Vulkanismus noch in Form heißer, Borsäure führender Dampf- und Thermalquellen nach. Bekannt ist der Ort Larderello, wo diese Energiequelle heute zur Elektrizitätsgewinnung genutzt wird.

Die kleinen Granitstöcke auf Elba und in Toskana stehen sowohl auf Grund ihres Chemismus als auch ihres Alters in Zusammenhang mit dem jungen Vulkanismus.

Die Vulkane der südlichen Ägäis sind an den S-Rand des Kykladen-Massivs gebunden. Die vorwiegend sauren bis intermediären Gesteine gehören in der Hauptsache zur pazifischen Magmensippe und werden so wie die der Tyrrhenis als anatektische Schmelzen von Sialmaterial gedeutet (*H. Pichler* & *R. Stengelin* 1968).

Im Rahmen des magmato-tektonischen Zyklus der alpidischen Gesamtorogenese gehört der tertiäre bis heutige Vulkanismus in den Randgebieten der Tyrrhenis und im Ägäischen Meer, zum Teil auch der erloschene in den dinaridischen Innenzonen, zum subsequenten Stadium.

Der basaltische »atlantische« Ätna-Vulkanismus hat eher den Charakter des Bruchzonen-Vulkanismus, wie er in den stabilen Tafeln aufzutreten pflegt. In der Tat liegt der Ätna im Bereich der vorländischen Tafel von Ragusa beziehungsweise des Kalabrischen Massivs.

6 Die post-variszischen Sedimentbecken Mittel- und West-Europas

Während sich S' der moldanubischen Zone Schwarzwald–Böhmen seit dem Ober-Karbon, besonders aber im Mesozoikum die Alpen-Geosynklinale ausbildete, verlief im außeralpinen Mittel- und West-Europa die ganze post-variszische Entwicklung unter festländischen beziehungsweise epikontinental-marinen Verhältnissen. Im Ober-Karbon und Unter-Perm handelte es sich um die subsequenten limnischen Kohlenbecken, die Rotliegend-Tröge und das weite Norddeutsch-Polnische Becken (Subvariszische Saumsenke und Oberschlesisches Becken lassen wir hier außer Betracht.) Erste Anzeichen einer Meeres-Ingression, und zwar aus dem Nordsee-Raum, deuteten sich im Rotliegend des Unterelbe-Beckens an (s. S. 152 und Abb. 24). Sie waren die Vorboten des ober-permischen Zechstein-Meeres. Diese Ingression kam aus einem arktischen Becken, dessen Ablagerungen zum Beispiel in Spitzbergen und Ost-Grönland bekannt sind (s. S. 74). Zwischen den Britischen Inseln und dem fennoskandischen »Geotumor« stieß sie weit nach Mitteleuropa vor.

Die Ränder des Zechstein-Beckens erkennen wir im nordöstlichen England, in Holland, Süd-Deutschland, in der Umrandung der Böhmischen Masse, in Polen und in Dänemark, ein Ausläufer reichte im Baltikum vermutlich bis in die Gegend von Riga (Abb. 36).

Mit dem Zechstein-Becken wurden für die betroffenen Gebiete die Grundzüge der paläogeographischen und tektonischen Entwicklung im Mesozoikum und Tertiär gelegt. In mancher Hinsicht wirken sich die alten Anlagen noch heute aus. Als Kernraum der mesozoisch-tertiären Beckenbildungen hat sich der Raum der heutigen Nordsee erwiesen (*Th. Sorgenfrei* 1969). Die Gesamtheit der Sedimentbecken, die vom Ober-Perm bis heute im Raume des Zechstein-Beckens existiert haben, können wir unter

dem Begriff des *»Nordsee-Beckens«* subsummieren. Innerhalb und an den Rändern dieses Groß-Beckens haben sich einige strukturelle Elemente herausgeschält, die immer wieder von epirogener und paläogeographischer Wirksamkeit waren. So die Fünen-Schwelle (»Ringkjöbing-Fünen-Hoch« der dänischen und englischen Literatur), das London-Brabant-Massiv, die Pennine-Achse, das Rheinische Schiefergebirge, die Böhmische Masse.
Das in diesem Sinne verstandene Nordsee-Becken hatte Verbindungen zu den Sedimentbecken im Bereich der Irischen See und zum Pariser Becken. Verbindungen nach S zur Tethys-Geosynklinale gab es zeitlich und räumlich sehr beschränkt in SW-Deutschland und in Oberschlesien, und zwar vor allen Dingen in Form des Muschelkalk-Meeres. Breite Verbindungen öffneten sich zeitweise im höheren Jura und in der Kreide nach E zum Moskauer Becken.

6.1 Das Saxonische Becken Mitteleuropas

6.1.1 Das Zechstein-Becken

Die Zechstein-Ingression folgte im wesentlichen zwei großen Depressionen, nämlich:
1. der Peribaltischen Depression an der S-Seite Fennoskandias mit der Ostdeutsch-Polnischen Senke, die sich etwa in die Baltische Syneklise der Russischen Platte einfügte (Abb. 3);
2. einer etwa N–S verlaufenden Depression, die zwischen Rheinischem Schiefergebirge und Böhmischer Masse nach S bis an den Rand von Schwarzwald–Vogesen reichte.

Die N–S-Depression durchschlägt beinahe senkrecht die variszischen Richtungselemente, sie ist zu diesen »renegant«, während die Rotliegend-Becken durchweg noch die richtungsmäßige »Posthumität« gewahrt hatten.
Andererseits zeichnen sich in der Umrandung des Zechstein-Beckens bereits paläogeographische Elemente ab, die in der Folgezeit und zum Teil bis heute immer wieder eine Rolle spielen, so die Böhmische Masse, der E- und N-Rand des Rheinischen Schiefergebirges, die Niederrheinische Bucht und die Pennine-Achse Englands (Abb. 36).

Das unmittelbare Ingressions-Sediment des Zechstein-Meeres ist das Zechstein-Konglomerat. Mit scharfer Winkeldiskordanz überlagert es den eingeebneten variszischen Faltenbau. Zu den eindrucksvollsten Bildern dieses Gegensatzes von gefaltetem variszischem Grundgebirge und diskordant aufliegendem Zechstein als Deckgebirgsbasis gehört die Wand des Bohlen bei Saalfeld (Thüringen).
Unter abgeschnürten, »euxinischen«, Verhältnissen bildete sich danach der weit verbreitete Kupferschiefer, ein Sapropelit, dessen Kupfergehalt älteren abgetragenen Gesteinen und Lagerstätten entstammen dürfte.
Konfiguration und Gliederung des Zechstein-Beckens werden durch die wechselvolle Fazies abgebildet. In den thüringischen und sächsischen Randgebieten zum Beispiel bildeten sich Bryozoen- und Kalkalgen-Riffe, am E-Rand des Rheinischen Schiefergebirges dagegen kam es zeitweise zu bunten grobklastischen Einschüttungen. Im Inneren des Beckens, das heißt vor allem in Nord- und Mitteldeutschland, erfolgte aber großenteils salinare Sedimentation, die einerseits durch den Wechsel von Abschnürung und Verbindung zum offenen Nordmeer, andererseits durch die hohe Verdunstung unter aridem Klima gesteuert wurde. So wurden in viermaligem Zyklus in den küstennäheren Bereichen Kalke und Dolomite, beckenwärts aber Sulfate, Steinsalz und Kalisalze abgelagert. Die Gesamtmächtigkeit der Zechsteinsalze erreicht in Deutschland $>$ 1000 m, damit aber war die Voraussetzung für die typische Salztektonik zum Beispiel in Norddeutschland gegeben. In prinzipiell ähnlicher Art tritt das Zechsteinsalz auch im nordöstlichen Holland, in der Nordsee, im östlichen England, in Dänemark und in Polen auf.
Der Begriff »Saxonisches Becken« deckt sich im weiteren Sinne räumlich etwa mit dem Zechstein-Becken. Der Begriff meint aber zeitlich die Beckenentwicklung im Mesozoikum und Tertiär und bezieht dementsprechend weitere Gebiete ein, so besonders im W (vgl. W-Rand des Oberen Muschelkalks in Abb. 36).
Ferner spielt sich im Saxonischen Becken die »saxonische Tektonik« ab, eine Bruchtektonik mit vertikalen und horizontalen Komponenten, die im typischen Falle durch den Salzdiapirismus modifiziert und kompliziert wird. Die Salztektonik beruht im wesentlichen auf dem Zechsteinsalz, aber die Eigentümlichkeit der geologischen Entwicklung bewirkte, daß es im Saxonischen

Becken seit dem Rotliegend (Unterelbe-Becken) bis zum Ober-Jura immer wieder zu salinarer Sedimentation kam. Es gibt daher Salzdiapire, die aus mehreren verschieden alten Salzablagerungen gespeist worden sind.
Paläogeographie und strukturelle Ausgestaltung des Beckens werden von drei Grundrichtungen in der mitteleuropäischen Erdkruste bestimmt, die wir bereits an den Rändern beziehungsweise der Gliederung des Zechstein-Beckens ablesen (Abb. 36): die rheinische NNE–SSW-Richtung im Zuge der »Mittelmeer-Mjösen-Zone« *H. Stilles* (Hessische Senke und Niederrhein-Emsland), die herzynische NW–SE-Richtung (sudetischer und thüringisch-fränkischer Rand der Böhmischen Masse, Dänemark) und die erzgebirgische SW–NE-Richtung.

6.1.2 Die Beckenentwicklung in Mesozoikum und Tertiär

Ein kurzer Überblick der weiteren Entwicklung des Gesamtbeckens wird die Bedeutung jener fundamentalen Richtungselemente aufzeigen.
Während der Trias behielt das Becken in großen Zügen die im Zechstein entstandene Umgrenzung bei. Folgende Veränderungen sind aber doch wesentlich: Die S-Grenze verschob sich bis an die etwa vom Genfer See über den südlichen Schwarzwald in nordöstlicher Richtung zur Böhmischen Masse verlaufende »Vindelizische Schwelle«, die teils mehr, teils weniger trennende Barriere zwischen germanischem und alpinem Sedimentationsraum (*G. Einsele* & *R. Schönenberg* 1964). Das im wesentlichen festländische Buntsandstein-Becken unterlag in Norddeutschland zeitweise noch marinen Einflüssen aus dem Nordseebereich, also aus der Ingressionsrichtung des Zechstein-Meeres. Diese Verbindung wurde im Oberen Buntsandstein unterbrochen und statt dessen Verbindungen nach S zur Tethys hergestellt, durch die das Muschelkalk-Meer in das Becken eindringen konnte. Die eine Öffnung bildete die »Oberschlesische Pforte«, die andere die »Burgundische Pforte« im Zuge der großen rheinischen Depressionszone (Mittelmeer-Mjösen-Zone, s. S. 261). Salzabscheidungen im Oberen Buntsandstein (Rötsalze) und im Mittleren Muschelkalk hielten sich ebenfalls im wesentlichen an den Raum der rheini-

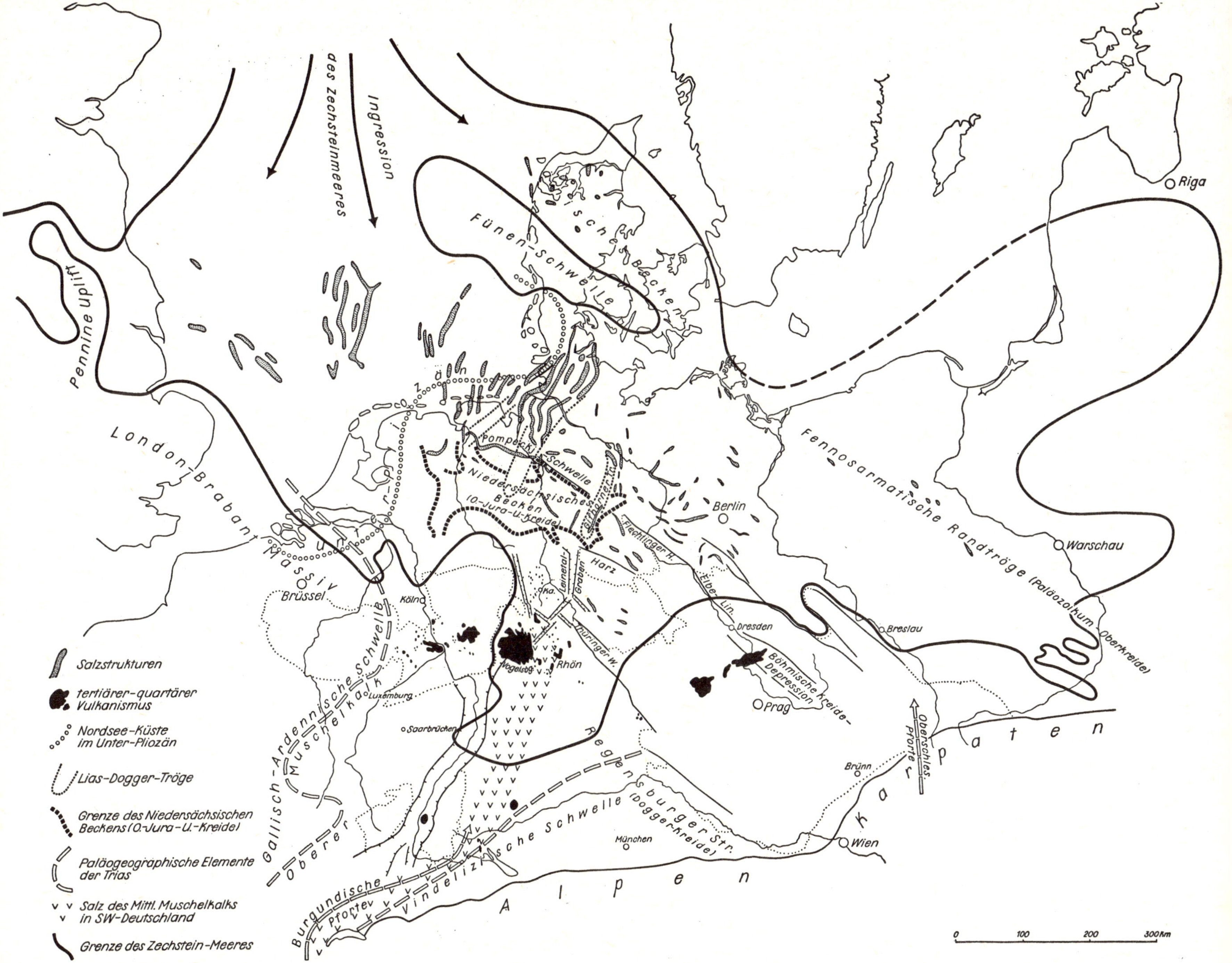

Abb. 36: Strukturelle und paläogeographische Elemente der postvariszischen Sedimentbecken Mitteleuropas. Zusammengestellt nach Unterlagen von *H. Bartenstein* 1968, *H. Boigk* 1968, *G. Einsele* & *R. Schönenberg* 1964, *J. Fourmentraux* et al. 1959, *P. Heybroek* et al. 1967, *W. Jung* 1968, *J. Krason* 1967, *Th. Sorgenfrei* 1969, *E. Voigt* 1963, *P. Wurster* 1964.

schen Depressionszone. Auch die Sandströme des Buntsandsteins wurden von SW (Gallische Schwelle) durch diese nach Norddeutschland abgeleitet. In Norddeutschland selbst setzte sich die herzynische Richtung als Umgrenzung des Beckens während der Trias mit aller Deutlichkeit durch: In Buntsandstein, Muschelkalk und Keuper verlief die Beckenachse von Hamburg über Berlin in Richtung auf das Polnische Mittelgebirge. Weiterhin wurde die herzynische Richtung durch die Anlage relativ mächtiger »Randtröge« im Zuge der Dänisch-Polnischen Furche entlang dem fennosarmatischen SW-Rande unterstrichen.
Das Muschelkalk-Meer wurde von dem großenteils terrestrischen Keuper verdrängt. Mit ihm endete die vorwiegend terrestrische – aber von den Zechstein- und Muschelkalk-Ingressionen unterbrochene – postvariszische Sedimentation im außeralpinen Mitteleuropa, die zum Teil schon im Oberkarbon, hauptsächlich aber mit dem Rotliegend begonnen hatte.
Die von Norddeutschland ausgehende Rhaet-Transgression im Oberen Keuper leitete die marine Entwicklung des Saxonischen Beckens während der Jura-Zeit ein. Da im Oberen Dogger die Verbindung von N nach S durch die Hessische Straße unterbrochen wurde, werden wir den nördlichen Beckenteil (Norddeutsch-Polnisches Becken) und den südlichen (Süddeutsches Becken im weiteren Sinne) getrennt besprechen.
Das *Norddeutsch-Polnische Becken* der Jura-Zeit lag mit seinem Kernbereich N' der heutigen Mittelgebirge, im W begrenzt von der Ostholländischen Triasplatte, im N von dem Hochgebiet der »Pompeckj-Schwelle«, das sich an die dänische Fünen-Schwelle anschloß. Herzynische und rheinische Elemente bestimmten Umgrenzung und innere Gliederung des Raumes: Im Zuge der Mittelmeer-Mjösen-Zone bildeten sich synsedimentäre Spezialbecken und -schwellen rheinischer Richtung, unter denen der Gifhorner Trog, etwa zwischen NW-Harz und Elbe gelegen, am bekanntesten ist. Allein der Lias dürfte im Gifhorner Trog ca. 900 m mächtig sein. Die Mächtigkeitsschwankungen der Juraschichten von Schwellen zu Becken belaufen sich größenordnungsmäßig auf bis zu 1000 m. Überdies scheint das Norddeutsch-Polnische Becken während der Jura-Zeit aus einem relativ sandreichen »Flachschelf« im E und einem überwiegend pelitischen *»Tiefschelf«* im W, nämlich im Bereich der Mittelmeer-Mjösen-Zone, bestanden zu haben (*H. Kölbel* 1968).

Im Zusammenhang mit der Meeresregression an der Wende Jura/Kreide bildete sich im Norddeutsch-Polnischen Becken der brackisch-limnische Wealden. Die Unterkreide-Ingression erfüllte dann wiederum im wesentlichen das Niedersächsische Becken in der Umgrenzung der oberen Jura-Zeit. Von der Mittel-Kreide ab griff das Meer weit über den Beckenrahmen hinaus, so nach S in das Rheinische Schiefergebirge, in das Thüringische Becken und das Erzgebirge S' von Dresden. Nach N wurde die Pompeckj-Schwelle, fast ganz Dänemark und der ostdeutsch-polnische Bereich überflutet. Die Schreibkreide-Felsen der Insel Rügen sind die bekanntesten Zeugen der Oberkreide-Transgression, die ja weltweite Bedeutung hat.
Schon während der Jura-, aber besonders eindrucksvoll während der Kreide-Zeit, machte sich in Nord- und Mitteldeutschland eine herzynische lineamentäre Zone von > 400 km Länge bemerkbar. Auf der Karte (Abb. 36) erkennen wir sie als NE-Begrenzung des Niedersächsischen Beckens gegen die Pompeckj-Schwelle (»Aller-Linie«), jenseits des Gifhorner Troges als Abbruch des Flechtinger Höhenzuges gegen das Tiefland und dann als Elbe-Lineament weit nach SE in die Böhmische Masse reichend (s. S. 103). Parallelelemente versetzen die West-Sudeten in mehreren Staffeln in die Tiefe. Zu paläogeographischer Wirksamkeit kam das Lineament während des Mesozoikums erstmals im Ober-Jura, und zwar – wie schon gesagt – als Grenze zwischen Niedersächsischem Becken und Pompeckj-Schwelle, ferner öffnete es dem Meer den Weg über Dresden hinaus bis an die Böhmische Masse. Während der Ober-Kreide kam es dann im Zuge des Lineamentes zur Bildung der böhmischen Kreide-Depression.
Heute erfolgt an dem Lineament weithin der eigentliche Abbruch der Mittelgebirge zum norddeutschen Tiefland. Von hier nach NE wird das Mesozoikum so tief abgesenkt, daß es im allgemeinen nicht mehr zu Tage ausstreicht. Zu den bekanntesten Ausnahmen gehören die Rüdersdorfer Trias bei Berlin – ein Salzhorst – und die Rügener Schreibkreide. Daß die herzynischen Elemente zwischen dem SW-Rande Fennosarmatias und dem Elbe–Aller-Lineament auch heute eine gewisse Wirksamkeit ausüben, deuten die Richtungen der großen Flachlandströme an, fließen doch Weichsel, Oder und Elbe vorwiegend von SE nach NW.

Nach der Regression an der Wende Kreide/Tertiär ingredierte das Meer ein letztes Mal von N in das alte Norddeutsch-Polnische Becken. Sogar die Schwelle der Mittelgebirge wurde noch einmal durchbrochen, und zwar im Zuge der Hessischen Senke und des Oberrhein-Grabens. Auf diese Weise kam kurzfristig, nämlich im Mittel-Oligozän, eine marine Verbindung quer durch Deutschland vom norddeutschen zum Molassemeer der Schweiz zustande. Im Jungtertiär zog sich dann das Meer schrittweise in die heutige Nordsee zurück, wovon ein unterpliozänes Stadium in der Karte (Abb. 36) dargestellt ist.

Im *süddeutschen Beckenteil* wurden im Mesozoikum die Grenzen des Zechstein-Meeres weit überschritten. Einmal nach S in Richtung auf die Vindelizische Schwelle, vor allem aber nach W, wo das Saarland, Luxemburg und Lothringen einbezogen wurden und erst die »Gallisch-Ardennische Schwelle« den Beckenrand bildete. In der Karte (Abb. 36) ist als Beispiel der W-Rand im Oberen Muschelkalk dargestellt.

Das süddeutsche Jura-Becken stand im Lias in weiter mariner Verbindung nach Norddeutschland, zum Pariser Becken, zum Rhônebecken und durch die Vindelizische Schwelle zur Helvetischen Miogeosynklinale. Anders als in NW-Deutschland »kann der Ablagerungsraum des schwäbischen Lias und Dogger als ein Becken charakterisiert werden, das seicht war, ebenen Untergrund hatte und über ebenfalls seichte Verbindungswege und andere Teilbecken... mit dem offenen Meer in Verbindung stand« (*H. Aldinger* 1968). Relativ geringe und nur wenig schwankende Mächtigkeiten sind die Folge: Umfaßt doch der gesamte Jura nur zwischen 600 m und 900 m. Es liegt nahe, diese gegensätzlichen Verhältnisse zwischen dem nord- und dem süddeutschen Beckenteil auf schon paläozoische Erbanlagen zurückzuführen: Süddeutschland gehörte während des Paläozoikums zur Europäischen Zentralschwelle, Norddeutschland dagegen großenteils zum Nordtrog der Tethys-Geosynklinale. Das hatte sich dann in postvariszischer Zeit schon auf die Mächtigkeiten und die Fazies des Rotliegend ausgewirkt, später auf den Buntsandstein und besonders deutlich auch auf den Jura. Neuere Untersuchungen konnten aber zeigen, daß die durch das süddeutsche Becken ziehende Mittelmeer-Mjösen-Zone auch während der Jura-Zeit ihre Spuren in der vorwiegend meridionalen Anordnung mancher Faziesmuster hinterlassen hat. Ganz besonders

eindrucksvoll ist ein von *H. Aldinger* (1968, Fig. 7) gegebenes Verteilungsbild der Sandsteinhorizonte des Unteren Lias im nord- und im süddeutschen Beckenteil. Entlang einer von Holstein im N bis zum Bodensee im S verlaufenden »Linie« enden von E her diese Sandschüttungen und werden dann von tonigen Sedimenten abgelöst (vgl. die Grenze von »Flach«- und »Tiefschelf« im norddeutschen Becken, S. 257).
Im Laufe des Dogger änderte das süddeutsche Becken seinen großtektonischen Charakter: Aus dem Durchgangsland für die Transgressionen aus dem N und S wurde ein randliches Schelfmeer der Tethys. Denn einerseits schloß sich die Hessische Senke und damit die Verbindung zum Norddeutschen Becken, andererseits verlor die Vindelizische Schwelle mehr und mehr ihre trennende Wirksamkeit. Die allgemeine Regressionstendenz im Ober-Jura (s. oben) führte in Süddeutschland schließlich zur Bildung organogener Karbonatgesteine zunächst in Form von Algen-Schwammriffen und endlich von Korallenriffen, mit denen dann die Sedimentation endete. Das Meer zog sich aus dem randlichen Schelf in die Helvetische Geosynklinale der Tethys zurück. Eine neuerliche Transgression aus der Tethys in der Unter-Kreide und Ober-Kreide benutzte eine herzynische Depressionszone entlang dem SW-Rande der Böhmischen Masse (»Regensburger Straße«). Das übrige Süddeutschland war eine ungegliederte, den Meeresspiegel nur wenig überragende Kalktafel, aufgebaut aus den jüngsten Jurasedimenten. Erst im Oligozän wurde der S der Kalktafel in die Tiefe gebogen und bildete somit den Boden des Molassebeckens. Das miozäne Molasse-Meer griff noch einmal weit nach N auf die geneigte Kalktafel über und markierte mit der »Klifflinie« seinen äußersten Rand auf der heutigen Schwäbischen Alb.

6.1.3 Die Mittelmeer-Mjösen-Zone

Von diesem Begriff war schon mehrfach unter verschiedenen Gesichtspunkten die Rede, und er soll jetzt im Zusammenhang behandelt werden.
In jeder tektonischen Karte Europas fällt die Kette grabenartiger Elemente auf, die in etwa NNE–SSW-Richtung vom Oslo-

Graben (Mjösensee) über die südhannoverschen und hessischen Gräben, den Oberrhein- und Rhône-Graben bis zum Mittelmeer verläuft. Auf diesen lineamentären Streifen intensiver Bruchtektonik hatte *H. Stille* (1925, Taf. 14) den Begriff der Mittelmeer-Mjösen-Zone begründet. Seither hat sich aber erwiesen, daß die fragliche Zone in der Paläogeographie eine fundamentale Rolle gespielt hat und zwar mit ersten Andeutungen schon im Zechstein (Hessische Senke). Hierauf ist ja im vorigen Kapitel mehrfach hingewiesen worden.

In diesem paläogeographischen Sinne war die Mittelmeer-Mjösen-Zone in Mitteleuropa eine breite Depressionszone zwischen dem Gallisch-Ardennischem Massiv (der Triaszeit) und dem Böhmisch-Vindelizischen Massiv. Sie war in sich gegliedert durch relative Hochgebiete vor allem im Bereich des heutigen Rheinischen Schiefergebirges und des Vogesen–Schwarzwald-Massivs. Als spezielle Depressionen zeichnen sich ab: die Hessische und die Eifel-Depression (»Hessische Straße«, »Eifel-N–S-Zone«), die erzgebirgisch verlaufende Pfälzische Depression nördlich, und die Burgundische Depression südlich von Schwarzwald-Vogesen, die Lothringische westlich der Vogesen und die Schwäbische beziehungsweise Alpenrhein-Depression östlich des Schwarzwaldes. Burgundische und Lothringische Depression münden nach S in die Rhône-Depression.

Die Mittelmeer-Mjösen-Zone wurde in hohem Maße und in fast allen Abschnitten von bruchtektonischen Deformationen mesozoisch-tertiären Alters betroffen. Näheres über den Charakter dieser »saxonischen« Tektonik wird im folgenden Kapitel zu sagen sein. Die Bruchtektonik ermöglichte den Aufstieg mobiler Materialien, nämlich der Salzgesteine – hauptsächlich aus dem Zechstein – und des basaltischen Magmas.

Die große Zahl rheinisch verlaufender »Salzmauern« in Schleswig-Holstein, im nördlichen Niedersachsen, in der Deutschen Bucht und im Bereich der Doggerbank ist Ausdruck rheinischer Störungslinien im breiten Zuge der Mittelmeer-Mjösen-Zone.

Die tief in die Erdkruste reichende Wirkung des Lineamentes wird durch den Aufstieg atlantischer Magmen (Alkali-Sippe) bezeugt, wie er für die großen Bruchzonen der Erde typisch ist (vgl. Oslo-Graben S. 74). Nach dem subsequenten Rotliegend-Vulkanismus finden sich im außeralpinen Mitteleuropa erst wieder in der Ober-Kreide, und zwar Norddeutschlands, Andeutungen magmatischer Tätigkeit. Sehr stark war diese dann während des Tertiär, und zwar vorwiegend im Oberrhein-Graben und in der Hessischen Senke. Kaiserstuhl, Vogelsberg, Rhön und das Kasseler Gebiet seien als die wichtigsten Vorkommen genannt. In manchen Fällen ist die Bindung an die Kreuzung von rheinischen und herzynischen Bruchlinien offenkundig. Dies könnte auch für das Gebiet stärkster vulkanischer Förderungen in der Hessischen Senke gelten, wo die SW-Randstörungen der Böhmischen Masse auf die Mittelmeer-Mjösen-Zone stoßen. Der Magmatismus dauerte das ganze Tertiär über an und setzte sich im Rheinischen Schiefergebirge (Neuwieder Becken, Laacher See) auch noch im Quartär fort. Im Zuge der Mittelmeer-Mjösen-Zone gehört der phonolithische Nephelinit (Bestimmung von Herrn Dr. *Pichler*/Tübingen) des Katzenbuckel (Odenwald) nach radiometrischen Messungen an die Wende Kreide/Tertiär; Kaiserstuhl, Vogelsberg, Rhön und die Vulkanite der Kasseler Gegend sind hauptsächlich miozänen, zum Teil auch noch pliozänen Alters.

In der Hauptsache handelt es sich um Basalte, daneben um Phonolithe und Trachyte. So ist der Vogelsberg mit 2500 km² das größte zusammenhängende Basaltgebiet Mitteleuropas.

Auf die jungen Vulkanite der Eifel, des Westerwaldes, des Siebengebirges, Böhmens und Schwabens sei hier nur hingewiesen (Karte Abb. 36).

Ein Blick auf die Karte in Verbindung mit dem Gesagten lehrt, daß die Mittelmeer-Mjösen-Zone ihren Namen eigentlich zu Unrecht trägt. Weder die paläogeographischen Elemente rheinischer Richtung noch die entsprechenden bruchtektonischen und auch nicht die Salzmauern setzen sich aus Schleswig-Holstein nach Dänemark fort. Dort werden sie vielmehr eindeutig von herzynischen Elementen abgeschnitten. Auch die permischen Magmatite des Oslo-Grabens verlaufen nicht nach S, sondern schwenken offenbar nach SE in Richtung Schonen ab (*Th. Sorgenfrei*, Vortrag Kiel 1970). Das rheinische Lineament erreicht also den Mjösensee N' Oslo gewiß nicht, es endet bereits S' der Fünen-Schwelle Dänemarks (s. Abb. 36 = Faltblatt S. 256/257).

6.1.4 Die saxonische Tektonik

Wir haben in den vorigen Kapiteln die fundamentale Bedeutung bestimmter Richtungen für die Paläogeographie des Saxonischen Beckens im weiteren Sinne herausgestellt. Es handelt sich dabei um die Kantenrichtungen großer Krustenschollen, etwa des SW-Randes der Böhmischen Masse als Hochscholle gegen das süddeutsche Becken als Tiefscholle. Denselben Richtungen folgend ist nun aber das Saxonische Becken in ein Schollenmosaik viel geringerer Größenordnung zerfallen, wobei die Hauptrolle von rheinischen und herzynischen Schollengrenzen gespielt wird, außerdem kommen erzgebirgische und eggische (NNW–SSE) Richtungen vor. (Andeutungsweise sind diese Verhältnisse in der Karte Abb. 36 durch die Hessischen Gräben dargestellt.) Die saxonische Tektonik besteht nun im Prinzip aus Relativbewegungen solcher Schollen derart, daß die Deformationen an den Schollenkanten erfolgen, die Schollen im Inneren aber ± intakt bleiben. Hierbei sind die verschiedensten Relativbewegungen verwirklicht: Abschiebungen und Flexuren einerseits – Überschiebungen andererseits, Faltungen bei gegenseitiger Pressung – Grabenbildung bei Dehnung, auch Horizontalverschiebungen der Schollen aneinander kommen vor. Sehr komplizierte tektonische Strukturen und höchst intensive Deformationen sind dann entstanden, wenn an derselben Schollengrenze mehrere verschiedenartige Bewegungen nacheinander abgelaufen sind. So kennt man viele Beispiele dafür, daß ältere Dehnungsgräben durch jüngere Pressung überprägt wurden. Alle solche Deformationen lassen sich unter dem Begriff »germanotyp« vereinen. Die Verbindung faltenartiger oder faltenähnlicher Strukturelemente mit solchen ruptureller Art hat dazu geführt, daß vielfach vom saxonischen »Bruchfaltengebirge« gesprochen wird.

Das Grundelement der saxonischen Tektonik ist die Verwerfung als Begrenzung zweier Schollen. In der Regel treten solche Verwerfungen in Scharen auf und bilden Gräben und Horste. Dies ist der relativ einfache Deformationsstil, wie er im Schichtstufenland Süddeutschlands zwischen Schwarzwald und Böhmischer Masse herrscht.

Anders liegen die Verhältnisse aber in jenen Bereichen des Zechstein-Beckens, in denen einige 100 m mächtige Salzsedimente abgelagert worden waren. Die relativ plastischen und spezifisch leichten Salzmassen befanden sich im Liegenden einer mehrere 1000 m mächtigen mesozoischen Gesteinsfolge von höherer Dichte als das Salz. Diese Dichteinversion zwang das Salz dazu, aus Gebieten höherer Auflast in solche geringerer abzuwandern. Derartige Salzbewegungen können an sich autonom, das heißt ohne tektonische Einwirkung, ablaufen, sie werden dann als »Halokinese« bezeichnet (*F. Trusheim* 1957). Halokinetische Bewegungen allein vermögen bereits zu Einbiegungen des Deckgebirges im Abwanderungs- und zu Aufwölbungen im Zuwanderungsbereich führen. Derartige »Beulen« (positiver und negativer Art) spielen durchaus eine Rolle in der saxonischen Tektonik. Trotz gewisser formaler Ähnlichkeiten mit flachen Sätteln und Mulden haben sie genetisch mit solchen nichts zu tun. Ein viel stärkeres Druckgefälle für das Salz entsteht aber, wenn sein Deckgebirge durch Verwerfungen aufgelockert wird. Ganz typisch für die saxonische Tektonik ist es daher, daß das Zechsteinsalz in die Störungen einwandert und sie salztektonisch überprägt. Als Beispiel wird in Abbildung 37 eine Profilreihe durch die herzynische Störungszone der Steinhuder Meer-Linie bei Hannover wiedergegeben. Sie zeigt zunächst (oben) den einfachen Fall einer Verwerfungstreppe mit geringer Salzzuwanderung. In den folgenden drei Profilen ist die Entwicklung eines Salzdiapirs zu beobachten, durch dessen Aufstieg es zu Aufschiebungen im Deckgebirge kommt. Das unterste Profil stellt bereits einen keulenförmigen Salzstock dar, wie er sich über viele km im Zuge einer Störungszone entwickeln kann. So haben sich die langgestreckten rheinischen »Salzmauern« Niedersachsens, Schleswig-Holsteins und der Nordsee in Störungen der Mittelmeer-Mjösen-Zone gebildet. Wo aber die herzynische Dislokationsrichtung herrscht, verläuft auch der Salzaufstieg entsprechend. Diesen Zusammenhang zeigt die Karte in aller Deutlichkeit (Abb. 36). Sie läßt weiterhin auch Zusammenhänge zwischen der Bildung der mesozoischen Spezialbecken, zum Beispiel des Gifhorner Troges, der späteren Bruchtektonik und dem Salzaufstieg aufscheinen. Diese »Vorgänge sind so eng miteinander verknüpft, daß sie weder räumlich, zeitlich noch nach ihrem Anteil an der Gesamtentwicklung scharf voneinander getrennt werden können« (*H. Boigk* 1968).

Das strukturelle Bild der Hessischen Senke zwischen Rheinischem Schiefergebirge im W, Harz und Thüringer Wald im E

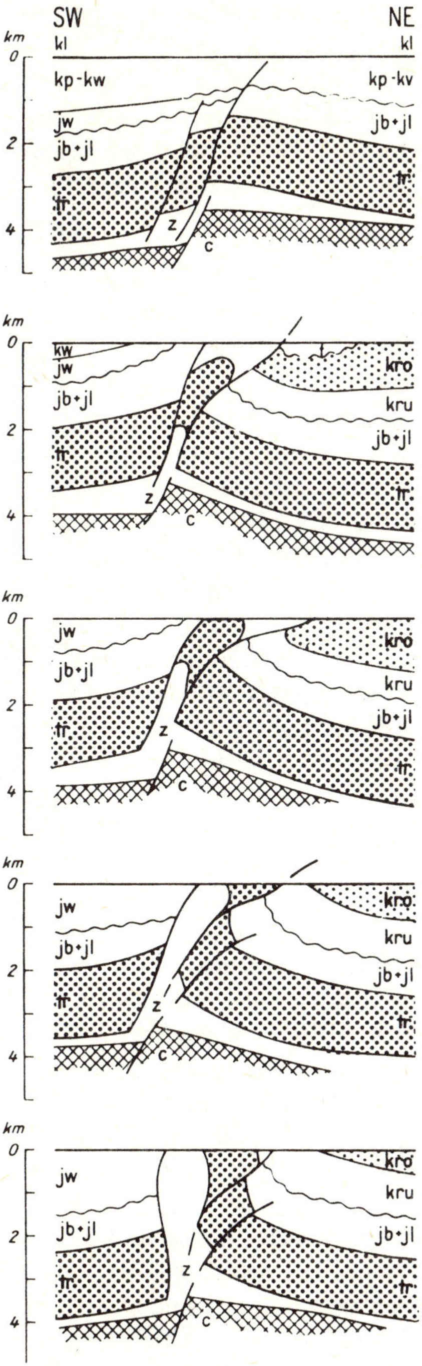

Abb. 37: Salztektonik an der Steinhuder-Meer-Linie W' Hannover. – kro: Ober-Kreide, kl: Alb, kru: Unter-Kreide, kp: Apt, kv: Valendis, kw: Wealden, jw: Weißjura, jb: Dogger, jl: Lias, tr: Trias, z: Zechstein, c: Karbon (aus: *H. Boigk* 1968, Abb. 6).

wird bestimmt durch rheinisch, eggisch (NNW–SSE) und herzynisch streichende Gräben, in denen Muschelkalk-Lias in Buntsandstein-Schollen eingebrochen sind. Auch hier ist noch genügend mächtiges Zechsteinsalz vorhanden, um die Verwerfungen salztektonisch zu überprägen. Die Hessischen Gräben, unter denen der Leinetal-Graben der bekannteste ist, leiten nach SW zum Oberrhein-Graben über.

6.1.5 Der Oberrhein-Graben

Der Oberrhein-Graben ist in jeder Hinsicht das großartigste bruchtektonische Phänomen Mitteleuropas. Von Basel bis Frankfurt hat er eine Länge von 300 km und eine Breite zwischen 30 und 50 km. Die Absenkung des Grabens zwischen Vogesen – Pfälzer Wald einerseits und Schwarzwald – Odenwald andererseits beträgt max. 5 km. Davon sind rund $^{3}/_{4}$ durch tertiäre und quartäre Abtragung der Flanken und Auffüllung des Grabens wieder ausgeglichen, so daß der Höhenunterschied zwischen dem heutigen südlichen Oberrheintal (etwa 200 m über NN) und dem höchsten Schwarzwaldgipfel (Feldberg 1493 m) noch rund 1300 m beträgt. Nach NE setzt er sich in die Hessischen Gräben, nach NW durch das Rheinische Schiefergebirge in die Niederrheinischen Gräben fort. Nach S gibt es Fortsetzungen in den Schweizer Faltenjura, nach SW durch die Burgundische Pforte in den Bresse- und Rhône-Graben. Die Oberrheinischen Massive bilden eine ± einheitliche Wölbung, in die während des Tertiär und Quartär der Oberrhein-Graben einsank.

Um den Werdegang des Grabens darzustellen, gehen wir von der Sachlage aus, daß die Oberfläche SW-Deutschlands nach der Regression des Weißjura-Meeres aus einer weiten, flachen Kalktafel bestand, die nur wenig den Meeresspiegel überragte. Diese Kalktafel überzog auch fast das ganze heutige Oberrheingebiet. Ablagerungen der Kreide- und ältesten Tertiär-Zeit fehlen daher praktisch ganz.

Die ersten Anzeichen lokaler Absenkungen im Bereiche des späteren Oberrhein-Grabens stammen aus dem Mittel-Eozän, und zwar in Form von Süßwasserablagerungen. Erst im Ober-Eozän begann die allgemeine Absenkung, wobei im Alttertiär bevorzugt der südliche, im Jungtertiär bevorzugt der nördliche Grabenteil erfaßt wurde. So konnte im Unter-Oligozän (Lattorf-Stufe) bereits das Meer von S ingredieren und bis in die Darmstädter Gegend vordringen. Dieses Meer hinterließ in einigen Spezialbecken des südlichen Grabens die Salz- und Kalilager N' von Mühlhausen/Elsaß und Müllheim (Buggingen in Baden). Im Mittel-Oligozän erfolgte nochmals eine marine Ingression, die nunmehr den ganzen Graben betraf und für kurze Zeit das Nordmeer mit der Tethys verband. Nach N ging diese Verbindung durch die Hessische Senke – wie im Mesozoikum –, nach S durch das Gebiet des Faltenjura wahrscheinlich zum Molasse-Becken. Im südlichen Graben (etwa von Basel – Karlsruhe) sind Ober-Eozän bis Mittel-Oligozän knapp 2000 m mächtig, Ober-Oligozän und Jungtertiär nur einige 100 m oder fehlen ganz. Im Ober-Oligozän verlagerte sich die Senkung in den nördlichen Grabenteil. Bei Heidelberg erreichen Ober-Oligozän und Jungtertiär > 2000 m, das ältere Tertiär > 500 m. Im tieferen Miozän treten bei Worms nochmals Steinsalz und Anhydrit auf. Im weiteren Verlauf des Miozän hörten die marinen Einflüsse endgültig auf, fortan wurden nur noch limnische und fluviatile Sedimente als Abtragungsprodukte der aufsteigenden Grabenflanken abgelagert. Solche Schotter, Sande und Tone des Pliozän und Pleistozän sind bei Heidelberg etwa 1000 m mächtig. Soweit bisher bekannt, liegt die größte Mächtigkeit der gesamten Grabenfüllung (Tertiär und Quartär) mit etwa 3500 m in der Gegend von Mannheim.

Der Oberrhein-Graben hat sich nicht im Zuge einer der paläogeographischen Depressionen der Mittelmeer-Mjösen-Zone gebildet, sondern ist mitten in die Aufwölbung der Oberrheinischen Massive eingebrochen. Nach *H. Illies* (1965) muß aber damit gerechnet werden, daß schon das variszische beziehungsweise vorvariszische Grundgebirge im Raume des Grabens in hohem Maße von rheinisch gerichteten Scherzonen durchsetzt war, an denen sich vor allem Linksseitenverschiebungen (W-Scholle relativ nach S) abgespielt hatten. Synorogener Plutonismus und Rotliegend-Vulkanismus sind diesen Störungszonen gefolgt. Insofern scheint also der fragliche Raum für die tertiäre Grabentektonik prädisponiert gewesen zu sein.

Von gewissen Anzeichen schwacher Senkungen abgesehen war das Gebiet im Mesozoikum tektonisch inaktiv geblieben. Die im

Mittel-Eozän einsetzende Grabentektonik folgte im wesentlichen den bereits im Grundgebirge vorgegebenen Richtungen: Die eigentlichen Randverwerfungen streichen rheinisch, das Schollenmosaik des Grabeninneren aber eggisch (NNW–SSE) bis herzynisch (NW–SE). »Der Graben war zum Scherbenfeld antithetisch kippender Einzelschollen geworden ...« *(H. Illies* 1965). Häufige horizontale Striemungen und die Fiederstellung der eggischen Brüche zu den rheinischen Randverwerfungen sprechen dafür, daß an der tertiären Grabentektonik außer den großen Abschiebungen wiederum Linksseitenverschiebungen beteiligt waren. Der Gesamteffekt der oberrheinischen Tektonik setzt sich also aus folgenden Komponenten zusammen: Absenkung der Grabenscholle relativ zu den aufgebogenen Flanken 4 bis 5 km, damit verbundenes Auseinanderdriften der Flanken in E–W etwa 4 bis 5 km, Linksseitenverschiebung 1 bis 2 km.

Der Graben hebt sich geophysikalisch, insbesondere durch seismische Messungen, deutlich von den Flanken ab. Die geologische Interpretation ist zwar noch kontrovers, auf alle Fälle scheint die Erdkruste im Grabenbereich dünner zu sein als im Süddeutschen und Pariser Becken, was einer Aufwölbung des Erdmantels entsprechen könnte (vgl. Graben Problems. – Intern. Upper Mantle Project, Scient. Rep. No. 27, Stuttgart 1970).

Die Grabenbildung spielte sich nicht phasenhaft, sondern ± kontinuierlich und synsedimentär ab, wobei Zeiten gesteigerter und verlangsamter Bewegungen abwechselten. Während es sich im Mittel-Eozän nur um mäßige flexurartige Abbiegungen handelte, kam es im Ober-Eozän und Unter-Oligozän erstmals schon zu Abbrüchen größerer Sprunghöhe, wie sich aus Mächtigkeiten und Fazies ablesen läßt. An der Wende Oligozän/Miozän erreichte die Bruchtektonik einen weiteren Höhepunkt. Aber die Bewegungen dauern heute noch an, wie Wiederholungsmessungen von Feinnivellements zeigen. Die gemessenen Senkungsgeschwindigkeiten betragen zwischen 0,2 und 0,7 mm/Jahr, was mit den auf geologischen Daten beruhenden Annahmen über das Tempo der Grabensenkung im Ober-Pliozän und Pleistozän übereinstimmt. In diesem Zusammenhang sei auch die relativ starke seismische Aktivität des Grabens erwähnt, die zum Beispiel im Jahre 1356 zu dem heftigsten Erdbeben im außeralpinen Mitteleuropa mit der Zerstörung Basels geführt hat. Ferner ist
 der Wärmefluß im Graben erheblich beschleunigt und entspricht

nahe den Randverwerfungen einem geothermischen Gradienten von max. 125 °/km. Hiermit hängt das Auftreten von Thermen entlang den westlichen und östlichen Grabenrändern zusammen. Die synsedimentäre Bildung der internen Graben- und Horstschollen konnte durch Erdöl- und Kalibohrungen weitgehend aufgeklärt werden, worauf wir am Beispiel des südlichsten Oberrhein-Grabens hinweisen wollen (vgl. Karte Abb. 36). Hier schaltet sich der Horst von Mühlhausen als zentrale Hochscholle zwischen einen entlang den Vogesen nach SW verlaufenden Teilgraben und einen entlang dem Schwarzwald verlaufenden östlichen Teilgraben. Nördlich schließt sich an den Horst das sogenannte »Kalibecken« an. Diese Strukturen haben sich ausweislich der Mächtigkeiten und Fazies im Laufe von Ober-Eozän und Unter-Oligozän gebildet (*J. Blumenroeder* 1954). Wir begnügen uns mit der Angabe, daß sich in der genannten Zeit auf dem Mühlhauser Horst etwa 300 m Sedimente ohne Salze, im Kalibecken aber etwa 1800 m mit mehreren 100 m Salz abgelagert haben. In den beiden Becken beiderseits des Horstes herrschten ähnliche, wenn auch nicht so extreme Verhältnisse wie im Kalibecken.

Vergleichen wir die tertiären Bewegungsvorgänge des Oberrhein-Grabens mit denen anderer Gräben in der Mittelmeer-Mjösen-Zone, so zeigen sich prinzipielle Ähnlichkeiten. Die Bewegungen »voneinander weg« betragen beim Leinetal-Graben 3 bis 4 km, bei den Cevennen (Rhône-Graben) 2 bis 4 km (*G. Richter-Bernburg* 1968). Von Niedersachsen bis zum Rhône-Graben werden allgemein Linksseitenverschiebungen angenommen. Die rheinischen Störungen des südlichen Oberrhein-Grabens lassen sich in den Faltenjura hinein verfolgen und sind dort ebenfalls Linksseitenverschiebungen. So ist es verständlich, wenn *H. Stille* in seinen Vorlesungen zu sagen pflegte: »An der Mittelmeer-Mjösen-Zone geht Europa aus dem Leim.«

H. Illies (1965) ist bei seinen vergleichenden Untersuchungen über die Gräben der Mittelmeer-Mjösen-Zone, Ostafrikas und des Nahen Ostens zu dem Ergebnis gekommen, »daß die Bauformel des Rheingrabens zum allgemeingültigen Strukturmodell erhoben werden konnte«. Einen Schritt weiter als beim Oberrhein-Graben ist die tektonische Entwicklung des Roten Meer-Grabens gegangen. Hier spricht alles dafür, daß Afrika und Arabien etwa seit dem Miozän auseinanderweichen, mit anderen

Worten: daß eine Kontinentaldrift im Gange ist. Die Möglichkeit, daß mit den Gräben im Zuge der Mittelmeer-Mjösen-Zone eine Kontinentaldrift eingeleitet wird, muß demnach in Betracht gezogen werden.

6.2 Das post-variszische Deckgebirge Ost-Englands (Abb. 9)

Das östliche England von der Kanalküste bei Torquay bis zur Nordseeküste bei Newcastle nehmen Schichten vom Perm bis zum Tertiär ein (Abb. 9), die im allgemeinen flach liegen oder nur relativ schwach gefaltet sind. Sie bilden das Deckgebirge über Kaledoniden im N und W, Variszikum im S und dem fraglichen Ausläufer Fennosarmatias in Mittelengland. Die westlichen Randgebiete dieses Sedimentationsraumes sind Cornwall-Devonshire im SW, Wales und die Pennine-Achse. Von hier senkt sich die Grundgebirgsoberfläche generell nach E zur Nordsee beziehungsweise zum Ärmelkanal. Dabei ist eine ausgesprochene Hochlage des Grundgebirges (etwa 300 m unter NN) im Bereich der »London Platform« zu beobachten. N' davon sinkt es an der Nordküste bis 1500 m, an der Kanalküste bei der Insel Wight über 3000 m tief ab (*A. K. Wells* & *J. F. Kirkaldy* 1967).

Wie in weiten Teilen Mitteleuropas beginnt auch in England das postvariszische Deckgebirge mit roten festländischen Klastika. Hier wie dort bereitet ihre geologische Datierung naturgemäß die gleichen Schwierigkeiten. Die ältesten Anteile sind als höchstes Ober-Karbon, die jüngsten als Ober-Trias bestimmt worden. So blieb in manchen Fällen tatsächlich nichts anderes übrig, als die ganze Serie »New Red Sandstone« zu nennen.

Anders liegen die Dinge N' der London Platform, wo das Zechstein-Meer bis an die Pennine-Achse ingredieren konnte. Hier, vor allem in Yorkshire, befindet sich der W-Rand des ostenglischen Zechstein-Beckens, dessen Zentrum in der westlichen Nordsee liegt (*K. Hinz* 1968). Insofern hat also auch in England die postvariszische Beckenentwicklung mit der Ingression des Zechstein-Meeres begonnen, und zwar in das Becken N' der London Platform.

 Bevor wir uns mit diesem und der weiteren mesozoisch-tertiären

Entwicklung Ost-Englands beschäftigen, wollen wir beachten, daß das Zechstein-Meer N' der Pennine-Achse bis in die Küstengebiete der Irischen See vorgedrungen war (Abb. 9). In der Trias bildeten sich hier sogar besonders stark sinkende Sedimentbecken, deren Buntsandstein (»Bunter«) in Lancashire fast 1000 m, deren Keuper in Cheshire etwa 1500 m mächtig werden kann. Nach geophysikalischen Befunden muß sogar damit gerechnet werden, daß die Perm- und Trias-Vorkommen an der W-englischen Küste nur die Ränder von Sedimentbecken darstellen, deren Zentren in der Irischen See liegen (*M. H. P. Bott* 1968). Daß mariner Zechstein in Nord-Irland bei Belfast vorkommt, spricht für diese Annahme.

Im Yorkshire-Becken ingredierte das *Zechstein-Meer* mit dem »Marl Slate«, einem Äquivalent des deutschen Kupferschiefers, und der »Magnesian Limestone« entspricht dem Zechstein-Kalk. Noch auf englischem Boden schalten sich beckenwärts, also zur Nordsee hin, zunächst Steinsalz, dann Kalisalze ein.

Die Trias ist in weitesten Teilen der Britischen Inseln verbreitet und mit ihr beginnt das eigentliche postvariszische Deckgebirge. Das Muschelkalk-Meer hat England nicht berührt, so daß Buntsandstein und Keuper unmittelbar aufeinanderfolgen und wegen der notorischen Fossilarmut kaum zu trennen sind. Als »Bunter« werden daher Sandsteine und Konglomerate, als »Keuper« feinkörnige Psammite bis Pelite bezeichnet.

Wie in Mitteleuropa und im Pariser Becken beendete die *Lias-Ingression* auch in England die triadische Festlandszeit. Vom Nordsee-Becken her drang das Meer in Yorkshire ein und stieß W' der London Platform nach S-England und bis in das Pariser Becken vor. Dies war ein ähnlicher Vorgang wie die Ingression des Zechstein-Meeres aus dem Nordsee-Becken nach Mitteleuropa. Die Zechstein-Ingression wurde in der Hauptsache E' der Ardennisch-Rheinischen Massive durch die Hessische Straße nach Süd-Deutschland gelenkt, die Lias-Ingression dagegen konnte außerdem auch W' dieser Massive weit nach S, nämlich in das Pariser Becken, vordringen. Auch der W Schottlands, die englischen Küstengebiete an der Irischen See und NE-Irland waren überflutet. Die jurassischen Festlandsräume der Britischen Inseln verteilten sich also folgendermaßen: Ein meridionales Hochgebiet erstreckte sich von Schottland bis in die Pennine-Achse; Wales und Cornwall-Devonshire hingen möglicherweise mit dem größten Teil Irlands zusammen, wobei allerdings die Verbindung über die Irische See fraglich ist (s. oben); in SE-England existierte die London Platform.

Am besten ausgebildet und durch klassische Lokalitäten wohlbekannt ist der Jura Englands von der Kanalküste bis zur Nordsee-Küste in Yorkshire, also S' und N' der London Platform. Nur mit diesem Jura werden wir uns beschäftigen. Zahlreiche Begriffe der Jura-Stratigraphie stammen von hier, und manche sind schon von dem ältesten Pionier der englischen Stratigraphie, *William Smith*, um 1800 geprägt worden. Berühmt sind vor allem die hervorragenden Aufschlüsse an den Steilküsten des Ärmelkanals.

Im wesentlichen aus dunklen Mergeln und Kalken bestehend ist der *Lias* im ganzen in Rede stehenden Verbreitungsgebiet ziemlich gleichmäßig in flach-epikontinentaler Fazies ausgebildet. In Yorkshire sind bauwürdige Eisenoolithe eingeschaltet (Cleveland district). Die Randgebiete machen sich nur wenig bemerkbar und haben im wesentlichen feine Materialien geliefert, nur im Oberen Lias sind Sande stärker verbreitet. Zur London Platform hin, deren W-Ende zu dieser Zeit nicht weit W' von London gelegen haben dürfte, keilt der Lias aus.

Das Typusgebiet des englischen *Dogger* sind die Cotswold Hills, das Quellgebiet der Themse. Hier bauen »Inferior Oolite« und »Great Oolite« – überwiegend oolithische Kalke – eine etwa 200 m hohe Schichtstufe über der Lias-Verebnung auf. Die oberen Teile des Inferior Oolite, die dem Ober-Bajocien entsprechen, transgredieren weithin und greifen an den Beckenrändern bis auf das Paläozoikum über, Verhältnisse, wie sie auch am Rande des Pariser Beckens gegen das Armorikanische Massiv herrschen. Im Gegensatz zu der Cephalopoden-Fazies des Lias zeichnet sich der Inferior Oolite durch seine reichen benthonischen Faunen aus. Im Prinzip ist der Great Oolite ähnlich ausgebildet. Sowohl nach S als auch nach N verändert sich die Cotswold-Entwicklung erheblich: Zur Kanal-Küste dünnt der Inferior Oolite stark aus, und der Great Oolite wird überwiegend pelitisch. Nach N, in Northamptonshire, nimmt der Dogger an Mächtigkeit stark ab, und es schalten sich Delta-Sedimente ein, die als Ablagerungen der nördlichen London Platform gelten. An der Dogger-Basis liegt hier die »Northampton Sand and Ironstone Formation«, Chamosit-Oolithe in Siderit-Matrix, die gegenwärtig die wichtigste Eisenerz-Formation Großbritanniens darstellt. Ein völlig anderes Bild bietet der Dogger weiter N' in Yorkshire: Hier herrschen die »Estuarine Series« mit Sandsteinen, Schiefertonen und dünnen Kohlenflözen, die heute als Delta-Sedimente aufgefaßt werden. Sie sind von Flüssen aufgeschüttet worden, die aus den Hochgebieten Schottlands und der Pennine-Achse kamen.

Den *Ober-Jura* darf man als eine typisch englische Formation bezeichnen, liegen doch die namengebenden Lokalitäten für die Stufen des Oxford, Kimmeridge, Portland und Purbeck in Süd-England und die klassischen Aufschlüsse an der Steilküste des Kanals.

Ähnlich Mitteleuropa und Pariser Becken wird der englische Ober-Jura vorzugsweise aus Tonen und Kalken aufgebaut. »Oxford Clay« und »Kimmeridge Clay« sind je einige 100 m mächtig und werden durch die Sandsteine, Kalkoolithe und Riffkalke der »Corallian Beds« getrennt. Auf den Kimmeridge Clay folgen die Sande, Mergel und Kalke des Portland. Das Purbeck ist eine Übergangsfazies von mariner über brackische zu festländischer Sedimentation.

Mit Beginn des Ober-Jura setzten sich zunächst die marinen Verhältnisse wieder allgemein durch, so daß auch die Delta-Bildungen in Yorkshire unter den Meeresspiegel gerieten. Wohl aber spielte die London Platform ihre Rolle als relatives Hochgebiet und Faziesscheide weiter: Der Oxford Clay geht in Yorkshire in eisenhaltige Sandsteine und oolithische Kalke über, deren Fauna russische Anklänge hat. In Kent sind die Corallian Beds zum Teil als Riffkalke am S-Saum der London Platform ausgebildet. Der Kimmeridge Clay ist an der Kanalküste etwa 500 m mächtig, nimmt über der Platform auf 35 m ab, um in Yorkshire wieder auf 120 m zuzunehmen.

In der *Unter-Kreide* wirkte sich die London Platform paläogeographisch sehr deutlich aus. An ihrer S-Seite setzte sich nämlich die nichtmarine Purbeck-Sedimentation fort, und zwar in Form der Wealden Beds. Erst in der höheren Unter-Kreide (Apt-Stufe) kam es hier wieder zu marinen Verhältnissen (»Lower Greensand«). N' der Platform dagegen ist die ganze Unter-Kreide marin entwickelt.

Die Wealden Beds bestehen aus Sandsteinen mit Geröllagen und Tonen und stellen Delta-Schüttungen von der London Platform

in das südlich angrenzende Becken beziehungsweise dessen limnische Sedimente dar (*P. Allen* 1954). Das Geröllmaterial enthält außer mesozoischen auch paläozoische Komponenten, so daß in der Platform das Paläozoikum entblößt gewesen sein muß. Überdies haben Bohrungen das Übergreifen der Wealden Beds von S nach N bis auf Paläozoikum erwiesen. Die max. Mächtigkeiten des Wealden beläuft sich auf etwa 750 m.
Die *Mittel-Kreide* (Alb-Stufe) war eine ausgesprochene Transgressionszeit, in der das Meer sowohl weit nach W (Devonshire und W-Dorsetshire) als auch in der London Platform bis auf Paläozoikum übergriff. Die typischen Transgressions-Sedimente sind der »Gault Clay« und der »Upper Greensand«, dieser als Fazies der westlichen randnahen Gebiete. Unter diesen beiden liegt die ausgeprägteste Diskordanz in der ganzen mesozoischen Schichtfolge, Ausdruck von Schollenbewegungen an der Wende Jura/Kreide und in der Unter-Kreide.
Die *Ober-Kreide* besteht ganz überwiegend aus typischen weißen Kalken (Chalk) mit Hornsteinlagen: »It is regarded by many as being typically English, for it is the Chalk cliffs of Kent or of the Isle of Wight that are first sighted by travellers entering our southern ports« (*A. K. Wells* & *J. F. Kirkaldy* 1967). Auch auf dem Festland bilden diese etwa 300 m mächtigen Gesteine deutlich Schichtstufen. Der Chalk ist zum großen Teil aus Foraminiferen- und Coccolithen-Schlammen entstanden und enthält nur ganz wenig terrigene Komponenten.
Der Beginn der Chalk-Sedimentation entspricht der weit verbreiteten Cenoman-Transgression, die wir im norddeutschen Anteil des Saxonischen Beckens, im Pariser Becken und im größten Teil der Britischen Inseln feststellen. Die Grenzen des Chalk-Meeres lassen sich daher nur an einigen wenigen Stellen rekonstruieren, wo glaukonitisch-sandige Randfazies vorkommen, so in E-Devonshire, NE-Irland und West-Schottland. Die Sedimentation reichte bis in das Unter-Maestricht, allerdings sind im Ärmelkanal Ober-Maestricht und die Dänische Stufe (Dan) nachgewiesen.
Die Kreide/Tertiär-Grenze bedeutet wiederum einen merklichen Einschnitt in der geologischen Entwicklung Englands: Nämlich die Regression des Chalk-Meeres, tektonische Bewegungen, Ingression des Eozän-Meeres mit übergreifender Lagerung seiner basalen Sedimente. Die ungefähre W-Grenze des eozänen Sedi-

mentationsraumes verläuft von The Wash an der Nordsee bis Torquay an der Kanalküste. Dieser Raum gehörte zum Anglo-Gallischen Becken, von dem wir das Pariser Becken noch besprechen werden. Mit den Vorkommen in Nord-Deutschland und Dänemark stellen alle diese eozänen Sedimentationsräume Teile des großen damaligen Nordsee-Beckens dar. In England sind sie durch die Weald-Antiklinale in das Londoner und das Hampshire-Becken getrennt.

Das Eozän der beiden englischen Becken wird durch mehrere In- und Regressionen gegliedert, ähnlich wie wir es vom Pariser Becken kennen. Dies hat zu einer zyklischen Sedimentationsabfolge geführt, wobei jeder Zyklus von E nach W die Faziesreihe: marin – Delta – fluviatil aufzeigt. Das eozäne Londoner Becken zeichnete mit seinen Grenzen bereits die heutige Themse-Niederung vor. Das verbreitetste marine Sediment ist der »London Clay«, der an der Themse-Mündung etwa 180 m, W' von London etwa 90 m und 150 km W' der Themse-Mündung am Rande des Eozän-Meeres nur noch etwa 1 m mächtig ist. Am Ende des Eozän zog sich das Nordmeer zunächst völlig aus England zurück. Das Oligozän ist überwiegend festländisch ausgebildet und nur im Hampshire-Becken vorhanden.

Kräftige tektonische Bewegungen nach dem Oligozän (s. unten) hatten lang dauernde Verlandung und Abtragung der Alttertiär-Becken zur Folge, so daß erst das Pliozän-Meer wieder ingredieren konnte. Die jüngsten marinen Sedimente auf englischem Boden finden sich in Norfolk und Suffolk (East Anglia), nämlich die sogenannten »Crags«, die hauptsächlich aus Trümmern von Kalkschalen, Sand und Kies bestehen. Innerhalb der Crags wird die Grenze zwischen Pliozän und Pleistozän angenommen. Der Coralline Crag enthält noch Fossilien wärmeliebender Organismen, der Red Crag aber zunehmend solche der heutigen Arktis: Vorboten der nahenden Eiszeit.

Im süd-englischen Deckgebirge sind tektonische Bewegungen seit der Wende Jura/Kreide anzunehmen. In der höheren Unterkreide führten sie schließlich zu Faltenstrukturen, deren Achsen etwa E-W verlaufen, das heißt posthum zu den variszischen Achsen, wie sie in Dorsetshire, Devonshire und Somerset unter dem Deckgebirge auftauchen. In diese Falten ist Wealden miteinbezogen, während Mittel-Kreide diskordant aufliegt. Die nächsten stärkeren Bewegungen erfolgten nach der Chalk-Sedimentation und vor dem Eozän. Hierbei wurde vor allem die trennende Schwelle zwischen Londoner und Hampshire-Becken herausgehoben: die Weald-Antiklinale. Relativ starke Faltungen ereigneten sich, wie oben gesagt, nach dem Oligozän und vor der Pliozän-Ingression. Im allgemeinen waren die Faltungen zwar nur flachwellig, aber lokal steigerten sie sich zu Steilstellungen und Überschiebungen.

Die Vergenzen sind generell gegen N gerichtet – auch dies wie im süd-englischen Variszikum. – Die Weald-Antiklinale wurde durch die tertiären Faltungen zu einem Antiklinorium von etwa 200 km Länge und 80 km Breite ausgestaltet. Die Schichtstufe des Chalk markiert morphologisch das Antiklinorium, dessen Kern im wesentlichen aus Wealden Beds besteht. Sein östliches Ende liegt jenseits des Kanals im Boulonnais (vgl. S. 282). Im Pliozän-Meer bildete das Antiklinorium eine Insel zwischen Londoner und Hampshire-Becken.

Anhangsweise sei noch kurz auf den eozänen Basalt-Vulkanismus der Britischen Inseln hingewiesen. NE-Irland und West-Schottland gehören mit den Färöer-Inseln, Island, Jan Mayen und Grönland zu der riesigen nord-atlantischen Vulkanprovinz (»Thule«). Fast durchweg sind basische Magmen, und zwar in Form von Plateau-Basalten, gefördert worden. Auf der Insel Mull sind davon noch fast 2000 m erhalten geblieben. In Zusammenhang damit stehen gabbroide und granitische Plutonite, die radiometrisch als etwa 60 m. y. alt datiert werden konnten. In der Schlußphase des Vulkanismus entstanden ganze Scharen von basischen Gängen, die im allgemeinen NW-SE verlaufen und bis nach Nord-Wales und in die englischen Midlands zu verfolgen sind.

6.3 Das Pariser Becken

In geologischem Sinne ist das Pariser Becken eine ganz flache Schüssel mesozoischer und tertiärer Schichten, die sich fast allseits unter geringen Fallwinkeln älteren Massiven auflegt. Im NE und N sind dies die variszischen Ardennen beziehungsweise deren westliche Fortsetzung, die unter Kreide-Tertiär-Bedeckung im Boulonnais wieder zutage tritt. Im E bilden die Vogesen den

Beckenrand, im S das Zentralmassiv und im W das Armorikanische. Aus den schüsselförmig gelagerten Schichten hat die exogene Dynamik typische Schichtstufenlandschaften herauspräpariert – spiegelbildlich zu jenen SW-Deutschlands.
So einheitlich, wie eine geologische Karte das Pariser Becken erscheinen läßt, ist es nach seiner Entwicklung nicht, auch wenn wir den vormesozoischen Untergrund zunächst außer Betracht lassen. Die peripheren und damit ältesten Schichten des Beckens gehören in die Trias. In breitem Ausstrich mit Buntsandstein, Muschelkalk und Keuper treten sie nur im E, in Lothringen, auf. Hier aber bilden sie den W-Rand des süddeutschen Triasbeckens (vgl. Karte Abb. 36). Erst durch die tertiäre Hebung der Vogesen bekam die lothringische Trias ihre Neigung nach W und wurde damit Bestandteil des Pariser Beckens. Im eigentlichen Pariser Becken ist nur der Keuper weiter verbreitet.
In etwa seinem heutigen Rahmen existiert das Pariser Becken seit der Transgression des Lias-Meeres. Denn überall an den Beckenrändern und, durch Bohrungen nachgewiesen, auch im Beckeninneren ist mariner Lias vorhanden. Enge Beziehungen herrschten während der ganzen Jura-Zeit zum englischen Becken.
Wieder eine andere Situation zeigt die Unter-Kreide. Dieses Meer kam von S aus der Tethys und ingredierte zwischen dem Morvan und den Vogesen in das Pariser Becken. Hierbei dürfte die Rhône-Depression, also die südliche Mittelmeer-Mjösen-Zone, mit im Spiel gewesen sein.
Im Tertiär schließlich war das Pariser Becken erneut nach N geöffnet und stand in Verbindung mit dem belgischen und den SE-englischen Becken (Londoner und Hampshire-Becken).
Was die schüsselförmige Großstruktur der Oberfläche ebenfalls eher verbirgt, ist die »innere Anatomie« des Beckens. Diese aber beruht in ihren Grundzügen auf variszischen Erbanlagen, und mit ihnen haben wir uns daher zunächst zu befassen.

6.3.1 Das vormesozoische Grundgebirge

Nördlich und südlich des Pariser Beckens vollzieht sich das Umbiegen der Grundgebirgsstrukturen aus der erzgebirgischen Richtung in die armorikanische (Abb. 20, 13). Im südlichen

Beckenrahmen zeigen dies Vogesen-Morvan (erzgebirgisch) und westliches Zentralmassiv-Armorikanisches Massiv in aller Deutlichkeit. Im nördlichen Beckenrahmen verlaufen die Ardennen erzgebirgisch, biegen aber noch in Belgien in die E–W-Richtung um. Ihre Fortsetzung in Nord-Frankreich ist von Kreide und Tertiär bedeckt, aber vor allem durch den Steinkohlenbergbau weiß man, daß die Subvariszische Saumtiefe und die variszischen Strukturen Belgiens in armorikanischer Richtung zum Boulonnais fortstreichen. Das relativ dichte Bohrnetz im Pariser Becken hat nun weiterhin ergeben, daß in seinem Untergrund eine breite Kristallinzone, vorwiegend aus Gneisen und Glimmerschiefern bestehend, ebenfalls den großen erzgebirgisch-armorikanischen Bogen andeutet (*M.-J. Lienhardt* 1961). Unter dem östlichen Becken scheint sie nach NE in die Mitteldeutsche Kristallinzone fortzusetzen, etwa unter dem Beckenzentrum wechselt sie in die armorikanische Richtung und verläuft NE' an Paris und Rouen vorbei auf die Kanalküste zu. Beiderseits der Kristallinzone haben die Bohrungen Gesteinsserien angetroffen, die einerseits den Ardennen, andererseits dem Zentralmassiv beziehungsweise dem Armorikanischen Massiv zugeordnet werden können.

Die Isopachen des kontinentalen Perm (Rotliegend) zeichnen den Bogen oder vielleicht besser: den Winkel der Grundgebirgsstrukturen nach (*M.-J. Lienhardt* 1961). Die Rotliegend-Tröge des Pariser Beckens verlaufen also posthum zu den Grundgebirgsstrukturen, wie es postorogene Innensenken zu tun pflegen. Überraschend ist aber dabei, daß sich die NE–SW verlaufende Becken- und Schwellengliederung des Saarlandes bis in die Gegend S' von Paris verfolgen läßt. Im Prinzip handelt es sich um die Fortsetzungen des Saarbrücker Hauptsattels und der ihn im NW und SE begleitenden Rotliegend-Becken. Besonderes Interesse verdient das südöstliche Becken, das sich aus dem Raum zwischen Saarbrücker Hauptsattel und Vogesen nach WSW bis über die Loire hinaus erstreckt und in seinem Kern > 1500 m Sedimente aufgenommen hat. Im Gebiet von Paris treten dann – weniger deutlich – permische Becken und Schwellen auf, die in armorikanischer Richtung zur Kanalküste ziehen.

6.3.2 Die mesozoisch-tertiäre Beckenfüllung

Unter der sehr wahrscheinlichen Annahme, daß die permischen Reliefunterschiede bis zum Ende der Permzeit im wesentlichen ausgeglichen waren, können wir das Resultat der mesozoisch-tertiären Beckenbildung an der Tiefenlage und Konfiguration der Permoberfläche ablesen (*M.-J. Lienhardt* 1961). Danach liegt das Beckenzentrum etwa 80 km E' von Paris bei einer Tiefe der Permoberfläche von 3000 m unter NN. Dementsprechend beträgt die max. Mächtigkeit von Mesozoikum und Tertiär etwa 3000 m, also ungefähr die Hälfte der Maximalmächtigkeiten im Saxonischen Becken NW-Deutschlands. Die 2000 m-Tiefenlinie der Permoberkante umgrenzt einen grob gesehen rundlichen Raum zwischen Paris im W, Châlons-sur-Marne im E, Soissons im N und Sens im S. Dies ist etwa der Raum, in dem die erzgebirgisch und armorikanisch gerichteten Grundgebirgselemente ineinander umbiegen beziehungsweise aufeinander treffen. Dieses Umbiegen deuten auch die Antiklinalen und Synklinalen im Tertiär des Pariser Beckens an (*Ch. Pomerol* 1967).

Und es ist schließlich der Raum, in dem sich die heutigen Bruchstrukturen armorikanischer, erzgebirgischer und meridionaler (aus dem Zentralmassiv kommender) Richtungen kreuzen. Abseits des Beckenzentrums verlaufen die Tiefenlinien der Permoberkante im S in erzgebirgischer Richtung, zwischen Armorikanischem Massiv und Boulonnais in armorikanischer Richtung. Alle diese Befunde besagen, daß sich die variszischen Erbanlagen richtungsmäßig auch noch während der mesozoisch-tertiären Beckenbildung ausgewirkt haben. Im E des Pariser Beckens machten sich Einflüsse der Mittelmeer-Mjösen-Zone bemerkbar.

Bei der Frage nach dem Vorkommen triadischer Sedimente im Bereich des Pariser Beckens steht man naturgemäß vor der Schwierigkeit, daß eventuelle triadische Anteile des »Rotliegend« kaum mit Sicherheit als solche zu erkennen sind. Immerhin scheint es so, daß es außerhalb Lothringens keine vollständig ausgebildete Trias gibt.

Die *lothringische Trias* bildet mit ihrem Buntsandstein, Muschelkalk und Keuper den W-Teil des süddeutschen Beckens. In den von *J. Fourmentraux* et al. (1959) veröffentlichten Fazies- und Isopachenkarten zeichnen sich vor allem zwei konstante paläogeographische Elemente ab. Eine Gruppe von Sedimentationsmaxima ordnet sich in meridionaler Richtung im Bereich der oberen Mosel an und liegt damit im Zuge von Eifel- (Luxemburg) Lothringischer und Rhône-Depression, mit anderen Worten: im Zuge der westlichen Mittelmeer-Mjösen-Zone. Im Keuper wird die Lothringische Depression durch die relativ mächtigen Salzablagerungen von Château-Salins unterstrichen. Vom lothringischen Sedimentationsraum erstrecken sich Ausläufer in südwestlicher Richtung bis über die obere Seine beziehungsweise nördlich davon bis über die mittlere Marne. Sie wiederholen damit $\pm$ die Anlage der Rotliegend-Becken in Fortsetzung der saarländischen (s. oben). Die salinare Fazies des Keuper erreicht sogar das Gebiet von Paris (*J. Ricour* 1963).

Aber erst das *Lias-Meer* ingredierte praktisch in den gesamten Raum des Pariser Beckens und verleibte es dem englischen bzw. nordatlantischen Meeresbereich ein. Man kennt den Lias fast überall in den Randgebieten, und in ähnlich kalkig-mergeliger Fazies, die viele Übereinstimmungen mit Schwaben besitzt, ist er auch durch Bohrungen im Beckeninneren nachgewiesen. In den Ardennen, im Armorikanischen und im Zentralmassiv greift der Lias vielfach unter Ausfall der Trias auf das Grundgebirge über, und zwar mit verschiedenen Stufen. Neritische beziehungsweise litorale Fazies, Emersionserscheinungen und sandige Einschwemmungen mit Landpflanzen unterstreichen die Lage der Lias-Küsten. (Die Vogesen waren im Jura nicht Festland, sondern von den Meeren bedeckt!) Im Zuge der Eifel- und Lothringischen Depression wurden in Luxemburg während des Unter-Lias bis zu 100 m mächtige Deltasande in den Randbereich des Pariser Beckens eingeschüttet (*J. Bintz* & *A. Muller* 1966, *R. Monteyne* 1960).

Während des *Dogger* änderten sich die paläogeographischen Verhältnisse des Beckens nicht wesentlich. Allerdings gab es im Armorikanischen Massiv erneut Transgressionen sogar bis auf das Grundgebirge. Klassische Gebiete der Dogger-Stratigraphie sind die Steilküsten der Normandie, wo zum Beispiel die Stadt Bayeux dem »Bajocien« (Dogger γ – unterstes ε) den Namen gegeben hat. Typisch sind Bildungen des flachen Schelfes in Form von organogenen Schuttsedimenten, Oolithen, Schwammrasen und Riffkalken. Letztere spielen auch in Lothringen eine wichtige Rolle. Im Raume der Lothringischen Depression bildeten sich zwischen Nancy und dem südlichen Luxemburg die

Eisenoolithe (»Minette«) des Unter-Dogger. Mit über 6 Milliarden to geschätzter Erzvorräte und etwa 4/5 der Eisenerzförderung (64 Millionen to i. J. 1964) gehören sie zu den wichtigsten Rohstoffbasen der EWG (*H. Rolshoven* 1966).

Der *Ober-Jura* des Pariser Beckens ist vorwiegend kalkig-mergelig ausgebildet. Die Randgebiete werden von Korallenkalken bzw. Sandeinschüttungen gesäumt. Die Tiefbohrungen vermitteln ein besonders eindrucksvolles Bild der generellen Mächtigkeitszunahme gerade des Ober-Jura allseits aus den Randgebieten zu dem zentralen Beckenraum, den wir eingangs mit der 2000 m-Tiefenlinie der Perm-Oberfläche beschrieben haben (*J. Lardenois* & *O. Serra* 1967). Im Verlaufe des Ober-Jura wurde die langdauernde Senkungstendenz des Pariser Beckens unterbrochen. Es kam zu Verlandungen mit brackischer und untergeordnet auch salinarer Sedimentation – Schichtfolgen, die als »Purbeck« bezeichnet werden – schließlich auch zu Hebungen und Denudation, so daß die Unter-Kreide überall ± diskordant aufliegt.

Das *Unter-Kreide-Meer* ingredierte von S kommend durch die Senke zwischen Morvan und Vogesen in das Pariser Becken. Wieder ist in den traditionellen Randgebieten das schrittweise Übergreifen immer jüngerer Stufen in zunehmend sandiger Fazies zu beobachten. Erst in der Mittelkreise (Alb) war das gesamte Becken wieder vom Meere erobert. Im Untergrund von Paris und in Nord-Frankreich besteht die Unter-Kreide zum größten Teil aus festländischen Sanden und Tonen, dem sogenannten »Wealden«. Der Wealden greift über den eigentlichen Rand des Pariser Beckens hinweg und überdeckt zum Teil bereits das N-französische Steinkohlenbecken im Zuge der Subvariszischen Saumtiefe. In den Wealden-Bereich ingredierte das Meer erst in der jüngsten Unterkreide, nämlich in der Apt-Stufe.

Während der *Ober-Kreide-Zeit* stand das Pariser Becken in Verbindungen mit der Tethys durch die Straße zwischen Morvan und Vogesen, mit dem Aquitanischen Becken durch die Straße des Poitou zwischen Armorikanischem und Zentralmassiv, mit dem Atlantik nördlich vom Armorikanischen Massiv und schließlich mit dem englischen Kreide-Becken. Die fossilreichen Schichten bei Le Mans und bei Tours (Touraine) haben dem Cenoman und dem Turon die Namen gegeben. Während des Cenoman lassen sich im W und NE noch glaukonitisch-sandige

Randfazies von der kalkig-mergeligen Beckenfazies unterscheiden. Im französisch-belgischen Steinkohlengebiet bilden die zum Teil konglomeratischen Ablagerungen des transgredierenden Cenoman vielfach die Basis des Deckgebirges. In der höheren Ober-Kreide werden die faziellen Unterschiede zwischen Rändern und Becken immer geringer, bis schließlich im Senon überall die weiße Kreide mit Silexknollen herrscht. Diese Entwicklung drückt das Aufhören der Beckensenkung und die weitgehende Nivellierung von Becken und Rändern aus, so daß gegen Ende der Ober-Kreide die Sedimentation abbricht.

In diese flache Kreide-Tafel, die – ähnlich wie die SW-deutsche Oberjura-Tafel – nur wenig über dem Meeresspiegel lag, ingredierte während des *Alttertiär* mehrmalig in kurzen Vorstößen das Nordmeer. Für solche »kurzatmigen« In- und Regressionen genügten bereits geringe Schwankungen des Meeresspiegels oder des Festlandes sowie schwächere oder stärkere Sedimentschüttungen von den traditionellen Randgebieten des Pariser Beckens. Eine gewisse Steuerung der Ingressionen durch die tektonischen Grundrichtungen des Beckens ist unverkennbar. Am deutlichsten wohl bei der ersten Ingression an der Wende Kreide/Tertiär (im Dano-Montien, *Ch. Pomerol* 1967), die von NW kommend in armorikanischer Richtung beiderseits der Seine vorstieß und dann einen erzgebirgischen Meeresarm in Richtung Epernay ausbildete.

Die alttertiären Ingressionen waren nicht nur viel kürzer als die jurassischen und kretazischen, sondern auch räumlich viel beschränkter. Sie überschritten die Seine nach S nur zum Teil, ihre E-Grenze lag etwa bei Epernay-Reims und zog von dort nordwärts zum W-Rand der Ardennen. Außerhalb dieses Rahmens bis zu den Grundgebirgsmassiven herrschte Abtragung oder lagunäre-festländische Sedimentation, die sich in zum Teil schwer durchschaubarer Weise mit der marinen verzahnt. Für die Begrenzung und innere Gliederung, für Fazies und Mächtigkeiten spielten synsedimentäre Antiklinalen und Synklinalen eine entscheidende Rolle. Unter ihnen ist besonders die *Antiklinale des Artois* hervorzuheben, die vom Boulonnais in armorikanischer Richtung nach SE zu den Ardennen verläuft. Sie unterbrach vom Mittel-Eozän ab die Verbindung des Belgischen mit dem Pariser Becken und bildete fortan dessen N-Grenze. Diese Antiklinale
 ist ein klassisches Beispiel für tektonische Posthumität. In der

variszischen Orogenese lag in ihrem Bereich die Fortsetzung der ardennischen Strukturen, an der Wende Jura/Kreide entstand hier eine Antiklinale gleichen Verlaufes, die sich nach SE-England fortsetzte (Weald-Antiklinale, s. S. 276), im Eozän wurden die Hebungsbewegungen erneut belebt – auch in der Weald-Antiklinale – und führten dadurch zur Trennung des Pariser vom Belgischen Becken und des Londoner vom Hampshire-Becken (vgl. S. 276). Eine weitere wichtige synsedimentäre Antiklinale des Alttertiär ist diejenige des Pays de Bray NW' von Paris, in deren Kern heute Ober-Jura zutage tritt.
Die obereozänen Ingressionen und auch die letzte im Unter-Oligozän deuteten bereits mit ihren Umgrenzungen den Verlauf der Seine und ihrer Zuflüsse im Bereich der Île de France an. Seit dem Ober-Oligozän ist das Pariser Becken festländisch geblieben, abgesehen von einer miozänen Ingression des Atlantiks in den Bereich des unteren und mittleren Loire-Tales.
Aus den terrestrischen Schichten des Pariser Beckens wurden schon im vorigen Jahrhundert die berühmten fossilen Säugetiere geborgen. Nicht zuletzt auf diesen Funden beruhen die grundlegenden Arbeiten *G. Cuvier*'s zur Wirbeltierpaläontologie (Recherches sur les ossemens fossiles de quadrupèdes, Paris 1812), allerdings auch seine Vorstellungen über die mehrfachen Neuschöpfungen unterschiedlicher Faunen, die nicht durch Bindeglieder verknüpft sein sollten. Im Hinblick auf den mehrfachen Wechsel mariner und terrestrischer Verhältnisse im Pariser Becken entsprach diese Vorstellung den damals bekannten Tatsachen.

6.4 Das Aquitanische Becken

Das Aquitanische Becken erfüllt den SW Frankreichs zwischen Armorikanischem und Zentralmassiv auf der einen und den Pyrenäen auf der anderen Seite (*F. Daguin* 1948). Das Deckgebirge über den variszischen Massiven beginnt am Rande gegen das südwestliche Zentralmassiv und in den Pyrenäen mit der Trias, örtlich auch bereits mit Perm. Durchgehende und größere Verbreitung hat dann erst das Juraband, vor allem entlang dem NE-Rand des Beckens. Abgesehen vom SE, und zwar N' der Montagne Noire, wird das ganze Becken von einem fast kontinuierlichen Saum kretazischer Schichten eingefaßt. Den weitesten Raum im Beckenzentrum nehmen tertiäre und pleistozäne Schichten ein.

Im N–S-Schnitt ist das Becken ausgesprochen asymmetrisch. (*H. Coustau* et al. 1969). So liegen die größten Mächtigkeiten mit etwa 10 000 m Mesozoikum und Tertiär am N-Rand der Pyrenäen. Hier befinden wir uns in der Vortiefe des alpidischen Pyrenäenorogens. Bis zum Mittellauf der Garonne etwa herrschen große Mächtigkeits- und Faziesschwankungen, die besonders die Unter-Kreide betreffen. Das ESE–WNW verlaufende Garonne-Tal markiert eine wichtige Strukturzone des Beckens, die im folgenden als »Garonne-Linie« bezeichnet wird. Ihre Lage in der Karte (Abb. 20) ist aus *H. Coustau* et. al. (1969, Fig. 2) übertragen. Als eine wesentliche Ursache für die stark wechselnden Verhältnisse zwischen Pyrenäen und Garonne-Linie gilt die Salztektonik des Triassalinars.

Innerhalb dieses südlichen Beckenteiles heben sich zwei Spezialbecken mit mächtiger Unter-Kreide ab, nämlich das von Lacq im S und das von Parentis im NW (SW Bordeaux). Beide werden in der Karte (Abb. 20) durch die 3500-m-Linie der Grundgebirgsoberfläche nachgezeichnet. Das Parentis-Becken ist bis heute das größte und einzige wichtige Erdölrevier Frankreichs, dasselbe gilt für Lacq als Erdgaslagerstätte.

Im nördlichen Beckenteil – jenseits der Garonne-Linie – nehmen die Mächtigkeiten stark ab, Jura und Ober-Kreide haben typisch epikontinentale Züge, Unter-Kreide fehlt ganz, das Tertiär ist überwiegend terrestrisch, und das Deckgebirge liegt flach auf dem allmählich nach N beziehungsweise NE auftauchenden Grundgebirge.

Von der Pyrenäen-Geosynklinale aus betrachtet war das Aquitanische Becken das weithin überflutete epikontinentale Vorland. Marine Verbindungen bestanden ferner nach N zum Pariser Becken durch die Straße des Poitou (zwischen Armorikanischem und Zentralmassiv) und nach SE zum Rhônebecken nördlich und südlich der Montagne Noire.

6.4.1 Die paläogeographische Entwicklung in Mesozoikum und Tertiär

Der Grundgebirgsrahmen des Aquitanischen Beckens gehörte zunächst zum postvariszischen Festlandsbereich. Soweit daher das mesozoische Deckgebirge schon mit der Trias beginnt, handelt es sich um ± bunte terrestrische Klastika. Diesen sind im südlichen Beckenteil basische Vulkanite (»Ophite«) und Salzgesteine eingeschaltet, welch letztere naturgemäß bei den tektonischen Deformationen eine bedeutende Rolle spielten.

Die Lias-Transgression erfaßte das gesamte Becken, das nach S in breiter Verbindung mit dem Pyrenäenmeer stand und nach N durch die Straße des Poitou mit dem Pariser Becken, nach SE mit dem Rhône-Becken kommunizierte. Die Juraplateaus der »Causses« im südlichen Zentralmassiv sind Zeugen dieser Meeresverbindung. Die variszischen Massive im N und NE bildeten von nun an die Küsten der mesozoischen Meere. Großenteils transgredierte daher das Liasmeer unmittelbar auf kristallines Grundgebirge. Sandig-tonig-kalkige, vielfach organogene Sedimente wurden in dem weiten Litoralbereich abgelagert. Vom Dogger ab läßt sich im nördlichen Beckenteil eine charakteristische Faziesanordnung beobachten: Im Bereich des Poitou, also westlich des Zentralmassivs, herrscht bis in den Malm hinein Cephalopodenfazies. Von hier nach SE entlang dem Zentralmassiv wird sie von typischen Flachwassersedimenten, darunter Korallen-, Bryozoen- und Algenriffen, abgelöst, die brackisch werden können und sogar flözartige Zusammenschwemmungen pflanzlicher Substanzen enthalten. Die Straße des Poitou stellte in diesem Zeitabschnitt offenbar eine etwas tiefere meridionale Meeresdepression dar, während das Zentralmassiv nach SW eine nur allmählich und mit Verzögerung absinkende Plattform bildete, die sich bis in den Bereich der Garonne-Linie auswirkte. Diese Linie scheint danach etwa dem endgültigen »Abbruch« des Zentralmassivs nach SW zu entsprechen.

Im ganzen Aquitanischen Becken kam es an der Wende Jura-Kreide zu stärkeren tektonischen Bewegungen. Sie führten im N-Becken zur Emersion, die bis in das Cenoman dauerte. Im S-Becken bildeten sich dagegen in der Unter-Kreide die beiden stark sinkenden Spezialbecken von Lacq und Parentis. Vom Ende des Cenoman bis in das Unter-Eozän herrschte im Randbereich der Pyrenäen Flyschsedimentation, die nach N zu bald von neritischer Sedimentation abgelöst wurde. Diese tritt unter der Tertiärhülle vor allem im N des Aquitanischen Beckens zutage und ist dort in klassischer Weise entwickelt.

Infolge der Emersion nach dem Ober-Jura transgredierte das Cenomanmeer im nördlichen Becken bis auf Kimmeridge. Dabei wiederholte sich die fazielle Disposition der Jura-Zeit insofern, als das Cenoman im NW rein marin ist, während nach SE kontinentale Einflüsse zunehmen und sogar Lignite auftreten.

Das Oberkreide-Meer hatte wiederum breite Verbindung zu den Pyrenäen und damit zur Tethys, wie unter anderem der große Reichtum an Rudisten beweist. Auch die Straße des Poitou zum Pariser Becken war zeitweise offen.

Die flachmeerische Ober-Kreide besteht hauptsächlich aus organogenen Kalken mit einem ungewöhnlichen Fossilreichtum. Drei der vier Senon-Stufen sind nach dortigen Lokalitäten benannt: »Coniacien« (Cognac), »Santonien« (Saintes) und »Campanien« (Campagne charentaise). Außer Ammoniten sind Rudisten, Seeigel und Großforaminiferen bezeichnend. Mit der Maestricht-Stufe des Senon endete die marine Sedimentation. Sedimentäre Kontinuität von Kreide zu Tertiär herrschte nur in der Pyrenäen-Vortiefe. Diese bildete offenbar einen schmalen Golf des Atlantik, und vom Atlantik aus stießen während des Tertiär die Ingressionen in das Aquitanische Becken vor *(A. Klingebiel* 1967, *L. Pratviel* 1967, *M. Caralp* et al. 1966).

Zuerst bildete sich so ein weiter »aquitanischer Golf« im Mittel-Eozän (Lutétien). Eine noch weitere Ingression erfolgte im Ober-Eozän (Ludien) und nach einer Regression im Unter-Oligozän (Sannoisien) die weiteste Ingression im Mittel-Oligozän (Stampien). Für den Fossilinhalt des Alttertiär sind vor allem Nummuliten und andere Großforaminiferen bezeichnend. Sie belegen mit aller Deutlichkeit die Verbindung des Aquitanischen Beckens mit dem mediterranen Meeresraum der Tethys. Die letzten Ingressionen spielten sich im Miozän ab, dessen fossilreiche Sedimente die Typusprofile für die Stufen des »Aquitan« und »Burdigal« (Bordeaux) geliefert haben.

In den östlichen und südlichen Beckenteilen verzahnen sich die marinen Tertiärsedimente mit terrestrischen, die als »Mollasse« bezeichnet werden. Typische grobklastische Molasse wurde im S von den aufsteigenden Pyrenäen geschüttet. Gegen den Zentral-

massiv-Rand werden die Sedimente feiner und bestehen großenteils sogar aus Süßwasserkalken.
Wegen der vielfachen Verzahnung fossilreicher mariner und terrestrischer Sedimente – letztere mit reichen Säugetierfaunen – hat das Aquitanische Becken für die europäische Tertiärstratigraphie eine ähnlich große Bedeutung wie das Pariser Becken.
Die Garonne-Linie scheint während des Tertiär insofern eine Rolle gespielt zu haben, als ihr verschiedene Faziesbereiche parallel verlaufen. Dies gilt auch für die Land-Meer-Grenzen in manchen Zeitabschnitten. Überdies war das heutige Garonne-Tal bereits eine von den Ingressionen bevorzugte Depression.
Die weiten atlantischen Ebenen westlich der Garonne werden von pleistozänen Dünen- und Flußsanden, den »sables des Landes« eingenommen.

6.4.2 Tektonik

Auch hinsichtlich der tektonischen Strukturen unterscheidet sich das nördliche vom südlichen Aquitanischen Becken. Zunächst rein richtungsmäßig: Verlaufen doch die Bruchlinien im N in »armorikanischer« Richtung und schmiegen sich nach SE deutlich dem SW-Rand des Zentralmassivs an. Etwa von der Garonne ab haben dagegen die tektonischen Elemente WNW–ESE-Richtung, also parallel zu den Pyrenäen.
Die Jura-Depression des Poitou wird von mehreren großen Störungen gequert, die aus dem Grundgebirge der Vendée kommend nach SE bis in das Zentralmassiv hineinstreichen. Sie verursachen im Poitou ein Bruchstufenrelief.
Diese Störungen dürften »Wiederbelebungsversuche« jener variszischen sein, von denen bei der Besprechung des Armorikanischen Massivs (»Zone broyée sud-armoricaine«) und des Zentralmassivs (Faille d'Argentat) die Rede war (s. S. 130 und S. 136).
Allem Anschein nach handelt es sich um ein ganzes Störungsbündel, an dessen südwestlichen Elementen der Abbau des Zentralmassivs gegen das Aquitanische Becken erfolgte.
In dem weiten von Tertiär und Pleistozän eingenommenen Beckenzentrum ist über die tektonischen Strukturen nur wenig bekannt. Erst im S, im unmittelbaren Pyrenäenvorland, erdöl-

geologisch gesprochen: im Lacq-Becken, taucht Mesozoikum in Form von Brachyantiklinalen oder kleinen Domen auf. Zum Teil handelt es sich um Diapire des Keupersalinars. Alle tektonischen Elemente streichen hier parallel zu den Pyrenäen.

Wenn wir das Fazit aus den angeführten strukturellen, paläogeographischen und faziellen Befunden ziehen, so ergibt sich, daß das Aquitanische Becken aus zwei geotektonisch verschiedenen Elementen besteht. Nördlich der Garonne handelt es sich um den allmählich unter Deckgebirge abtauchenden variszischen Rumpf. Dieses Abtauchen erfolgt im Übergangsbereich von Zentralmassiv zu Becken unter bruchhafter Verstärkung, an der Garonne-Linie dann unter tiefer Versenkung. Südlich der Garonne-Linie geht das Becken in die Vortiefe des Pyrenäen-Orogens über, von dem es nachdrücklich beeinflußt wird.

Literaturverzeichnis

Aldinger, H.: Die Palaeogeographie des schwäbischen Jurabeckens. – Eclogae geol. Helv. *61*, 1, Basel 1968.

Allen, P.: Geology and Geography of the London – North Sea Uplands in Wealden times. – Geol. Mag. *91*, London 1954.

Anderson, J. G. C. & T. R. Owen: The Structure of the British Isles. – Pergamon Press, Oxford, London 1968.

Andrusov, D., M. Durand Delga, J. et J. Geyssant: Réunion extraordinaire de la Société Géologique de France »Carpathes Tchécoslovaques«. – Bull. Soc. géol. France VII, 7, Paris 1965.

Andrusov, D.: Grundriß der Tektonik der Nördlichen Karpaten. – Verlag Slowak. Akad. Wiss., Bratislava 1968.

Aubouin, J. & G. Menessier: Essai sur la structure de la Provence. – Livre mém. P. Fallot II, Paris 1963.

Aubouin, J.: Esquisse paléogéographique et structurale des chaînes alpines de la Méditerranée moyenne. – Geol. Rdsch. *53*, H. 2, Stuttgart 1963.

Aubouin, J.:Geosynclines. – Developments in Geotectonics 1, Elsevier Publ. Amsterdam, London, New York 1965.

Backhaus, E.: Die Lamellibranchiaten aus den roten permischen Schichten von Lieth bei Elmshorn (Holstein). – Geol. Jb. *82*, Hannover 1964.

Barrois, Ch.: Les grandes lignes de la Bretagne. – Livre jubil. Centen. Soc. géol. France, Paris 1930.

Bartenstein, H.: Present status of the Paleozoic paleogeography of Northern Germany and adjacent parts of Northwest Europe. – Geology of Shelf Seas (D. T. Donovan, Editor), Edinburgh and London (Oliver & Boyd) 1968.

Behrmann, R. B.: Die geotektonische Entwicklung des Apennin-Systems. – Geotekt. Forsch. *12*, Stuttgart 1958.

Bertrand, M.: Rapports de structure des Alpes de Glarus et du bassin houiller du Nord. – Bull. Soc. géol. France *12*, Paris 1883.

Beugnies, A.: Essai de synthèse du géodynamisme paléozoique de l'Ardenne. – Rév. Géogr. phys. Géol. dyn. VI, 4, Paris 1964.

Bintz, J. & A. Muller: Sur la représentation du »Grès de Luxembourg« sur la nouvelle carte géologique générale du Grand-Duché. – Institut Grand-Ducal de Luxembourg, »Archives« XXXI. N. S., Luxembourg 1966.

Blumenroeder, J. et al.: Réunion extraordinaire de l'Association Française des Techniciens du Pétrole en Bade, Suisse et Haut-Alsace. – Bull. Ass. Franç. Techn. Pétrol. *107*, 1954.

Bölau, E.: Der Südwest- und Südostrand des Baltischen Schildes (Schonen und Ostbaltikum). – Geol. Fören. Förh. *81*, Stockholm 1959.

Boigk, H.: Gedanken zur Entwicklung des Niedersächsischen Tektogens. – Geol. Jb. *85*, Hannover 1968.

Bončev, E.: Über die tektonische Ausbildung der Kraištiden. – Geologie *7*, H. 3/6, Berlin 1958.

Bott, M. H. P.: The geological structure of the Irish Sea basin. – Geology of Shelf Seas (D. T. Donovan, Editor), Edinburgh and London (Oliver & Boyd) 1968.

Brause, H.: Die orogene Entwicklung im Variszikum der Lausitz, Teil 1: Das variszische Entwicklungsschema im Lausitzer Altpaläozoikum. – Ber. geol. Ges. DDR *10*, H. 3, Berlin 1965.

Breyer, F.: Ergebnisse seismischer Messungen auf der süddeutschen Großscholle, besonders im Hinblick auf die Oberfläche des Varistikums. – Z. deutsch. geol. Ges. *108*, 1. Teil, Hannover 1956.

Brinkmann, R.: Die Mitteldeutsche Schwelle. – Geol. Rdsch. *36*, Stuttgart 1948.

Brinkmann, R.: Aperçu sur les Chaînes Ibériques du Nord de l'Espagne. – Livre mém. P. Fallot I, Paris 1960–1962.

Brinkmann, R.: Geology of Europe. – (F. Enke) Stuttgart 1969.

Brunn, J. H.: Les zones Helléniques internes et leur extension. – Bull. Soc. géol. France VII, 2, Paris 1960.

Brunn, J. H.: Recherches des éléments majeurs du système alpin. – Rev. Géogr. phys. Géol. dyn. IX, Paris 1967.

Bubnoff, S. von: Geologie von Europa (4 Teile). – Berlin 1926–1936.

Bubnoff, S. von: Fennosarmatia. – Akademie-Verlag, Berlin 1952.

Buday, T., O. Kodym, M. Mahel, M. Maška, A. Matejka, J. Svoboda, V. Zoubek: Tectonic development of Czechoslovakia. – Prag 1960.

Caralp, M., Ch. Julius, J. Moyes, M. Vigneaux: L'interprétation stratigraphique de l'enchaînement des faciès du Miocène inf. aquitain. – Bull. Inst. Géol. Bassin d'Aquitaine No. 1, Bordeaux 1966.

Carlé, W.: Ergebnisse geologischer Untersuchungen im Grundgebirge von Galizien (NW-Spanien). – Geotekton. Forsch., H. *6*, Stuttgart 1948.

Charlesworth, J. K.: Historical geology of Ireland. – Edinburgh 1963.

Chlupáč, I.: Fortschritte in der Stratigraphie des mährischen (ostsudetischen) Devons. – Geol. Rdsch. *54*, H. 2, Stuttgart 1965.

Christ, H. A.: Zur Ausbildung und Paläogeographie des Mesozoikums in Sizilien. – Geol. Rdsch. *53*, 1, Stuttgart 1963.

Ćirić, B. & H. R. v. Gaertner: Zur Frage der varistischen Faltung in Jugoslawien. – Geol. Jb. *81*, Hannover 1962.

Clar, E., W. Fritsch, H. Meixner, A. Pilger, R. Schönenberg: Die geologische Neuaufnahme des Saualpen-Kristallins (Kärnten), VI. – Carinthia II, 73. bzw. 153. Jg., Klagenfurt 1963.

Clar, E.: Zum Bewegungsbild des Gebirgsbaues der Ostalpen. – Z. deutsch. geol. Ges. *116*, 2. T., Hannover 1965.

Coe, K. (Hrsg.): Some aspects of the Variscan Fold Belt. – Manchester 1962.

Cogné, J.: Métamorphisme et granitisation en liaison avec l'évolution orogénique en Bretagne méridionale. – Bull. Soc. géol. France VII, 2, Paris 1960.

Cogné, J., B. Gèze, J. Goguel et al.: Les »Rifts« et les failles de décrochement en France. – Rév. Géogr. phys. Géol. dyn. VIII, 2, Paris 1966.

Colom, G. & B. Escandel: L'évolution du géosynclinal baléare. – Livre mém. P. Fallot I, Paris 1960–1962.

Cornelius, H. P.: Zur Auffassung der Ostalpen im Sinne der Deckenlehre. – Z. deutsch. geol. Ges. *92*, Berlin 1940.

Corroy, G.: L'évolution paléogéographique post-hercynienne de la Provence. – Livre mém. P. Fallot II, Paris 1963.

Coustau, H., J. Gauthier, G. Kulbicki & E. Winnock: Hydrocarbon Distribution in the Aquitaine Basin of SW-France. – Preprint Conf. Inst. Petrol. and American Ass. Petrol. Geol., Brighton 1969.

Craig, G. Y.: The Geology of Scotland. – Edinburgh, London 1965.

Daguin, F.: L'Aquitaine Occidentale. – Géol. région. de la France, Paris 1948.

Debelmas, J. & M. Lemoine: La structure tectonique et l'évolution paléogéographique de la chaîne alpine d'après les travaux récents. – L'Information Scientifique No. 1, Paris 1964.

Demay, A.: Tectonique antéstéphanienne du Massif Central. – Mém. Expl. Carte géol. France, Paris 1948.

Dessila-Codarcea, M.: Rélations géologiques dans les terrains intensément métamorphisés de Roumanie et considérations sur les dates géochronologiques (Potassium-Argon). – Rév. Roumaine de Géol., Géophys., Géogr., Ser. Géol. *12*, No. 2, Bukarest 1968.

Dorn, P.: Geologie von Mitteleuropa. – 3. Aufl., Stuttgart 1966.

Dudek, A. & M. Suk: Zur geologischen Entwicklung des Moldanubikums. – Ber. geol. Ges. DDR *10*, H. 2, Berlin 1965.

Dumitrescu, J. et al.: Roumanie. – Tectonique de l'Europe. Moskau 1964.

Dvořák, J. & G. Freyer: Der heutige Stand der Stratigraphie und Paläogeographie des Devons und Unterkarbons im südlichen Teil der Drahaner Höhe in Mähren. – Geologie *14*, H. 4, Berlin 1965.

Dvořák, J. & G. Freyer: Das Paläozoikum im mittleren Teil der Drahaner Höhe (Mähren). – Geologie *17*, H. 6/7, Berlin 1968.

Dvořák, J. & E. Paproth: Über die Position und die Tektogenese des Rhenoherzynikums und des Sudetikums in den mitteleuropäischen Varisziden. – N. Jb. Geol. Paläont. Mh. 2, Stuttgart 1969.

Dzulinski, St. & E. K. Walton: Sedimentary features of Flysch and Graywackes. – Developments in Sedimentology 7, Verlag Elsevier, Amsterdam, London, New York 1965.

Einsele, G. & R. Schönenberg: Epirogen-tektonische Grundzüge des süddeutschen Beckens und seiner südöstlichen Randgebiete im Mesozoikum. – Livre mém. M. Lucius, Luxemburg 1964.

Erben, H. K.: Zur Analyse und Interpretation der rheinischen und hercynischen Magnafazies des Devons. – Sympos. 2. Intern. Arbeitstagung Silur/Devon-Grenze Bonn–Brüssel 1960, Stuttgart 1962.

Färber, A. & W. Jaritz: Die Geologie des westasturischen Küstengebietes zwischen San Esteban de Pravia und Ribadeo (NW-Spanien). – Geol. Jb. *81*, Hannover 1964.

Falke, H.: Das Unterperm zwischen der Nordsee und dem Alpenraum. – Atti del Sympos. Verrucano, Pisa 1966.

Fallot, P.: Les cordillères bétiques. – Est. Geol., C. S. J. C., No. 8, Barcelona 1948.

Faul, H.: Age and extent of the hercynian complex. – Geol. Rdsch. *52*, H. 2, Stuttgart 1962.

Filjak, R., Ž. Pletikapić, D. Nikolić & V. Aksin: Geology of Petroleum and Natural gas from the Neocene complex and its Basement in the

Southern part of the Pannonian Basin, Yugoslavia. – Preprint Conf. Inst. Petrol. and Amer. Ass. Petrol. Geol., Brighton 1969.
Flügel, H.: Der geologische Bau der Ostalpen. – Forsch. u. Fortschr. *38,* H. 5, Berlin 1964.
Fourmarier, P.: Prodrôme d'une description géologique de la Belgique. – Lüttich 1954.
Fourmentraux, J. & Y. Pontalier, J. Lavigne & P. Poujol: Trias, Jurassique inférieur et moyen de l'Est du Bassin de Paris. – Rév. Inst. Franç. Pétrol. *14,* No. 9, Paris 1959.
Francis, E. H.: Review of Carboniferous-Permian Volcanicity in Scotland. – Geol. Rdsch. *57,* H. 1. Stuttgart 1967.
Franke, D. & E. Schroeder: Das variszische Orogen nördlich des Böhmischen Massivs. – Geologie *17,* H. 6/7, Berlin 1968.
Frischmuth, E.: Sedimentation und Tektonik in der Subvariszischen Vortiefe von Süd-Portugal. – Münstersche Forsch. Geol. u. Paläont., H. 4, Münster 1968.
Füchtbauer, H.: Die Sandsteine in der Molasse nördlich der Alpen. – Geol. Rdsch. *56,* Stuttgart 1967.
Gaertner, H. R. v.: Der Bau des Französischen Zentralplateaus. – Geol. Rdsch. *28,* Stuttgart 1937.
Gaertner, H. R. v.: Über Gebirgszusammenhänge in den mitteleuropäischen varistischen Ketten (Geosynklinale und Lineament). – Geol. Rdsch. *50,* Stuttgart 1960.
Gaertner, H. R. v. & H. H. Schmitz: Geologisch-Petrographische Beobachtungen in der Grenzzone Moldanubikum-Saxothuringikum in der nördlichen Oberpfalz. – Geol. Jb. *85,* Hannover 1968.
Gallois, R. W.: The Wealden District. – Brit. Region. Geol., London 1965.
Gallwitz, H.: Die Stellung der Magmatite im Permokarbon der Mitteldeutschen Hauptscholle. – Geol. Rdsch. *48,* Stuttgart 1959.
Gèze, B., L. U. de Sitter, R. Trümpy: Sur le sens de déversement des nappes de la Montagne Noire. – Bull. Soc. géol. France VI, 2, Paris 1952.
Gèze, B.: L'orogénèse calédonienne dans la Montagne Noire (Sud du Massif Central Français) et les régions voisines. – 21. Intern. Geol. Kongr. Report XIX, Kopenhagen 1960.
Giese, P.: Die Struktur der Erdkruste im Bereich der Ivrea-Zone. – Schweiz. Min. Petrogr. Mitt. *48,* H. 1, Zürich 1968.
Gillet, S.: Essai de paléogéographie du Néogène et du Quaternaire inférieur d'Europe orientale. – Rév. Géogr. phys. Géol. dynam., Vol. IV, 4, Paris 1961.
Görler, K. & M. Richter: Über die Geologie der Molise-Zone (Süditalien). – N. Jb. Geol. Paläont. Mh. *3,* Stuttgart 1966.
Görler, K. & H. Ibbeken: Die Bedeutung der Zone Sestri-Voltaggio als Grenze zwischen Alpen und Apennin. – Geol. Rdsch. *53,* 1, Stuttgart 1964.
Görler, K. & K.-J. Reutter: Entstehung und Merkmale der Olisthostrome. – Geol. Rdsch. *57,* 2, Stuttgart 1968.
Goguel, J.: Géologie de la France. – Coll. Que sais-je? Nr. 443, Paris 1950.
Goguel, J.: Les Alpes de Provence – Géol. région. de la France VIII, Paris 1953.
Grolier, J. & J. Letourneur: L'évolution tectonique du grand Sillon Houiller du Massif Central Français. – 23. Intern. Geol. Kongr. Proc. Sect. 1, Prag 1968.

Gunzert, G.: Salzfolge und Bau der Kalisalz-Lagerstätte von Stebnik im ukrainischen Subkarpatikum. – Geotekt. Forsch. *26*, Stuttgart 1967.

Habicht, H.: Die permo-karbonischen Aufschlußbohrungen der Nahe-Senke, des Mainzer Beckens und der Zweibrücker Mulde. – Z. deutsch. geol. Ges. *115*, Hannover 1966.

Heybroek, P., U. Haanstra & D. A. Erdman: Observations on the Geology of the North Sea Area. – 7. World Petrol. Congr. Mexico, Proc. Vol. 2, Amsterdam 1967.

Hinz, K.: A contribution to the geology of the North Sea according to geophysical investigations by the Geological Survey of German Federal Republic. – Geology of Shelf Seas (D. T. Donovan, Editor). Edinburgh and London (Oliver & Boyd) 1968.

Hirschmann, G.: Die orogene Entwicklung im Variszikum der Lausitz, Teil 2: Zeitliche und räumliche Tiefbauprobleme. – Ber. geol. Ges. DDR *10*, H. 3, Berlin 1965.

Hjelmqvist, S.: Some post-silurian dykes in Scania and problems suggested by them. – Sveriges geol. Unders. Ser. C, Nr. 430, Stockholm 1939.

Hoenes, D., K.-R. Mehnert & H. Schneiderhöhn: Führer zu Petrographisch-Geologischen Exkursionen im Schwarzwald und Kaiserstuhl. – Stuttgart 1949.

Hoeppener, R.: Tektonik im Schiefergebirge. – Geol. Rdsch. *44* (Sonderband), Stuttgart 1955.

Holtedahl, O.: Junge Blockverschiebungstektonik in den Randgebieten Norwegens. – Geotekton. Sympos. zu Ehren H. Stilles, Stuttgart 1956.

Holtedahl, O. (Hrsg.): Geology of Norway. – N. G. U. Nr. *208*, Oslo 1960.

Hoyer, P.: Das Verklingen der variszischen Faltung am unteren Niederrhein. – Fortschr. Geol. Rheinld. Westf. *6*, Krefeld 1962.

Illies, H.: Bauplan und Baugeschichte des Oberrheingrabens. – Oberrhein. Geol. Abb. *14*, Karlsruhe 1965.

Ivanov, R., H. Jordan, K.-O. Kopp, P. Kronberg, W. Meyer: Zur Tektonik des Rhodopen-Kristallins (Makedonien–Thrakien) und seiner tertiären Schichten. – Geotekt. Forsch. H. *31*, Stuttgart 1969.

Jäger, E., E. Niggli & E. Wenk: Rb-Sr-Altersbestimmungen an Glimmern der Zentralalpen. – Beitr. Geol. Karte Schweiz N. F. *134*, Bern 1967.

Jäger, E.: Gesteinsbildende und orogene Phasen in der Entwicklungsgeschichte der Alpen. – Beih. Geol. Jb. *80*, Hannover 1969.

Jaeger, H.: Monograptus hercynicus in den Westsudeten und das Alter der Westsudeten-Hauptfaltung. – Geologie *13*, Berlin 1964.

Jaranoff, D.: La tectonique de la Bulgarie. – Sofia (Maison d'édition d'Etat) 1960. – [Bulg.; franz. Zusammenfass.]

Johnson, M. R. W. & F. H. Stewart: The British Caledonides. – Edinburgh, London 1963.

Jubitz, K.-B.: Zum geologischen Fortschritt im Norddeutschen Flachland. – Ber. deutsch. Ges. geol. Wiss. A, *12*, H. 1/2, Berlin 1967.

Julivert, M.: Sur la tectonique hercynienne à nappes de la chaîne cantabrique. – Bull. Soc. géol. France VII, Paris 1965.

Jung, J.: Zonéographie et âge des formations crystallophylliennes des massifs hercyniens français. – Bull. Soc. géol. France VI, 3, Paris 1953.

Jung, W.: Zechstein. In: Grundriß der Geologie der DDR 1. – Berlin 1968.

Kahler, F.: Die jungpaläozoischen Ablagerungen auf dem variszischen Sockel der Südalpen, des Balkans und Ungarns. – Giorn. Geol. XXXI, Bologna 1963.

Kay, M.: Continental Drift in North Atlantic Ocean. – North Atlantic – Geology and Continental Drift (Symposium). Amer. Assoc. Petrol. Geol. Mem. 12. Tulsa, Oklahoma 1969.

Kegel, W.: Sedimentation und Tektonik in der rheinischen Geosynklinale. – Z. deutsch. geol. Ges. *100*, Hannover 1948.

Kennedy, W. Q.: The Great Glen Fault. – Quart. J. geol. Soc. *102*, London 1946.

Klingebiel, A.: Etude sédimentologique du Paléogéne Nord-Aquitain. – Bull. Inst. Géol. Bassin d'Aquitaine No. 2, Bordeaux 1967.

Kneuper, G.: Grundzüge der Sedimentation und Tektonik im Oberkarbon des Saarbrücker Hauptsattels. – Oberrhein. Geol. Abh. *13*, Karlsruhe 1964.

Koark, H. J.: Geologie von Schweden. – Geol. Rdsch. *59*, 2, Stuttgart 1970.

Kölbel, H.: Jura. In: Grundriß der Geologie der DDR 1. – Berlin 1968.

Kollmann, K.: Jungtertiär im Steirischen Becken. – Mitt. Geol. Ges. Wien *57*, H. 2, Wien 1964.

Kossmat, F.: Gliederung des varistischen Gebirgsbaues. – Abh. Sächs. Geol. Landesamt H. 1, Leipzig 1927.

Krason, J.: Quelques résultats des recherches sur le Permien polonais. – Bull. Soc. géol. France IX, No. 5, Paris 1967.

Krebs, W.: Zur Frage der bretonischen Faltung im östlichen Rhenoherzynikum. – Geotekton. Forsch. H. *28*, Stuttgart 1968.

Kröll, A. & G. Wessely: Neue Erkenntnisse über Molasse, Flysch und Kalkalpen auf Grund der Ergebnisse der Bohrung Urmannsau 1. – Erdöl-Erdgas-Z. *83*, H. 10, Wien–Hamburg 1967.

Kronberg, P.: Gliederung, Petrographie und Tektogenese des Rhodopen-Kristallins im Tsal-Dağ, Simvolon und Ost-Pangäon (Griechisch-Makedonien). – Geotekt. Forsch. *31*, Stuttgart 1969.

Ksiazkiewicz, M.: Geology of the Northern Carpathians. – Geol. Rdsch. *45*, 2, Stuttgart 1956.

Ksiazkiewicz, M, J. Samsonovicz, E. Rühle: An outline of geology of Poland. – (Scient. Publ. foreign coop. Centre of the centr. Inst. scient. techn. Inform.), Warschau 1968.

Kuenen, Ph. H.: Problems concerning source and transportation of Flysch sediments. – Geol. en Mijnbouw (N. S.) *20*, s'Gravenhage 1958.

Lardenois, J. & O. Serra: Apports des sondages pétroliers à la connaissance du Jurassique supérieur du bassin de Paris. – Coll. Intern. Jurassique, Luxemburg 1967.

Laubscher, H. P.: Die Fernschubhypothese der Jurafaltung. – Ecl. Geol. Helvet. *54*, Nr. 1, Basel 1961.

Laubscher, H. P.: Ein kinematisches Modell der Jurafaltung. – Ecl. Geol. Helvet. *58*, Nr. 1, Basel 1965.

Lecompte, M.: La Belgique et le nord de la France. – Intern. Sympos. Devon. System, Vol. I, Calgary 1967.

Leonardi, P.: Tettonica e Tettogenesi delle Dolomiti. – Istit. Geol. Univ. Ferrara, Rovereto 1968.

Lienhardt, M.-J.: Etude stratigraphique et structurale du socle antépermien du Bassin de Paris. – Ann. Soc. Géol. Nord *81*, Lille 1961.

Lindström, M.: On some sedimentary and tectonic structures in the Ludlovian Colonusshale of Scania. – Geol. Fören. Stockholm Förhandl. *82*, Stockholm 1960.

Loeschke, J. & R. P. Nickelsen: On the age and tectonic position of the Valdres Sparagmite in Slidre (Southern Norway). – N. Jb. Geol. Paläont. Abh. *131*, 3, Stuttgart 1968.

Lotze, F.: Zur Gliederung der Varisziden der Iberischen Meseta. – Geotekton. Forsch. 6, Stuttgart 1945.

Lotze, F.: Salzdiapirismus im nördlichen Spanien. – Z. deutsch. geol. Ges. *105*, 4. T., Hannover 1955.

Lotze, F.: Die variszischen Gebirgszusammenhänge im westlichen Europa. – Geol. Ann. Mus. Geol. Bologna, Ser. 2, *31*, Bologna 1963.

Mangin, J.-P. & P. Rat: L'évolution posthercynienne entre Asturies et Aragon (Espagne). – Livre mém. P. Fallot I, Paris 1962.

Marinelli, G.: Genèse des magmas du volcanisme plio-quaternaire des Apennins. – Geol. Rdsch. *57*, 1, Stuttgart 1967.

Mathieu, G.: Les grandes lignes de la Vendée. – Bull. Serv. Carte géol. France, LV, No. 253, Paris 1957.

Mattauer, M.: Traits structuraux essentiel de la chaîne pyrénienne. – Rév. Géogr. phys. Géol. dyn. X, 1, Paris 1968.

Matte, P.: La structure de la virgation hercynienne de Galice (Espagne). – Géologie Alpine *44*, Grenoble 1968.

Merla, G.: Geologia dell'Appennino settentrionale. – Boll. Soc. Geol. Ital. *70*, 1, Pisa 1952.

Möbus, G.: Abriß der Geologie des Harzes. – Leipzig 1966.

Möbus, G.: Die variscische Tektogenese in der Elbtalzone. – Geologie *15*, H. 1, Berlin 1966.

Möbus, G.: Tektogenese und Magmatismus im Gebiet der DDR. – Geologie *17*, H. 6/7, Berlin 1968.

Monteyne, R.: Les stratifications obliques dans l'Hettangien et le Sinémurien belges. – Bull. soc. belge de géol., T. LXIX, 1960.

Naylor, D. & P. C. Jones: Sedimentation and Tectonic Setting of the Old Red Sandstone of Southwest Ireland. – Intern. Sympos. Devon. Syst. Vol. II, Calgary 1967.

Niesluchowski, P.: Das obere Westfal D im Saar-Lothringischen Becken. – Diss. Tübingen 1969.

Oftedahl, Ch.: Permian rocks and structures of the Oslo region. – Geol. of Norway (Ed. O. Holtedahl), Oslo 1960.

Oftedahl, Ch.: Magmen-Entstehung nach Lava-Stratigraphie im südl. Oslo-Gebiet. – Geol. Rdsch. *57*, H. 1, Stuttgart 1967.

Oftedahl, Ch.: Greenstone volcanoes in the Central Norwegian Caledonides. – Geol. Rdsch. *57*, H. 3, Stuttgart 1968.

Oswald, D. H. (Ed.): Intern. Symposium on the Devonian System. – Calgary 1967.

Pannekoek, A. J. (Ed.): Geological history of the Netherlands. – 's-Gravenhage 1956.

Paproth, E. & R. Teichmüller: Die paläogeographische Entwicklung der subvariscischen Saumsenke in Nordwestdeutschland im Laufe des Karbons. – 4. Congr. Stratigr. Géol. Carbonif. Heerlen 1958, II, Maastricht 1961.

Paproth, E.: Die Parallelisierung von Kohlenkalk und Kulm. – 6. Congr. Strat. Géol. Carbonif. Sheffield 1967, Vol. I, Maastricht 1969.

Patrulius, D.: Les olistholithes du massif des Bucegi (Carpates Orientales). – Commun. 5e Congr. Assoc. Géol. Carpato-Balkan 1961, 2. sect., 8, Bukarest 1963.

Perconig, E.: Sur la constitution géologique de l'Andalousie occidentale en particulier du bassin du Guadalquivir. – Livre mém. P. Fallot I, Paris 1960–1962.

Pichler, H.: Neue Ergebnisse zur Gliederung der unterpermischen Eruptivfolge der Bozener Porphyr-Platte. – Geol. Rdsch. *48*, Stuttgart 1959.

Pichler, H.: Neue Erkenntnisse über Art und Genese des Vulkanismus der Äolischen Inseln (Sizilien). – Geol. Rdsch. *57*, 1, Stuttgart 1967.

Pichler, H. & R. Stengelin: Petrochemische und nomenklatorische Revision der Vulkanite des südägäischen Raumes (Griechenland). – Geol. Rdsch. *57*, 3, Stuttgart 1968.

Pichler, H.: Italienische Vulkangebiete Teil II. – Geol. Führer, Bd. *52*, Gebr. Borntraeger, Berlin–Stuttgart 1970.

Pietzsch, K.: Geologie von Sachsen. – Berlin 1962.

Pilger, A.: Tektonik, Magmatismus und Vererzung, Zusammenhänge im ostrheinischen Schiefergebirge. – Z. deutsch. geol. Ges. *104*, Hannover 1952.

Plumhoff, F.: Marines Ober-Rotliegendes (Perm) im Zentrum des nordwestdeutschen Rotliegend-Beckens. – Erdöl u. Kohle *19*, Hamburg 1966.

Pomerol, Ch.: Esquisse paléogéographique du bassin de Paris à l'ère tertiaire et aux temps quaternaires. – Rév. Géogr. phys. Géol. dyn. II, 9, Paris 1967.

Pozaryski, W.: The southwestern margin of Fenno-Sarmatia. – Kwartalnik Geol. *1*, Warschau 1957.

Pratviel, L.: L'Oligocène de la partie occidentale du Bassin d'Aquitaine. – Bull. B. R. G. M., No. 2, Paris 1967.

Pruvost, P.: La phase orogénique saalienne en France. – Geotekton. Sympos. zu Ehren v. H. Stille, Stuttgart 1956.

Quitzow, H. W.: Der Deckenbau des Kalabrischen Massivs und seiner Randgebiete. – Abh. Ges. Wiss. Göttingen, Math. -Phys. Kl., III. Folge, H. 13, Göttingen 1935.

Radig, F.: Zur Stratigraphie des Devons in Asturien (Nordspanien). – Geol. Rdsch. *51*, H. 1, Stuttgart 1961.

Radig, F.: Ordovizium/Silurium und die Frage prävariszischer Faltungen in Nordspanien. – Geol. Rdsch. *52*, H. 1, Stuttgart 1962.

Rat, P.: Problèmes du Crétacé inférieur dans les Pyrénées et le Nord de l'Espagne. – Geol. Rdsch. *53*, 1, Stuttgart 1963.

Raumer, J. v.: Zur Tektonik und Genese des nordwest-spanischen Kernkristallins bei Noya (La Coruña). – Geotekton. Forsch. *17*, Stuttgart 1963.

Reutter, K.-J. & C.-W. Sames: Fazieszusammenhänge im Nordapennin. – Z. deutsch. geol. Ges. *114*, 3. T., Hannover 1964.

Riba, O. & J. M. Rios: Observations sur la structure du secteur Sud-Ouest de la Chaîne Ibérique (Espagne). – Livre mém. P. Fallot I, Paris 1960–1962.

Richter, D.: Zur Baugeschichte der Ardennen I. Kaledonische Strukturen und ihre variscische Überprägung in der Antiklinalzone der Hochardennen. – Geol. Rdsch. *51*, Stuttgart 1961.

Richter, G. & R. Teichmüller: Die Entwicklung der Keltiberischen Ketten. – Abh. Ges. Wiss. Göttingen Math.-Phys. Kl., H. 7, Göttingen 1933.

Richter, G.: Alpen, Pyrenäen, Korsika in ihrer Stellung zueinander. – Abh. Ges. Wiss. Göttingen Math.-Phys. Kl. III, H. 19, Göttingen 1939.

Richter-Bernburg, G.: Saxonische Tektonik als Indikator erdtiefer Bewegungen. – Geol. Jb. *85*, Hannover 1968.

Richter, M.: Alpen, Apennin und Dinariden. – N. Jb. Geol. Paläont. Mh. *9*, Stuttgart 1962.

Richter M.: Der Bauplan des Apennins. – N. Jb. Geol. Paläont. Mh. *9*, Stuttgart 1963.

Ricour, J.: Esquisse paléogéographique de la France aux temps triasiques. – Mém. B. R. G. M. No. 15 (Coll. sur le Trias de la France et des régions limitrophes), Paris 1963.

Rippel, G.: Räumliche und zeitliche Gliederung des Keratophyrvulkanismus im Sauerland. – Geol. Jb. *68*, Hannover 1953.

Rittmann, A.: Die geologisch bedingte Evolution und Differentiation des Somma-Vesuv-Magmas. – Z. Vulkanol. XV, H. 1–2, Berlin 1933.

Rittmann, A.: Vulkanismus und Tektonik des Ätna. – Geol. Rdsch. *53*, 2, Stuttgart 1964.

Rolshoven, H.: Die wirtschaftliche Bedeutung der Kohle- und Erzlagerstätten im Montandreieck. – Z. deutsch. geol. Ges. *117*, Hannover 1966.

Rutten, M. G.: The Geology of Western Europe. – Verlag Elsevier, Amsterdam 1969.

Schatsky, N. & A. Bogdanoff: Introduction. Sur la première Carte Tectonique Internationale de l'Europe au 2 500 000. – Moskau 1964.

Schmidt, Kl.: Europa. In: Handbuch der stratigraphischen Geologie XIII. Bd. Präkambrium. Herausgeber Fr. Lotze u. Kl. Schmidt, Stuttgart 1966.

Schmidt, Wo.: Die paläogeographische Entwicklung des linksrheinischen Schiefergebirges vom Kambrium bis zum Oberdevon. – Z. deutsch. geol. Ges. *103*, Hannover 1952.

Schmidt-Thomé, P.: Le bassin de la molasse d'Allemagne du Sud. – Livre mém. P. Fallot, Paris 1960–1963.

Schönenberg, R.: Oberdevonische Tektonik und kulmischer Magmatismus im nordöstlichen Dilltrog. – Geol. Jb. *71*, Hannover 1956.

Schönenberg, R.: Neue Untersuchungen über embryonale Tektonik. – Geologie 7, Berlin 1958.

Schönenberg, R.: Beispiele zur Strukturgeschichte des Saarbrücker Hauptsattels. – Z. deutsch. geol. Ges. *117*, 1. T., Hannover 1966.

Schönenberg, R.: Über das Altpaläozoikum der südlichen Ostalpen (Karawanken – Klagenfurter Becken – Saualpenkristallin). – Geol. Rdsch. *56*, Stuttgart 1967.

Schönenberg, R.: Hans Stilles Auffassung vom Grenzbereich Orogenese/Epirogenese in heutiger Sicht. – Geol. Jb. Beih. *80*, Hannover 1969.

Schönenberg, R.: Das variszische Orogen im Raume der Südost-Alpen. – Geotekton. Forsch. *35*, Stuttgart 1970.

Schott, W. & K. Staesche: Über den Jura in der weiteren Umgebung von Coimbra (Portugal). — Geol. Jb. *74*, Hannover 1957.

Schreyer, W.: Metamorpher Übergang Saxothuringikum – Moldanubikum östlich Tirschenreuth/Opf., nachgewiesen durch phasenpetrologische Analyse. – Geol. Rdsch. *55*, H. 2, Stuttgart 1966.

Schröder, L.: Die Erdöl- und Erdgasexploration in der B. R. Deutschland im Jahre 1966. – Erdöl und Kohle *20*, Hamburg 1967.

Schwan, W.: Gliederung und Faltung des Harzes in Raum und Zeit. – Geotekton. Sympos. zu Ehren v. H. Stille, Stuttgart 1956.

Schwan, W.: Über das Isker-Variszikum (Bulgarien). – Geologie *7*, Berlin 1958.

Schwan, W.: Deckenfragen im Balkan. Mit einer Einführung in die geotektonischen Verhältnisse Bulgariens. – Geol. Rdsch. *51*, H. 1, Stuttgart 1962.

Seilacher, A. & D. Meischner: Fazies-Analyse im Paläozoikum des Oslo-Gebietes. – Geol. Rdsch. *54*, Stuttgart 1965.

Seilacher, A.: Tektonischer, sedimentologischer oder biologischer Flysch? – Geol. Rdsch. *56*, H. 1, Stuttgart 1967.

Sikošek. B. & W. Medwenitsch: Neue Daten zur Fazies und Tektonik der Dinariden. – Z. deutsch. geol. Ges. *116*, 2. T., Hannover 1965.

Sitter, L. U. de: The Hercynian orogeny in Northern Spain. – Some aspects of the Variscan Fold Belt (Ed. K. Coe), Manchester 1962.

Sitter, L. U. de: The structure of the southern slope of the Cantabrian Mountains. – Leidse Geol. Med. *26*, Leiden 1962.

Sitter, L. U. de: Hercynian and Alpine orogenies in Northern Spain. – Geol. en Mijnb. *44*, Nr. 11, s'Gravenhage 1965.

Sitter, L. U. de & D. Boschma: Explanation geological map of the Palaeozoic of the southern Cantabrian Mountains 1:50 000 sheet 1 Pisuerga. – Leidse Geol. Med. *31*, Leiden 1966.

Sittig, E.: Zur geologischen Charakterisierung des Moldanubikums am Oberrhein (Schwarzwald). – Oberrhein. Geol. Abh. *18*, Karlsruhe 1969.

Skjeseth, St.: Contributions to the Geology of the Mjösa Districts and the classical Sparagmite area in Southern Norway. – Norg. Geol. Unders. *220*, Oslo 1963.

Sorgenfrei, Th.: Jura und Unterkreide in Dänemark. – Z. deutsch. geol. Ges. *114*, 2. T., Hannover 1963.

Sorgenfrei, Th.: Strukturgeologischer Bau von Dänemark. – Geologie *15*, Berlin 1966.

Sorgenfrei, Th.: Geological perspectives in the North Sea area. – Bull. Geol. Soc. Denmark *19*, Part 2, Kopenhagen 1969.

Steinmann, G.: Alpen und Apennin. – Mber. deutsch. geol. Ges. *59*, Berlin 1907.

Stille, H:. Rheinische Gebirgsbildung im Kristianiagebiete und in Westdeutschland. – Abh. Preuß. Geol. L.-A., N. F. *95*, Berlin 1925.

Stille, H.: Einführung in den Bau Amerikas. – Verlag Borntraeger, Berlin 1940.

Stille, H.: Betrachtungen zum Werden des europäischen Kontinentes. – Z. deutsch. geol. Ges. *97*, Berlin 1947.

Stille, H.: Uralte Anlagen in der Tektonik Europas. – Z. deutsch. geol. Ges. *98*, Berlin 1948.

Stille, H.: Das Leitmotiv der geotektonischen Erdentwicklung. – Akad. Wiss. Berlin, Vorträge u. Schriften, H. 32, Berlin 1949.

Stille, H.: Die kaledonische Faltung Mitteleuropas im Bilde der gesamteuropäischen. – Z. deutsch. geol. Ges. *100*, 1948, Hannover 1950.

Stille, H.: Das mitteleuropäische variszische Grundgebirge im Bilde des gesamteuropäischen. – Beih. Geol. Jb. *2*, Hannover 1951.

Stille, H.: Der geotektonische Werdegang der Karpaten. – Beih. Geol. Jb. *8*, Hannover 1953.

Stille, H.: Die assyntische Tektonik im geologischen Erdbild. – Beih. Geol. Jb. *22*, Hannover 1958.

Stöffler, D.: Neuere Erkenntnisse in der Tonsteinfrage auf Grund sedimentpetrographischer und geochemischer Untersuchungen im Flöz Wahlschied der Grube Ensdorf (Saar). – Beitr. Min. u. Petr. *9*, Stuttgart 1963.

Strand, T.: Cambro-Silurian stratigraphy. In: Geology of Norway (Ed. O. Holtedahl), Oslo 1960.

Strand, T.: The Scandinavian Caledonides. – Amer. J. Science *259*, New Haven, Con. 1961.

Suess, F. E.: Die moravischen Fenster und ihre Beziehungen zum Grundgebirge des Hohen Gesenkes. – Denkschr. Akad. Wiss. Wien, math.-nat. Kl. *78*, Wien 1912.

Szadeczky-Kardoss, E.: Großtektonische Betrachtungen über Magmatektonik und Magmachemismus des innerkarpatischen Vulkanismus. – Acta Geol. *8*, Budapest 1964.

Teichmüller, R.: Die Entwicklung der subvariszischen Saumsenke nach dem derzeitigen Stand unserer Kenntnis. – Fortschr. Geol. Rheinld. und Westf. *3*, 3, Krefeld 1962.

Teichmüller, R.: Zur Stratigraphie und Inkohlung des jüngsten Oberkarbons (Silesium) in Nordwestdeutschland. – 5. Congr. Int. Stratigr. Géol. Carbonif. Paris 1963, II, Paris 1964.

Teisseyre, H.: Some remarks on the structural evolution of the Sudetes. – Acta Geol. Polonica XII, H. 4, Warschau 1964.

Teixeira, C.: Quelques problèmes de la géologie du Portugal. – 23. Intern. Geol. Kongr. *13*, Prag 1968.

Termier, P.: Les nappes des Alpes orientales et la synthèse des Alpes. – Bull. Soc. géol. France *4*, Paris 1903.

Tollmann, A.: Ostalpensynthese. – Verlag Deuticke, Wien 1963.

Tollmann, A.: Faziesanalyse der alpidischen Serien der Ostalpen. – Z. deutsch. geol. Ges. *116*, 2. T., Hannover 1965.

Trümpy, R.: Considérations générales sur le »Verrucano« des Alpes Suisses. – Atti del Sympos. Verrucano, Pisa 1966.

Trümpy, R.: Die helvetischen Decken der Ostschweiz: Versuch einer palinspastischen Korrelation und Ansätze zu einer kinematischen Analyse. – Ecl. Geol. Helvet. *62*, Nr. 1, Basel 1969.

Trunkó, L.: Geologie von Ungarn. Beiträge zur Regionalen Geologie der Erde *8*, Berlin–Stuttgart 1969.

Trusheim, F.: Über Halokinese und ihre Bedeutung für die strukturelle Entwicklung Nordwestdeutschlands. – Z. deutsch. geol. Ges. *109*, Hannover 1957.

Vinogradov, A. P. (Hrsg.): Atlas of the lithological-paleogeographical maps of the USSR. – Moskau 1968.

Virgili, C.: Le Trias du Nord-Est de l'Espagne. – Livre mém. P. Fallot I, Paris 1962.

Vogt, Th.: The geology of part of the Hölonda-Horg-District, a type area in the Trondheim region. – Norsk geol. Tidsskr. *25*, Oslo 1945.

Voigt, E.: Über Randtröge vor Schollenrändern und ihre Bedeutung im Gebiet der Mitteleuropäischen Senke und angrenzender Gebiete. – Z. deutsch. geol. Ges. *114*, 2. T., Hannover 1963.

Walter, R.: Die Geologie in der nordöstlichen Provinz Lugo (Nordwest-Spanien). – Geotekton. Forsch. *27*, Stuttgart 1968.

Watznauer, A.: Das Kristallin am Nordrand der Böhmische Masse und seine Beziehungen zum Moldanubikum im Süden und skandinavischen Kristallin im Norden. – Geologie *17*, H. 6/7, Berlin 1968.

Wegmann, E.: La flexure axiale de la Driva et quelques problèmes structuraux des Calédonides scandinaves. – Norsk Geol. Tidsskrift *39*, Bergen 1959.

Wegmann, E.: Zwei Bautypen praekambrischer Deformations- und Transformationssegmente: Kareliden und Svekofenniden. – Bull. Comm. géol. Finlande, Helsinki 1961.

Wells, A. K. & J. F. Kirkaldy: Outline of Historical Geology, 6. Aufl. – London 1967.

Wendt, A.: Der Finefrausandstein. Sedimentation und Epirogenese im Ruhrkarbon. – Forschungsber. Nordrhein.-Westf., Nr. 1396, Köln und Opladen 1965.

Wiedmann, J.: Contribution à la paléogéographie du Crétacé Vascogotique et Celtibérique septentrional (Espagne). – Livre mém. P. Fallot I, Paris 1962.

Wolburg, J.: Das Unterkarbon- und Devonprofil der Bohrung Münsterland 1. – Fortschr. Geol. Rheinld. u. Westf. *11*, Krefeld 1963.

Wunderlich, H. G.: Maß, Ablauf und Ursachen orogener Einengung am Beispiel des Rheinischen Schiefergebirges, Ruhrkarbons und Harzes. – Geol. Rdsch. *54*, Stuttgart 1964.

Wunderlich, H. G.: Zur tektonischen Synthese der Ost- und Westalpen nach 60 Jahren ostalpiner Deckentheorie. – Geol. en Mijnb. *43*, s'Gravenhage 1964.

Wunderlich, H. G.: Wesen und Ursachen der Gebirgsbildung. – Hochschultaschenbücher, Bibliograph. Inst., Mannheim 1966.

Wurster, P.: Geologie des Schilfsandsteins. – Mitt. Geol. Staatsinst. Hamburg, H. 33, Hamburg 1964.

Zeil, W.: Merkmale des Flysch. – Abh. dtsch. Akad. Wiss. Berlin, Kl. III, H. 1, Berlin 1960.

Znosko, J.: Der geologische Bau des tieferen Untergrundes des außerkarpathischen Polen. – Z. deutsch. geol. Ges. *114*, 3. T., Hannover 1964.

Znosko, J.: Jetzige Kenntnis über die Kaledoniden und die Grenze der osteuropäischen Tafel in Polen. – Ber. geol. Ges. DDR *10*, H. 2, Berlin 1965.

Zoubek, V.: Moldanubikum und seine Stellung im geologischen Bau Europas. – Freiberger Forschungshefte C 190, Leipzig 1965.

Zoubek, V. (Hrsg.): Regional Geology of Czechoslovakia. 2 Bände u. Geol. Atlas. – Prag 1966.

Zwart, H. J.: The structural evolution of the Paleozoic of the Pyrenees. – Geol. Rdsch. *53*, 1 Stuttgart 1963.